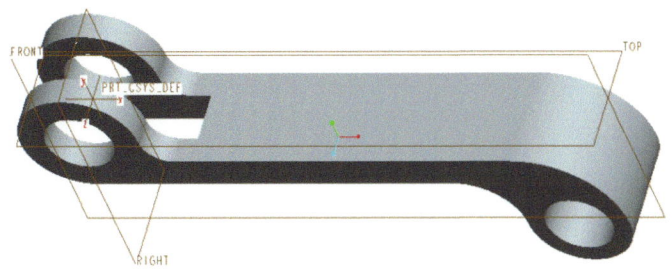

図1 Creo Elements Pro 5.0 による設計(第1日目)

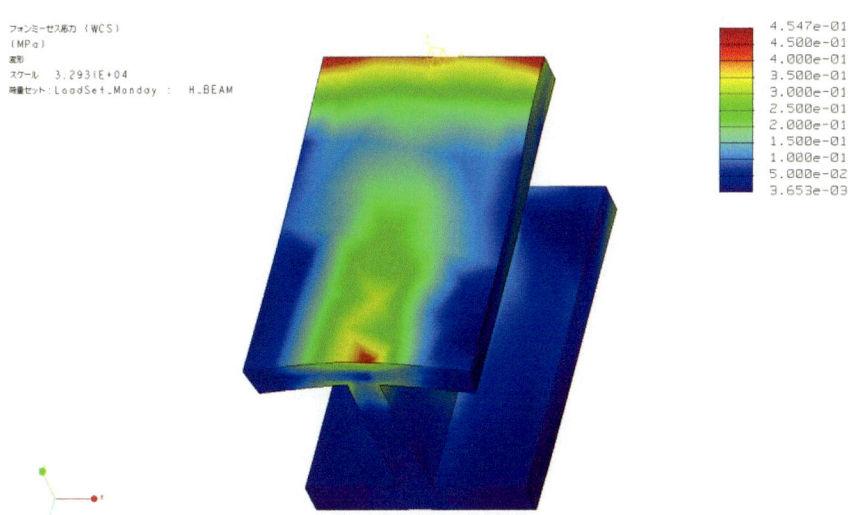

図2 MECHANICA による応力解析の結果(第2日目)

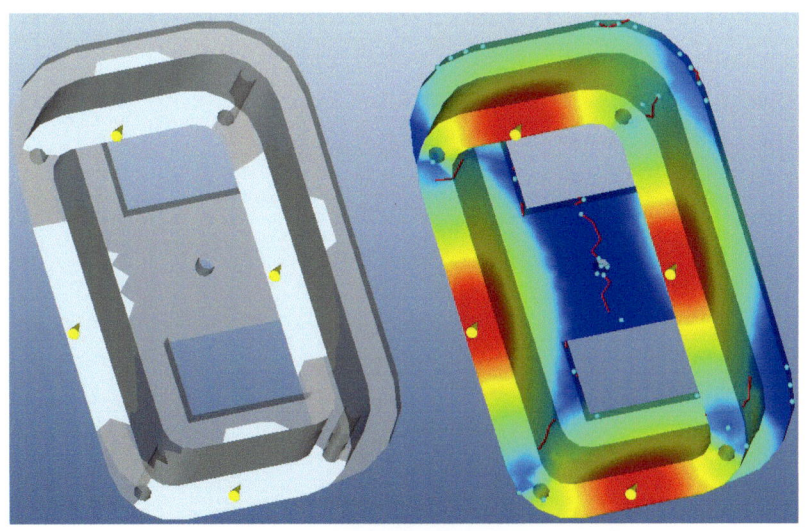

図3 PLASTIC Advisor による射出成形のシミュレーション(第3日目)

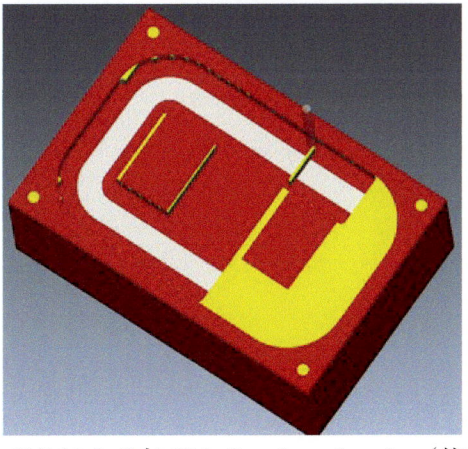

図4 NC による加工シミュレーション(第4日目)

Creoによる
CAD/CAE/CAM入門
―生産統合演習5日間―

中央大学生産統合研究グループ

中央大学出版部

序　文

　中央大学理工学部精密機械工学科では3年次の前期に精密機械工学実験を行っている．本書は，その中の5回を使って実施される「CAD/CAE/CAM実験」の教科書である．

　本実験の目標は，コンピュータ内で3次元製品形状をどうやって作るか，そして作られた3次元形状をどのように利用すればどのようなことができるかを，実体験を通じて理解することである．本文中でも述べるが，3次元CADの利用の一番の利点は，製図作業を置き換えることにあるのではなく，作成した形状を解析（CAE）や製造（CAM）等の様々なアプリケーションで有効に利用できる点にある．我々は，学生諸君にこの点を体感してもらうことこそが重要であると考え，CADの詳細な使い方を教えるのではなく，実習を通じてCADがあると何が可能になるかを示すことに重点をおくことにした．本学科で，設計製図の授業ではなく，実験の授業で3次元CADを取り上げているのはそのためである．CADソフトウェアとしてCreoを採択した理由も，初歩的な利用に限れば，CADとCAEやCAMとを繋いだ利用が容易であるとみなされたからである．

　　本実験は，次の5回から成る．
　　　1回目　CAD（3次元CADによる形状作成）
　　　2回目　CAE（有限要素法による静応力解析）
　　　3回目　CAM（射出成形のシミュレーション）
　　　4回目　CAM（NC加工プログラムの生成）
　　　5回目　CAM（自由曲面に対するNC加工）

　第1章の準備に続く，第2～6章がこの各回の実験に対応している．そのとおり間違いなく行えば実験ができるように実験の手順を追って説明してある．学生諸君が，事前にその回の分をきちんと読んで理解した上で，手もとで参照しながら実際にコンピュータを操作することを希望する．

　本実験は，従来の実験と異なり実際の機械や測定装置などを使って行うものではなく，ソフトウェアを使って，言わば仮想の世界で行う実験と言える．良い点は，実際に行えば非常に高価な装置や材料を必要とする実験を一人一人が体験できること，しかも実験の失敗が致命的でなく時間さえあれば何回でも繰返して同じことができる点である．一方，悪い点はそのために実験に対する緊張感が薄れやすいこと，実際の現象と遊離していることに気づきにくいことである．他の実機を用いた実験以上に，想像力を働かせ，真剣に取り組むことを期待している．

　本学科の学生でない方のために，以下にいくつかの注意を述べておく．
　まず他大学の方には，本書をCAD，あるいはCreo Elements Proの入門実習書として使うことをお薦めする．本学科の学生は，この科目で初めてCADを使う．そのため，本書ではパソコンの使い方さえ知っていれば必ず作業ができるよう，できるだけ詳細に操作を示してある．したがって大学の機械系学科ならば，巻末に記載したレポート課題を含めて，そのままテキストとして利用できるであろう．また，一般の技術者の方には，CADの利点を簡単に実感したい場合や導入されたCreo Elements Proをとりあえず使ってみたい場合などの最初の1冊として適していると思う．Creoを備えたパソコンを操作しながら読み進んでほしい．一方で，Creo（やその他のCAD）はもっと多様な機能をもっており，実用的な問題を抱えている方やより進んだ使い方をめざす方は，他の解説書やPTC社のトレーニングコースの利用をお勧めする．

本書で用いている Creo Elements Pro のバージョンは 5.0 である．これと異なるバージョンでは細部で表示や機能などが異なる可能性がある．また本学では各種アプリケーションを含む教育機関向けのライセンスを受けており，本テキストでは Creo Elements Pro, VERICUT, PLASTIC Advisor の各モジュールを利用している．ライセンスの種類によって起動しない機能が存在する可能性や，メニューなどの表示が異なる可能性がある．また，本書では実験を容易にすることを第一にモデルデータの保存ディレクトリなどの設定を行っている．それぞれの事情に応じて設定を変更してほしい．

本学科の実験では，学生 7, 8 名につき 1 名の大学院生の TA (Teaching Assistant) を用意して，学生の質問や相談に応えてもらっている．本書中で「実験担当者」とあるのは，この TA の諸君を指している．残念ながら，Creo は初心者にとってトラブルからの復帰が難しいという難点がある．また，同じような効果の得られる操作であっても，指定された以外の操作を用いると後の過程で正しい結果が得られないような場合もある．近くに Creo に詳しい人がいない場合は，本書の指示に極力忠実に従って操作をしてほしい．

本書は Pro/E を用いた前書第 2 版（初版は 2008 年）を改訂，増補したものである．前書のころより多くの方々からご協力をいただいている．第 2 章の課題は静岡文化芸術大学の望月先生からいただいたもので，先生には Creo の機能を生かした例題の利用を快く許可していただいたばかりでなく，我々の実験科目の開始にあたりアドバイスを頂戴した．佐々木和男氏を含む PTC 社の営業の方にはさまざまな情報の提供など協力をいただいた．中央大学 OB の重信氏，株式会社理経の小畑氏には詳細な内容のチェックとアドバイスをいただいた．本書は 10 年間テキストとして使用した結果をフィードバックしている．旧テキストを使って学生実験を受講した諸君にはテキストの誤りやわかりにくいところを指摘していただいた．本書の発行にあたっては，中央大学出版部に無理をお願いしてご協力をいただいた．これらの方の協力なしに本書は完成しなかった．謝意を表したい．

本学科の学生諸君には，本実験が大学での貴重な体験の一つとなることを願っている．また多くの読者にとって，本書が 3 次元形状情報を中心とする生産情報の生成と利用についての理解を深めることに役立てば幸いである．

2014 年 1 月

生産統合研究グループ
川原田寛　　平岡弘之
井原　透　　辻　知章
大川宏史　　加藤　慧
鎌田涼也　　守屋翔悟
田村亮佑　　南條佳祐
新津　哲　　松田貴仁

Creo Elements Pro, MECHANICA, その他の米国 Parametric Technology Corporation の製品，ならびにこれらの製品の仕様，操作方法等は，著作権，その他の知的財産権によって保護されている．Parametric Technology Corporation, Creo Elements Pro, MECHANICA, その他の PTC 製品または PTC のロゴは，米国および他国における Parametric Technology Corporation の商標である．

実験をはじめる前に

実験をはじめる前に必ずこのページを読み，以下の注意事項を理解した上で開始すること．

〈注意事項〉

・各実験とも，同じ端末を使用して作業を行うので，使用したコンピュータの番号を覚えておくこと．

・コンピュータの電源を勝手に落としてはいけない．

・コンピュータがフリーズした場合や，動作が不安定なときは，実験担当者に申し出ること．

・実験で指定されたもの以外はプリントアウトしてはいけない．

・実験室にある備品を持って帰ってはいけない．

・コンピュータの設定を変更するとコンピュータが不安定になることがあるので，勝手に変更しないこと．

・実験終了時に，印刷を行う場合は，実験担当者を呼んで印刷してもらうこと．

〈テキストを読むにあたって〉

・テキスト中に出てくる"クリック"とは，"左クリック"を意味する．

・テキスト中に出てくる"選択"という言葉は，"クリック"と同じ意味である．

・メインウインドウの背景は，紙面を見やすくするために，実際の配色とは異なっている場合がある．

目　次

1章　基礎事項 ... 1
1. 各ウィンドウの構成 ... 3
2. プルダウンメニュー ... 4
2.1 ファイル ... 4
2.2 編集 ... 5
2.3 ビュー ... 6
2.4 挿入 ... 6
2.5 解析 ... 7
2.6 情報 ... 7
2.7 アプリケーション ... 8
2.8 ツール ... 8
2.9 ウィンドウ ... 9
2.10 ヘルプ ... 9
3. アイコン（ツールバー） ... 10
4. スケッチアイコン ... 12
5. 形状の表示 ... 15
6. ダイナミックマネージャ ... 15

2章　CAD─3次元CADによる形状作成─第1日目 ... 17
Ⅰ. CAD 概論 ... 19
1. はじめに（CAD ─コンピュータによる設計の支援） ... 19
2. 立体形状の表現 ... 20
3. 形状処理 ... 20
4. 形状特徴 ... 21
5. パラメトリクス ... 23
6. アセンブリ ... 24
7. Creo ... 24

Ⅱ. CAD　リンクアームのモデリング ... 25
1. はじめに ... 25
2. ワーキングディレクトリの設定 ... 26

3. 新規ファイルの作成 ... 26
4. データム平面の確認 ... 26
5. ベースフィーチャーの作成 ... 27
6. 断面スケッチの開始 ... 30
6.1 円アイコンで円を2個描く ... 30
6.2 直線アイコンで直線を2本描く ... 30
6.3 フィレットをつける ... 31
6.4 不要な線分の削除 ... 32
6.5 不要な円弧の削除 ... 33
6.6 寸法の配置 ... 34
6.7 寸法値の修正 ... 34
6.8 断面スケッチの終了 ... 36
7. 深さの入力 ... 37
8. モデルの確認 ... 38
9. 穴の作成 ... 39
10. 穴の作成 2 ... 42
11. カット ... 43
11.1 中心線を描く ... 45
11.2 長方形を描く ... 45
11.3 整列させる ... 46
11.4 上下対称にする ... 47
11.5 寸法の配置と修正 ... 47
11.6 断面スケッチの終了 ... 48
12. モデルの確認 ... 49
13. ファイルの保存 ... 49
14. Creo Elements Pro 5.0 の終了 ... 49

3章　CAE ―有限要素法による静応力解析― 第2日目 ... 51

I. CAE 概論 ... 53
1. はじめに ... 53
2. 有限要素法概説 ... 53
3. 1次元の定式化 ... 54
4. 2次元, 3次元の定式化への拡張 ... 55
5. 有限要素による解析手順 ... 56

II. CAE　H鋼の静応力解析 ... 60
1. はじめに ... 60
2. ワーキングディレクトリの変更 ... 60
3. 単位系の確認 ... 60
4. 新規ファイルの作成 ... 60
5. データム平面の確認 ... 60
6. ベースフィーチャーの作成 ... 61
7. 断面スケッチの開始 ... 63
- 7.1　中心線を引く ... 63
- 7.2　H型を描く ... 63
- 7.3　寸法の配置と修正 ... 63
- 7.4　断面スケッチの終了 ... 64

8. 深さの入力 ... 65
9. ベースフィーチャーの完成 ... 65
10. ファイルの保存 ... 66
11. Pro/MECHANICAによる応力解析 ... 66
- 11.1　Pro/MECHANICAの起動 ... 66
- 11.2　材料の選択 ... 67
- 11.3　拘束条件 ... 68
- 11.4　荷重の設定 ... 69
- 11.5　解析 ... 71
- 11.6　実行 ... 72
- 11.7　応力の解析結果の表示 ... 73
- 11.8　変位の解析結果の表示 ... 74

12. ファイルの保存 ... 75
13. Creo Elements Pro 5.0 の終了 ... 75

III. CAE　H鋼の静応力解析（応用編） ... 76
1. はじめに ... 76
2. ワーキングディレクトリの変更 ... 76
3. 保存したモデルの呼び出し ... 76
4. 寸法の変更 ... 76
5. Pro/MECHANICAによる応力解析 ... 76
- 5.1　解析 ... 76
- 5.2　実行 ... 76
- 5.3　結果の表示 ... 76

4章　CAM ―射出成形のシミュレーション―第3日目 ... 79

I. CAM 概論1 ... 81
1. はじめに ... 81
2. 金型製造（Die and Mold） ... 81
3. 金型の種類 ... 81
4. プラスチックの流動解析 ... 84

II. CAM　成形用モデリング ... 86
1. はじめに ... 88
2. ワーキングディレクトリの変更 ... 88
3. 新規ファイルの作成 ... 88
4. データム平面の確認 ... 88
5. ベースフィーチャーの作成 ... 88
5.1　スイープの選択 ... 88
5.2　軌道スケッチ面の選択 ... 89
5.3　スケッチビューを選択 ... 90
6. 軌道スケッチの作図 ... 91
6.1　水平な中心線を描く ... 91
6.2　線対称な長方形の作成 ... 91
6.3　四隅に丸み（フィレット）をつける ... 91
6.4　フィレットの曲率半径を等しくする ... 92
6.5　図形を再び上下左右対称にする ... 93
6.6　寸法値の修正 ... 93
6.7　軌道スケッチの終了 ... 94
7. 断面スケッチの作図 ... 95
7.1　逆T字を描く ... 95
7.2　寸法値の修正 ... 95
7.3　断面スケッチの終了 ... 96
8. モデルの確認 ... 96
9. ファイルの保存 ... 97
10. 中央突起フィーチャーの作成 ... 97
10.1　突起フィーチャーを選択 ... 97
10.2　スケッチ平面の選択 ... 97
10.3　表示形式の変更 ... 98
10.4　参照の選択 ... 98
10.5　長方形を作成 ... 99
10.6　スケッチの終了 ... 99
10.7　表示形式を戻す ... 99
10.8　深さの入力 ... 99

11. モデルの確認 ... 99
12. ファイルの保存 ... 101
13. 中央に穴フィーチャーを作成する ... 101
14. 四隅の穴を作成する ... 102
14.1 パターン化の複製元となる穴フィーチャーを作成する（パターンリーダーの作成） ... 102
14.2 残りの3つを複製（パターン）によって作成する ... 103
15. ファイルの保存 ... 105

Ⅲ. CAM 成形用モデリング ... 106
1. ゲートの位置を選択する ... 107
2. 解析の設定をする ... 107
3. 解析開始（アニメーション表示） ... 109
4. 解析結果の表示 ... 110
5. 射出成形の状態を変更する ... 110
5.1 ゲート点を削除する ... 110
5.2 新たなゲート点を作成する ... 111
5.3 再び解析する ... 111
6. 結果を html ファイルにする ... 111
7. できたファイルの確認 ... 114
8. メディアに結果を保存 ... 114
9. PLASTIC Advisor の終了 ... 114
10. Creo Elements Pro 5.0 の終了 ... 114

5章　CAM ─ NC加工プログラムの生成 ─ 第4日目 ... 115

Ⅰ. CAM 概論2 ... 117
1. はじめに ... 117
2. NC とは ... 117
3. プログラムの形式 ... 120
4. プログラムの構成 ... 122
5. 各コマンドの説明 ... 125
5.1 G00 位置決め ... 125
5.2 G01 直線切削 ... 125
5.3 G02 円弧切削 ... 125
5.4 ワーク座標系 ... 125

II. CAM　ワークピース作成 129
1. はじめに 129
2. ワーキングディレクトリの設定 129
3. 新規ファイルの作成 129
4. データム平面の確認 130
5. ベースフィーチャーの作成 130
6. スケッチの開始 130
6.1　水平な中心線を描く 130
6.2　垂直な中心線を描く 130
6.3　長方形を描く 130
6.4　上下，左右対称の位置に長方形を配置する 130
7. 寸法値の配置，修正 131
8. 断面スケッチの終了 131
9. 深さの入力 131
10. モデルの確認 131
11. ファイルの保存 132

III. CAM　参照モデル作成 133
○新しくモデルを作る方法 134
1. 新規ファイルの作成 134
2. データム平面の確認 134
3. ベースフィーチャーの作成 134
4. スケッチの開始 134
4.1　水平な中心線を描く 134
4.2　垂直な中心線を描く 134
4.3　長方形を描く 134
4.4　上下，左右対称の位置に長方形を配置する 134
5. 寸法値の配置，修正 135
6. 断面スケッチの終了 135
7. 深さの入力 135
8. モデルの確認 136
9. ファイルの保存 136
10. カットフィーチャーの作成 137

11. 軌道スケッチ（作図）の開始 137
- 11.1 水平な中心線を描く 137
- 11.2 垂直な中心線を描く 137
- 11.3 長方形を描く 138
- 11.4 四隅にフィレットをつける 138
- 11.5 フィレットの半径を同一にする 138
- 11.6 上下，左右対称の位置に長方形を配置する 138
- 11.7 寸法値を配置，修正する 139
- 11.8 軌道スケッチを終了する 140

12. 断面スケッチの開始 140
- 12.1 T字を描く 140
- 12.2 寸法値を修正する 141
- 12.3 断面スケッチを終了する 141

13. モデルの確認 141

14. ファイルの保存 141

15. 中央のカットフィーチャーを作成する 142
- 15.1 スケッチ平面の決定 142
- 15.2 水平な中心線を描く 142
- 15.3 参照する平面を選択する 143
- 15.4 中央に長方形を描く 144
- 15.5 スケッチを終了する 144
- 15.6 深さを入力する 144

16. モデルの確認 144

17. ファイルの保存 144

18. 四隅の穴フィーチャーを作成する 145
- 18.1 穴フィーチャーを一つ作成する 145
- 18.2 残り3つを複製（パターン）によって作成する 145

19. ファイルの保存 146

○以前に作成したモデルを使う方法（応用） 146

1. 課題5で作成したモデルを呼び出す 146

2. コピーを作成して保存する 146

3. ワークピースを閉じる 146

4. 課題3で作成した参照モデルを呼び出す 146

5. 穴フィーチャーの削除 147
- 5.1 中央の穴の削除 147
- 5.2 四隅の穴の削除 147

6. コピーを作成して保存する 147

7. 参照モデルを閉じる 147

- 8. 新規ファイルの作成（注意） ... 148
- 9. データム平面の確認 ... 148
- 10. ワークピースの呼び出し ... 148
- 11. ワークピースのデータム平面とアセンブリのデータム平面を整列させる ... 148
  - 11.1 ［TOP］データム平面を整列させる ... 148
  - 11.2 ［FRONT］データム平面を整列させる ... 149
  - 11.3 ［RIGHT］データム平面を整列させる ... 149
- 12. 参照モデルの呼び出し ... 149
- 13. ワークピースのデータム平面と参照モデルのデータム平面を整列させる ... 149
  - 13.1 ［TOP］データム平面を整列させる ... 149
  - 13.2 ［FRONT］データム平面を整列させる ... 150
  - 13.3 ［RIGHT］データム平面をオフセット整列させる ... 150
- 14. カットアウトの実行 ... 150
- 15. 四隅に穴フィーチャーを作成する ... 152
  - 15.1 穴フィーチャーを一つ作成する ... 153
  - 15.2 残り3つを複製（パターン）によって作成する ... 153
- 16. ファイルの保存 ... 153

Ⅳ. CAM　加工データ生成 ... 154

- 1. 新規ファイルの作成（注意） ... 155
- 2. ワークピースを飛び出す ... 155
- 3. ワークピースのデータム平面とアセンブリのデータム平面を整列させる ... 155
  - 3.1 ［TOP］データム平面を整列させる ... 155
  - 3.2 ［FRONT］データム平面を整列させる ... 156
  - 3.3 ［RIGHT］データム平面を整列させる ... 156
- 4. 金型を呼び出す ... 156
- 5. アセンブル（組立）する ... 157
  - 5.1 ［FRONT］データム平面を整列させる ... 157
  - 5.2 ［TOP］データム平面を整列させる ... 157
  - 5.3 ［RIGHT］データム平面を整列させる ... 157
- 6. ファイルの保存 ... 158
- 7. 切削座標系の設定 ... 158
- 8. リトラクト平面の作成 ... 161
- 9. 開始点の設定 ... 162
- 10. 加工ツール設定（ワークセルの設定） ... 163
- 11. ファイルの保存 ... 164
- 12. ツールの作成 ... 164

13. NC シーケンス設定 165

14. ミルウィンドウの作成 168

15. ツールパスの導出 170

16. ポストプロセス 173

17. ファイルの保存 176

18. ピンを差し込む穴を掘る（応用） 176
    18.1 新しいツールの作成 176
    18.2 穴の選択と切削 178

19. 材料を除去し，Mill による加工後のモデルを見る（応用） 179

20. 材料を除去し，ドリルによる加工後のモデルを見る（応用） 180

21. ファイルの保存 180

22. Creo Elements Pro 5.0 の終了 180

6 章　CAM ─自由曲面に対する NC 加工─第 5 日目 181

I. 自由曲面概論 183

1. はじめに 183

2. 補間 183

3. スプライン曲線 184
    3.1 ベジエ曲線 184
    3.2 B-spline 曲線 185
    3.3 NURBS 曲線 187

4. スプライン曲面 188
    4.1 2 階のテンソルによる曲面 188
    4.2 NURBS 曲面とその限界 189

II. 自由曲面を含む形状の加工 191

1. はじめに 191

2. ワーキングディレクトリの設定 192

3. 新規ファイルの作成 192

4. 各ウィンドウの構成 192

5. データム平面の確認 193

6. 単位系の確認 194

7. ベースフィーチャーの作成 195
    7.1 円柱を作成 195
    7.2 円柱の上に 8 角柱を作成 197

8. 自由曲面の範囲を指定 ... 199
9. 自由曲面の作成 ... 201
9.1 データム平面上の自由曲線 ... 201
9.2 自由曲線の編集 ... 202
9.3 自由曲線の厚み付け ... 204
10. IGES 形式で保存 ... 207
11. ZW3D の起動 ... 208
12. ファイルの読み込み ... 209
13. 各ウィンドウの構成 ... 210
14. 単位系の確認 ... 210
15. CAM の開始 ... 210
16. 被加工材の配置 ... 212
17. 加工機の設定 ... 213
18. 加工範囲の設定 ... 214
19. 荒削り ... 218
20. 側面加工 ... 221
21. 加工面の設定 ... 223
22. 自由曲面の荒削り ... 225
23. 自由曲面に対する仕上げ加工 ... 227
24. ソリッド検証 ... 227
25. NC プログラムの出力 ... 230
26. 実際の加工 ... 233

参考文献 ... 238

レポート課題 ... 239
第 1 回の課題：ソリッドモデルの表現について ... 239
第 2 回の課題：CAE の解析結果と材力の理論値の比較 ... 241
第 3 回の課題：射出ゲートの違いによる完成度合いの変化 ... 241
第 4 回の課題：ツールパスの違いによる削り残しや仕上げ精度の変化 ... 241
第 5 回の課題：Catmull-Rom 曲線による補間とその誤差 ... 242

付録　各モデル図面 ... 246

1章　基礎事項

1. 各ウィンドウの構成

Creo Elements Pro 5.0 の各ウィンドウの構成は以下の図 1.1，図 1.2，図 1.3 のようになっている．

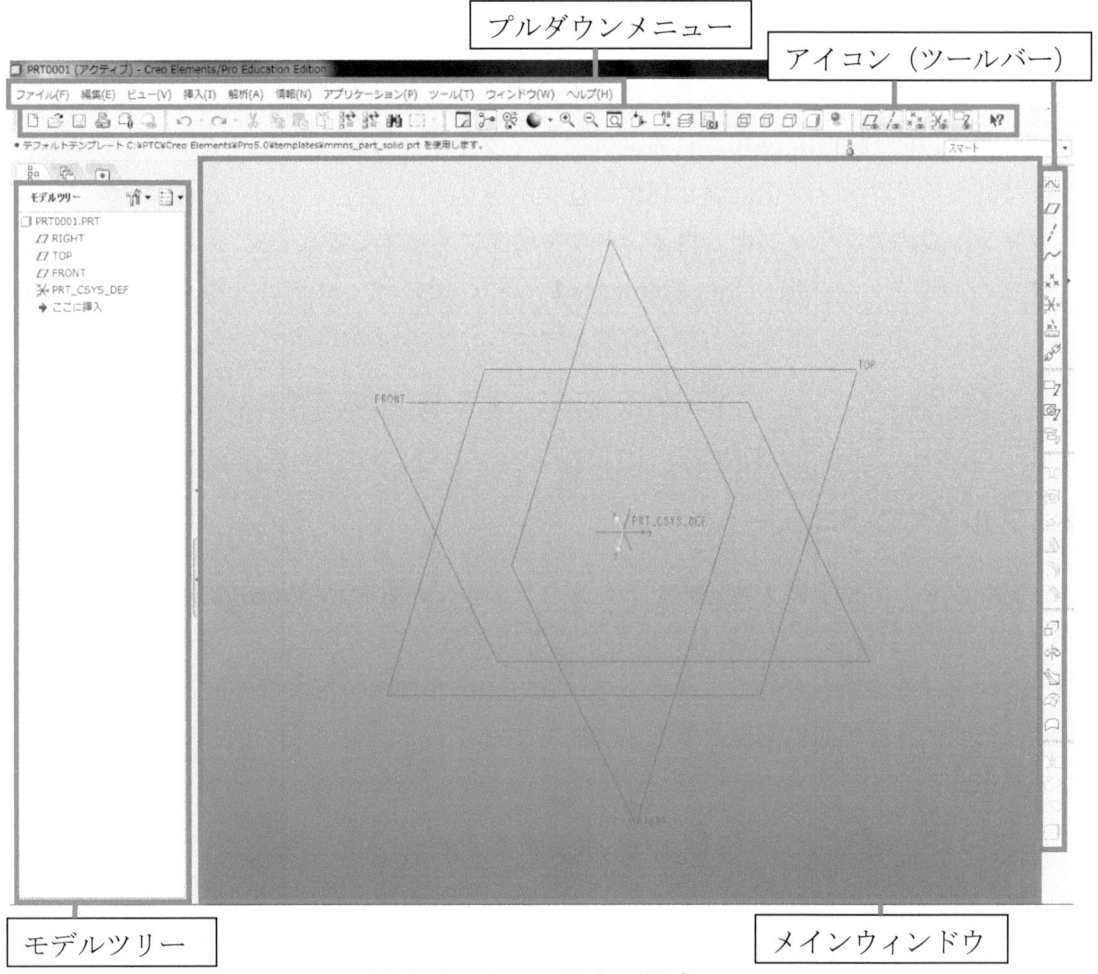

図 1.1　ウィンドウの構成

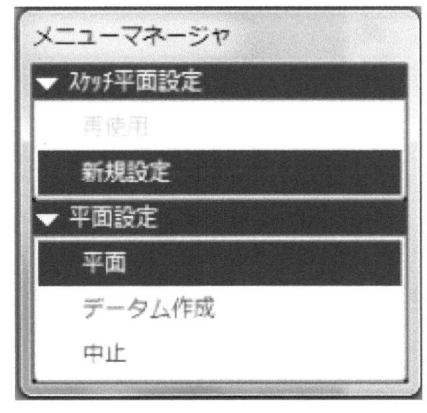 

図 1.2　（左）メニューマネージャ，（右）ダイアログボックス

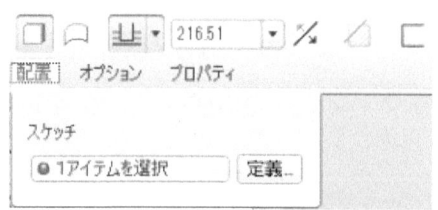

図 1.3 ダッシュボード（フィーチャー作成時のみ）

※ここで，以降の説明に使用される，アクティブ化という言葉について説明しておく．ここで述べるアクティブ化には2種類の意味があり，

ウィンドウのアクティブ化：ウィンドウを前面にもってくること

モデルのアクティブ化：Creo Elements Pro 5.0 において，モデルを扱える状態にすること（プルダウンメニュー［ウィンドウ］から，［アクティブ化］を選択）

と，使い分けることにする．

2. プルダウンメニュー

メインウィンドウ上のメニューをプルダウンメニューという．Wordなどでお馴染みの[ファイル]，[編集]などからCreo独特のものまで様々ある．この章では，それらの中からよく使うコマンドを説明していく．なお，メニューの内容は，モデルの作成状態などによって変化するため，必ずしも実行できるとは限らない．

ファイル(F) 編集(E) ビュー(V) 挿入(I) 解析(A) 情報(N) アプリケーション(P) ツール(T) ウィンドウ(W) ヘルプ(H)

図 1.4 プルダウンメニュー

2.1 ファイル

図 1.5 ファイルメニュー

- 新規　　　　　　　　　　　　：新たなファイルを作成するときに使用する．
- オープン　　　　　　　　　　：保存してあるファイルを開く．
- ワーキングディレクトリを設定：使用するディレクトリを指定する．
- ウィンドウ終了　　　　　　　：アクティブなウィンドウを終了する．メモリ上のデータは残る．
- 保存　　　　　　　　　　　　：ワーキングディレクトリに名前を変更しないで保存する．
- コピーを保存　　　　　　　　：ワーキングディレクトリに名前を変更して保存する．
- バックアップ　　　　　　　　：バックアップファイルを作成する．
- 名前変更　　　　　　　　　　：ファイル名を変更する．
- 消去　　　　　　　　　　　　：メモリ上のデータを消去する．
- 削除　　　　　　　　　　　　：モデルの古いバージョンなどをハードディスク上から削除する．

　　※「消去」と「削除」の違いについては，以下で述べる．

- 印刷　　　　　　　　　　　　：アクティブになっているウィンドウ画面を印刷する．

※「消去」と「削除」の違い
　Creo がデータを読み込む手順は，

　　1>ハードディスクから指定されたモデルデータをメモリに展開
　　2>メモリに展開されたデータをモニターに表示

であり，

　　「モニター」に表示されているモデルを消すのが「消去」
　　「ハードディスク」にあるモデルデータを削除するのが「削除」

である．このとき，注意点として，

- 「消去」してもメモリ上にモデルが残っているため，同一名称のモデルが作成できない
- メモリは開放されていないため空きが少なくなることがある。
- 「削除」すると（特に「全バージョン」タイプ）ディスクから消えてしまうので再度読み込むことができなくなる．

などがある．

2.2　編集
　主な項目のみ

- 再生　　　　　　　：モデルを再生する．
- 元に戻す　　　　　：一つ前の状態に戻す．
- やり直し　　　　　：「元に戻す」で取り消した操作をもう一度実行する．

2.3 ビュー

主な項目のみ

図 1.6　ビューメニュー

- 再ペイント　　　　：残像が残って見にくくなったときに，再描画する．
- シェード　　　　　：シェードモデルにする．
- 方向　　　　　　　：モデルの視点を変える．[標準方向]でデフォルトの視点に戻る．
- 表示設定　　　　　：データム平面や背景の色などを変更する．

2.4 挿入

押し出しや穴などフィーチャー作成に利用するが，ほとんどがアイコン化されているため，メニューで選択する機会は少ない．主な項目については「挿入バー」の項で説明する．

2.5 解析

主な項目のみ

図 1.7　解析メニュー

- 測定　　　　　　：モデルの 2 点を指定し，その間の距離を測る．

2.6 情報

主な項目のみ．Creo の入門者にとっては，これらの項目はあまり使わない．モデルが複雑になった場合や本格的に使用する場合に有効である．

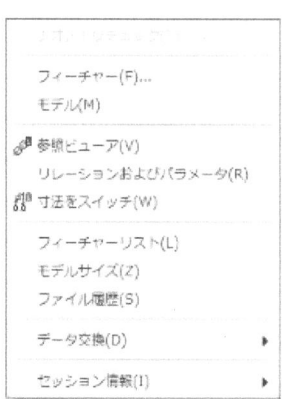

図 1.8　情報メニュー

- フィーチャー　　：フィーチャーを指定して，その情報を表示する．
- モデル　　　　　：モデルの情報を表示する．

2.7 アプリケーション

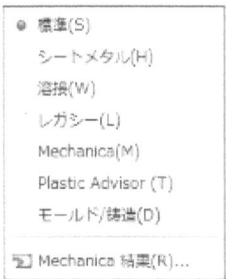

図 1.9　アプリケーションメニュー

- 標準　　　　　：Creo のこと．
- Mechanica　　：解析アプリケーション Pro/MECHANICA を起動する．
- Plastic Advisor　：射出成形シミュレータを起動する．

本テキストでは，上記 3 つのアプリケーションのみ使用する．

2.8 ツール

主な項目のみ

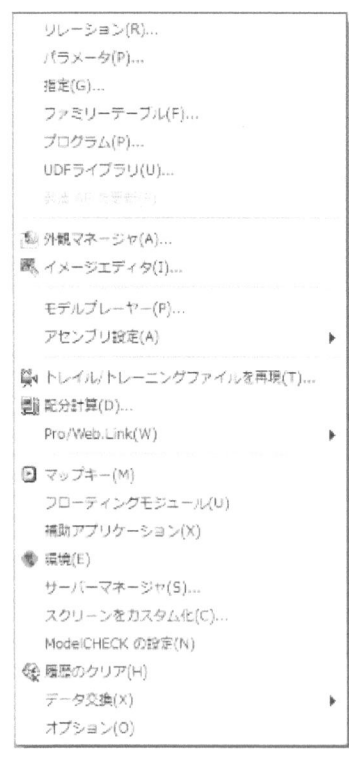

図 1.10　ツールメニュー

- モデルプレーヤー　　　：モデルの作成されるプロセスを確認する．

- 環境　　　　　　　　　　：Creo の使用環境を変更する．

2.9 ウィンドウ

図 1.11　ウィンドウメニュー

- アクティブ化　　　　：メインウィンドウをアクティブ化する．
- 新規　　　　　　　　：新しいウィンドウを開く．
- 閉じる　　　　　　　：ウィンドウを閉じる．

2.10 ヘルプ

図 1.12　ヘルプメニュー

- ヘルプセンター　　　：オンラインでヘルプ項目や技術項目を閲覧できる．キーワードや項目別にヘルプ項目を検索する．
- ポップアップヘルプ　：マウスで指定した，アイコンやメニューのヘルプ項目を表示する．

3. アイコン（ツールバー）

アイコン（ツールバー）について説明する．

図1.13　アイコン（ツールバー）

図1.14　ツールバー1

左から
- ファイルを新規作成（プルダウンメニュー[新規]）
- ファイルを開く（プルダウンメニュー[開く]）
- 保存（プルダウンメニュー[保存]）
- 印刷（プルダウンメニュー[印刷]）
- オブジェクトを添付してEメールを送る．
- オブジェクトのリンクを添付してEメールを送る．

図1.15　ツールバー2

左から
- 元に戻す（プルダウンメニュー[元に戻す]）
- やり直し（プルダウンメニュー[やり直し]）
- カット（プルダウンメニュー[カット]）
- コピー（プルダウンメニュー[コピー]）
- 貼り付け（プルダウンメニュー[貼り付け]）
- 特殊貼り付け（プルダウンメニュー[特殊貼り付け]）
- サーチ（プルダウンメニュー[サーチ]）
- ボックス内のアイテムを選択

図1.16　ツールバー3

左から
- 再描画（プルダウンメニュー[再ペイント]）
- スピン中心オン／オフ
- 外観ギャラリー
- 回転モードオン／オフ

- ズームイン
- ズームアウト
- 再フィット
- ビュー方向変更
- 保存したビューリスト
- レイヤー，表示ステートを設定
- ビューマネージャを開始

図 1.17　ツールバー4

左から

- ワイヤフレーム　　　：隠線を実線にして表示
- 隠線　　　　　　　　：隠線を破線にして表示
- 隠線消去　　　　　　：隠線を消去して表示
- シェードモデル　　　：色つきのソリッドモデルを表示
- 拡張リアリズム

図 1.18　ツールバー5

左から

- データム平面オン／オフ　　：データム平面の表示・非表示切り替え
- データム軸オン／オフ　　　：データム軸の表示・非表示の切り替え
- データム点オン／オフ　　　：データム点の表示・非表示の切り替え
- 座標系オン／オフ　　　　　：座標系の表示・非表示の切り替え
- アノテーション要素の表示

次にメインウィンドウ右側にあるアイコンバー（一部）について説明する．

挿入バー

- 押し出しツール　　　　　　：押し出してモデルを作成する．
- 回転ツール　　　　　　　　：軸を中心に回転させてモデルを作成する．
- 可変断面スイープツール　　：断面をある軌道に従って押し出しモデルを作成する．
- 境界ブレンドツール　　　　：2本以上のカーブからサーフェスを作成する．
- スタイルツール　　　　　　：高度なサーフェスフィーチャを作成する．

編集バー

- ミラーツール　　　　　　　：軸を中心として反対側へコピーする．
- マージツール　　　　　　　：2つのサーフェスを結合する．
- トリムツール　　　　　　　：サーフェスをトリムする．
- パターンツール　　　　　　：フィーチャーをある法則にしたがって複数作成する．

図1.1　挿入バー　　　図1.2　編集バー

4．スケッチアイコン

断面スケッチを描く際，スケッチウィンドウ右側に出るスケッチウィンドウについて説明する．

① 矢印アイコン

　・線や点を選択する際に使用する．

② 線アイコン

　左から
　・直線アイコン
　・接線アイコン
　・中心線アイコン
　・ジオメトリ中心線アイコン

③ 長方形アイコン

　・長方形を作成する

④ 円アイコン

　左から
　・円アイコン

- 同心円アイコン
- 3点を指定して円を作成するアイコン
- 3つのエンティティに接する円を作成するアイコン
- 楕円アイコン

⑤ 円弧アイコン

左から
- 円弧アイコン
- 同心円弧アイコン
- 中心と両端点を指定して円弧を作成するアイコン
- 3つのエンティティに接する円弧を作成するアイコン
- 円錐曲線円弧を作成するアイコン

⑥ フィレットアイコン

左から
- 円形フィレットアイコン
- 楕円フィレットアイコン

⑦ スプラインカーブアイコン
- 複数点を通るスプラインカーブを作成

⑧ 座標系アイコン

左から
- 点作成アイコン
- 参照座標系作成アイコン

⑨ 使用アイコン

左から
- エッジからエンティティを作成するアイコン
- エッジをオフセットしてエンティティを作成するアイコン

⑩ 寸法配置アイコン
- 寸法を配置する

⑪ 修正アイコン
- 寸法値などを修正する

⑫ 拘束アイコン

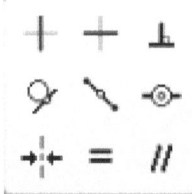

図 1.21　拘束アイコン群

上段左から

・線または頂点を垂直な位置関係にする

・線または頂点を水平な位置関係にする

・2つのエンティティを垂直にする

中段

・2つのエンティティを正接な関係にする

・点を中心に位置づける

・点を直線上に乗せる．2つの点を同一させる

下段

・2つの点や頂点を中心に対して対称にする

・同一長さ，同一半径，同一曲率にする

・2つの線を平行にする

⑬ 文字描画アイコン

・断面の一部としてテキストを作成する

⑭ トリムアイコン

左から
- 断面エンティティをダイナミックにトリムするアイコン
- 他のエンティティに対して，エンティティをカット・延長するアイコン
- 選択点でエンティティを分割する

⑮ コピーアイコン

左から
- ミラーコピーアイコン
- 回転アイコン
- コピー作成アイコン

⑯ 断面継続アイコン
- スケッチを終了する

⑰ 断面中止アイコン
- 断面の作成を中止する

5. 形状の表示

メインウィンドウに立体形状が表示されている時，マウスを使って形状の表示を制御できる．

- マウスの中ボタンを押したままドラッグ　　：モデルを回転することができる
- マウスの中ボタンのホイールを回転　　　　：モデルを拡大・縮小することができる
- Shift ＋ マウスの中ボタン　　　　　　　　：モデルを移動することができる

6. ダイナミックマネージャ

ダイナミックマネージャとは，エンティティ（線，円弧など）の作成と同時に寸法配置または拘束設定をする機能である．スケッチの最中に以下の表のようなマークが現れる．その時点で確定すると，その拘束条件が付加される．例えば，直線を引いているときに線上に H マークが現れた時点で確定すると，その直線は水平に拘束される．

寸法を入れるべき箇所に仮寸法（自動的に設定される寸法）が表示されるのもこの機能の 1 つである．これらの補助によって設定された拘束は，ユーザ自身によって，変更や置き換え，また追加，削除といったこともできる．

表1　拘束の種類と記号

拘束名	意味	拘束記号
同一点	2つの頂点を同一点に拘束する	
水平	エンティティを水平にする	H
垂直	エンティティを垂直にする	V
エンティティ上の点	点がエンティティ上に整列	
正接	2つのエンティティが正接	
直交	2つのエンティティが直交	⊥
平行	2つのエンティティが平行	//
同等半径	2つの円・円弧が同一半径	R
同等長さ	2つの長さが等しい	L
対称	中心線に対して対称	
水平配列	2つの頂点が水平線上にある	
垂直配列	2つの頂点が垂直線上にある	
平行直線	2つのエンティティが同一線上にある	
整列	2つのエンティティが整列	

2章 CAD
—3次元CADによる形状作成—

第1日目

I. CAD 概論

1. はじめに（CAD －コンピュータによる設計の支援－）

　CAD とは Computer Aided Design（計算機援用設計システム）の略であり，コンピュータを用いて人間の設計作業を支援するシステムの総称である．

　従来，設計作業は，さまざまな要件を勘案しつつ設計計算を行いその結果を図面に描くという作業であった．特に製図規則に従って図面を作り上げるという作業は，どのような設計にあっても共通に行われる作業であり，設計の重要な部分である．設計技術者は，図面を描くことでさまざまな観点を検討し，図面を媒介として互いの設計情報を交換してきた．このため設計作業をコンピュータ化するにあたっては，まず図面をコンピュータ上で表現し処理するという機能の開発から始められた．このように図面すなわち 2 次元の情報を扱うことで設計作業を支援するシステムを 2 次元 CAD システムと呼ぶ．

　しかし，実際に設計する対象は 3 次元の形状をもつ立体であり，FEM（有限要素法）によるシミュレーションなどコンピュータを用いた解析の現場では，3 次元の形状情報なしに正確な結果が得られない．また，製造現場でも自動化を進めようとするならば本質的には 3 次元の形状情報なしには実現できない．解析技術者や製造技術者が，設計から渡ってきた図面から 3 次元の形状情報を苦労して読みとり，自分たちの用いるコンピュータに入力する，という作業は，無駄であるばかりでなく，間違いや誤差の生じやすい危険な過程である．そもそも設計技術者の頭の中にあったはずの 3 次元の形状情報がそのままコンピュータ上に表現されるのであれば，設計・生産の大幅な効率化と高精度化が期待できる．このような目的のために 3 次元の形状情報を直接扱って設計作業を支援するシステムを 3 次元 CAD システムと呼ぶ．

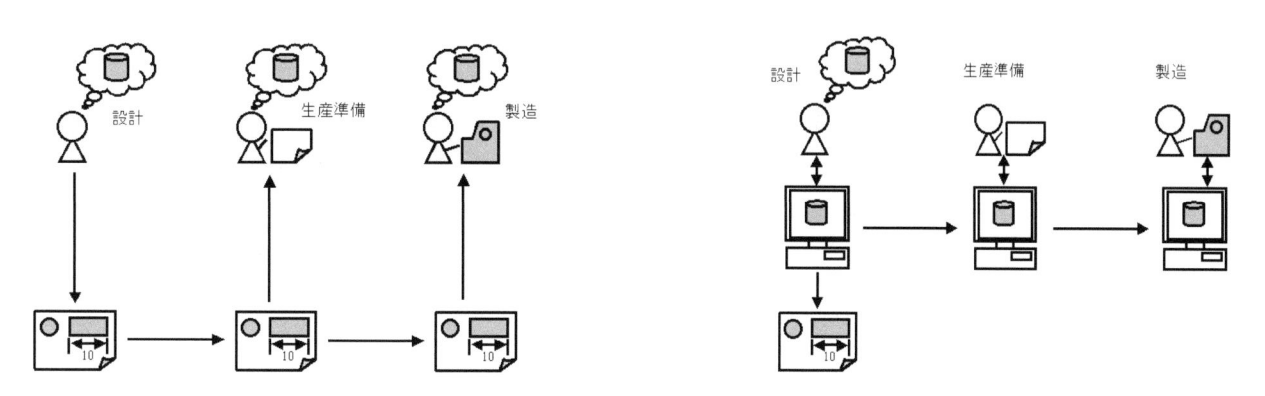

図 2.1　図面に基づく生産（左）と 3 次元形状に基づく生産（右）

2. 立体形状の表現

3次元形状を表すには，頂点と稜線だけで3次元の線画のような形式で表すワイヤフレームモデル（wireframe model），面の情報も含むサーフェスモデル（surface model），頂点，稜線，面に加えて立体が空間に占める部分の情報も表せるソリッドモデル（solid model）の三つの表現がある．簡単で特殊な用途ではワイヤフレームモデルやサーフェスモデルでも足りるが，立体のさまざまな特性をきちんと求めるにはソリッドモデルでなくてはならない．ソリッドモデルを構成するには，上記の各種の要素とそれらの間の関係とを正しく組み上げたネットワーク状のデータ構造が必要になる．しかも設計で使えるためには，形状を変更する操作を加えたときにそのデータ構造のつじつまが崩れないことが非常に重要である．

ソリッドモデルをコンピュータ上でどう表現すればよいかという問題には，まったく同時期に二つのアイデアが提案された．一つは，基本的な形状（円柱や直方体など）を用意しておき，それらの和や差により構成される組合せ形状によって表現する手法である．基本形状の情報とその組み合わせ方の情報とによって簡潔にほとんどの工業製品を表現できる．これをCSG（Constructive Solid Geometry）表現と呼ぶ．もう一つは，形状を構成する面，稜線，頂点などの幾何学情報とそれらの接続状態を表す位相情報とで詳細に表現する手法である．直接的に形状を表現しているため各種の応用に適している．これを境界表現（Boundary Representation）と呼ぶ．双方の表現法には，表現力，処理の容易さ，データ量，利用者への親和性などいろいろな観点でそれぞれ一長一短があり，両手法を組み合わせて利用するCADが多いようである．

3. 形状処理

設計作業は試行錯誤の繰り返しであり自由に繰り返して形状を操作し変形できなければならない．形状処理のやり方には大きく分けて，部分形状だけを変える局所変形操作と形状全体を変える大域的操作の2種類の方法がある．CADソフトウェアは，いずれの操作をどのように使ってもその結果がありえない形状にならないように，すなわち形状としての整合性を維持するように開発されている．

局所変形操作には，頂点，稜線，面の移動，隅や角の丸めや面取り（rounding, filleting），面の掃引（sweeping），などがある．大域的操作には，切断や集合演算がある．集合演算（boolean set operation）は複数の形状同士の和，差あるいは共通部分を求める操作で，これにより簡単な形状を組み合わせて複雑な形状を作っていくことができる．また集合演算の機能があれば，ある位置関係にある二つの形状の間の干渉を検出することもできる．

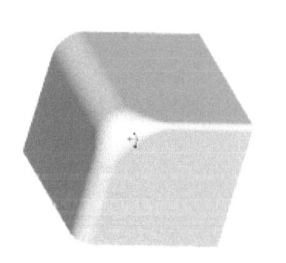

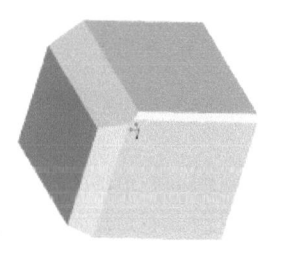

図 2.2　丸めと面取り

物体A　　　　　　　　　　　　　物体B

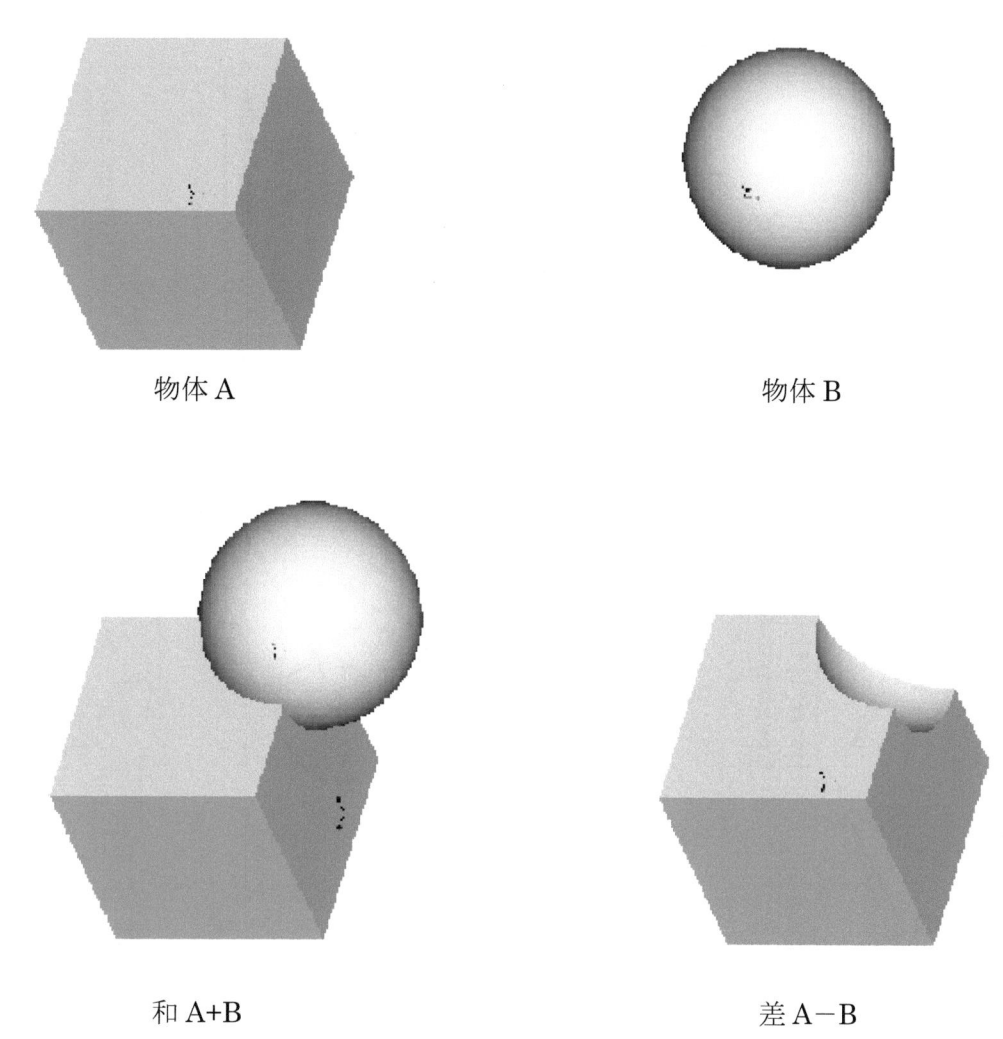

和 A+B　　　　　　　　　　　　差 A－B

図 2.3　集合演算

4. 形状特徴

　解析や製造などの応用側の観点からすると，基本形状の組合せや面，稜線，頂点などの形状表現は少し詳細すぎ，それらを組み合わせて作られる少し高いレベルの形状表現の方が，意味があり，望ましい．たとえば何番の面と何番の面から構成される形状という表現より，穴，軸，溝，突起などという表現の方が技術者にとって理解しやすいばかりでなく，機能や工程などとの対応がよい．設計技術者にとってもこうした概念によって形状を構成する方が，3次元情報の扱いが容易になることが多い．このような形状の概念を形状特徴（form feature）と呼ぶ．

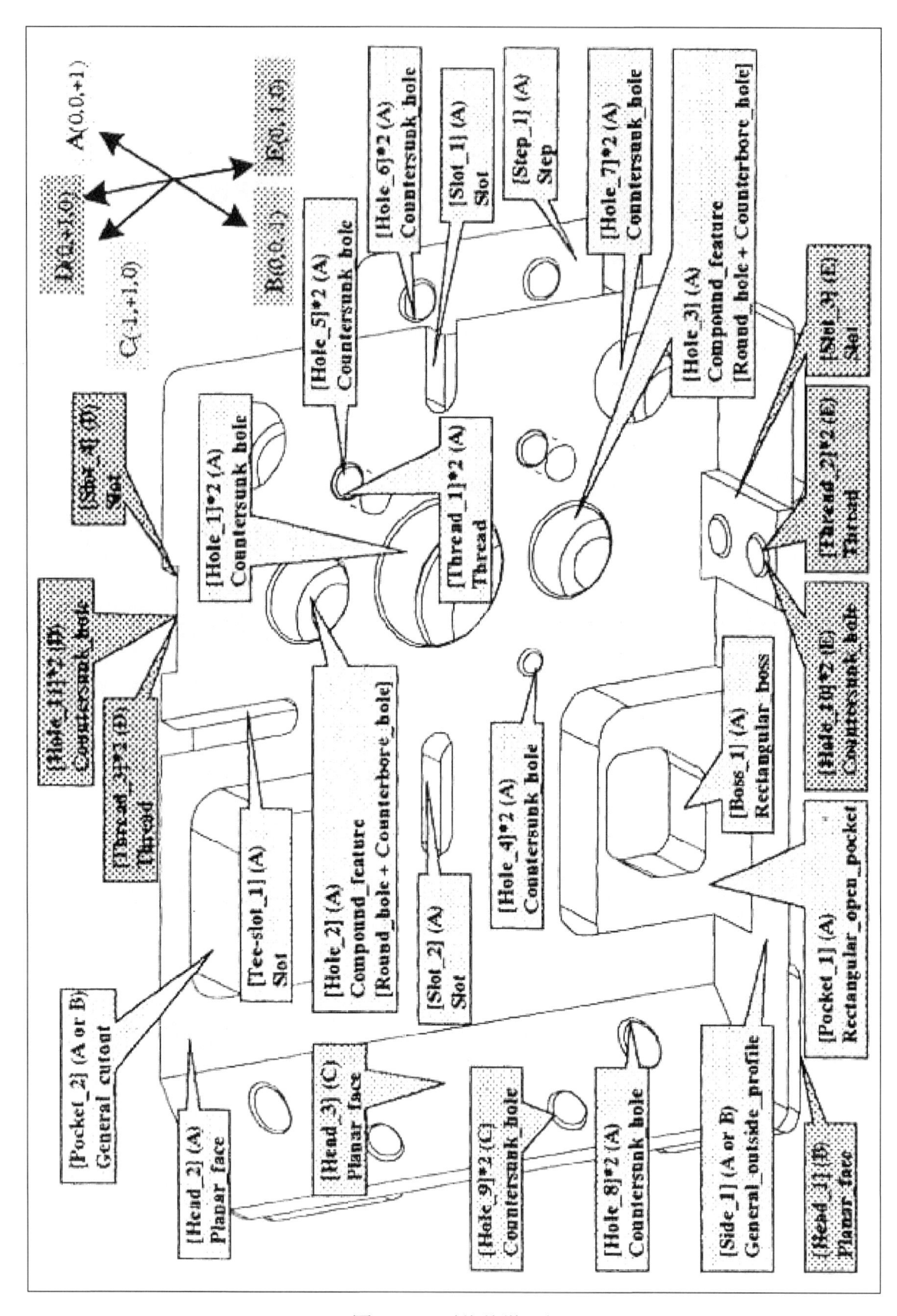

図 2.4 形状特徴の例

5. パラメトリクス

形状を操作する場合に，いちいち点や線などの形状要素を移動させて形を変えるより，形状要素の間に寸法をつけてその寸法値を変えれば形も変わるようになっていれば，操作がずっと容易である．また実際の設計でも寸法値で仕様が与えられそれに適合する形状が要求されることが多い．このように，寸法の変更に対応して形状を変更する機能をパラメトリック機能（parametrics）と呼ぶ．

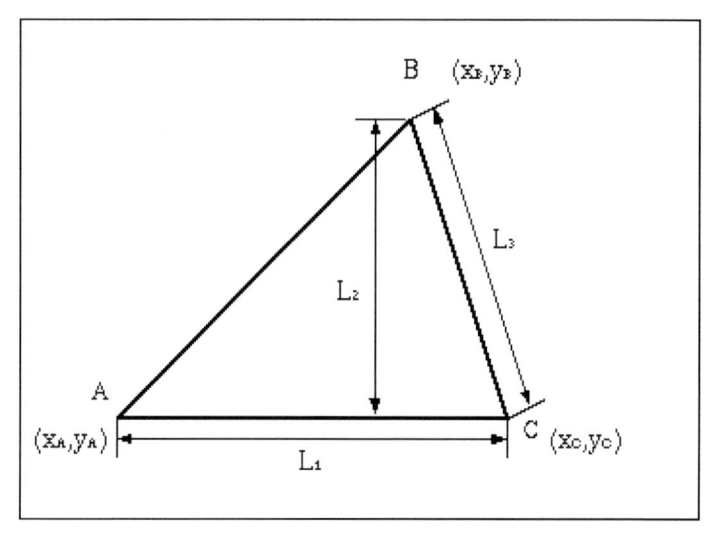

図 2.5　三角形を決める寸法

寸法を与えて形状を決める手順を少し詳しく見てみよう[2]．たとえば図 2.5 に示す三角形は，三つの頂点 A，B，C の座標が決まればその形が決まる．今そのために図に示すように三つの寸法 L_1, L_2, L_3 を与えたとする．これにより頂点の間の関係は次の式で表されるように拘束される．

$$\begin{aligned} x_C - x_A &= L_1 \\ y_B - y_A &= L_2 \\ \sqrt{(x_B - x_C)^2 + (y_B - y_C)^2} &= L_3 \end{aligned} \quad (1)$$

頂点の数は三つでそれぞれが x と y の二つの変数をもっているので未知数は 6 個ある．ところが方程式は三つしかないため，これらの「寸法拘束」だけでは式が足りず，頂点の位置を定めることができない．これらの寸法では三角形の形を決めることができるが，その位置と姿勢が決められないためである．「位置・姿勢の拘束」はたとえば次のように与えられる．

$$\begin{aligned} x_A &= 0 \\ y_A &= 0 \\ y_C &= y_A \end{aligned} \quad (2)$$

最初の二つの式が点 A すなわち三角形の位置を決め，三つ目の式で点 C の y 座標を決めて三角形の姿勢を決めている．これで式の数も 6 本になり，すべての未知数すなわち 3 頂点の座標が決められる．拘束を解い

て未知数を求める方法は，拘束を一つずつ解決していく手順を覚えておき再実行する方法，方程式の数値解法による方法，グラフや数式処理による方法など多くの方法があり，パラメトリック機能のある各 CAD はソフトウェアの作り方に工夫をこらしている．

まとめると，パラメトリック機能を使う場合に重要な点は，与える拘束の数が少ないと形が決まらないし（これを過少拘束と言う），多すぎればすべての拘束を満足させられない（これを過剰拘束と呼ぶ）ため，ちょうど良い数の拘束を与えること，そして寸法拘束だけでなく位置・姿勢を決める拘束も与えなければならないことである．

6. アセンブリ

CAD は単一の部品形状を扱うことから始まったが，実際の製品は複数の部品を組み合わせた組立品がほとんどであり，最近では多くの CAD が組立を表す機能を備えるようになってきている．組立を表現するためには，組立品とそれを構成する部品との組立構成関係，部品同士の位置関係，などを情報として管理しておかなければならない．これにより部品ごとの表示，組立品，副組立品としての表示，場合によっては組立手順や機構のアニメーションなどを行うことができる．

7. Creo

Creo（旧称 Pro/ENGINEER）は，形状特徴をベースに表現と操作が構成された初めての 3 次元 CAD である．Creo では，形状特徴を基本として形状を構成し，パラメトリック機能により寸法を与え，形を変えて，形状をつくりあげていくことになる．このため，線を引いて形状を構成する製図作業とはかなり異なった考え方と手順を必要としている．一つは「形状」を意識する必要がある点である．製図作業では図面に描いたばらばらの線の集合を形であると認識していたわけだが，Creo では，たとえば図形を表す線分は全て繋がっていて閉じていることなど，正確に形状を構成しなければエラーとなってしまう．寸法を与える場合にも，上記したように正しく拘束を加えていくことが要求される．さらに 3 次元の立体を操作するということと 2 次元の図形をいじることとの差も感じられると思う．製図に比べてこれらの操作は煩雑なように見えるかもしれないが，たしかに「形」を正しく扱うということは鉛筆で線を引くということ以上のものがあることがわかる．見かけがそれらしく見えるかだけを追求する CG（Computer Graphics）と 3 次元 CAD との違いもこの点にある．

また，前記したように 3 次元 CAD の意義は，形状を作るということもさることながら，作った 3 次元形状を利用することに主眼がある．本書で使用する Creo Elements Pro 5.0 には MECHANICA など各種機能のソフトウェアがそのために提供されており，形状をもとにさまざまな生産活動の支援ができるようになっている．形状情報を応用してどんなことができるのかも本実験で実感してもらえればありがたい．もしも 2 次元の図面情報から同じ結果を得ようとすると，どのくらいの手間が必要か考えてみよう．

Ⅱ. リンクアームのモデリング

課題1：図2.6に示すリンクアームをCreo Elements Pro 5.0（3D−CAD）でモデリングする

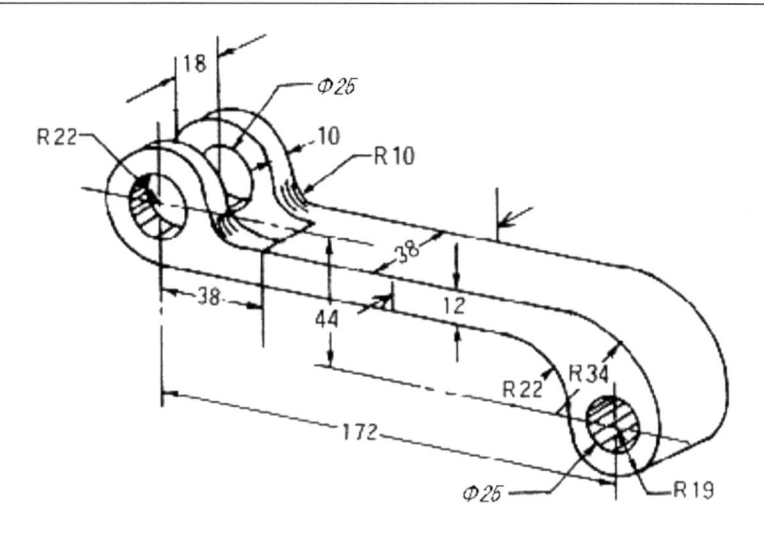

図 2.6　リンクアーム

1. はじめに

Creo Elements Pro 5.0 の起動
- デスクトップ上で Creo Elements Pro 5.0 アイコンをクリックする．
- 起動すると図 2.7 のような初期画面になる．

図 2.7　Creo Elements Pro 5.0 初期画面

2. ワーキングディレクトリの設定

まず作業を行うにあたり作成したファイルなどを保存するフォルダ（ワーキングディレクトリ）を設定する．
- プルダウンメニュー[ファイル] → [ワーキングディレクトリを設定]を選択する．
- 図2.8のようなウィンドウが立ち上がったら
  月曜日の人　→　[monday]フォルダを選択する．
  火曜日の人　→　[tuesday]フォルダを選択する．
- OKボタンで完了．

図 2.8　ワーキングディレクトリを選択

3. 新規ファイルの作成

モデルを保存するための新規ファイルを作成する．
- プルダウンメニュー[ファイル] → [新規]を選択する．
- 図2.9に示す「新規」ウィンドウで「部品」を選択し，ファイル名（授業内で指示される）を入力し，OKボタンを押す．

4. データム平面の確認

メインウィンドウ内でx,y,z方向それぞれ基準面となるデータム平面（FRONT・TOP・RIGHT）の確認をする．
- 図2.10のようにメインウィンドウにデータム平面が出るのを確認する．

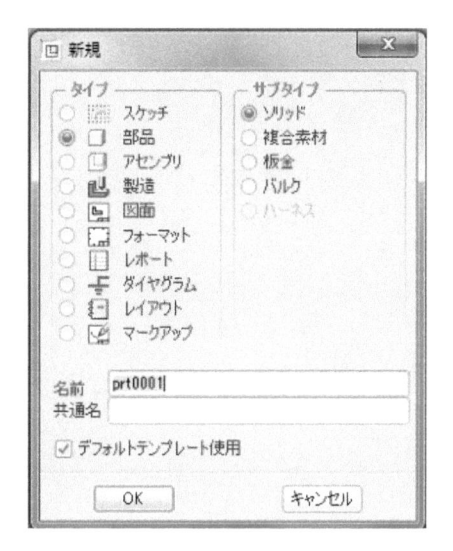

図 2.9 「新規」ウィンドウ

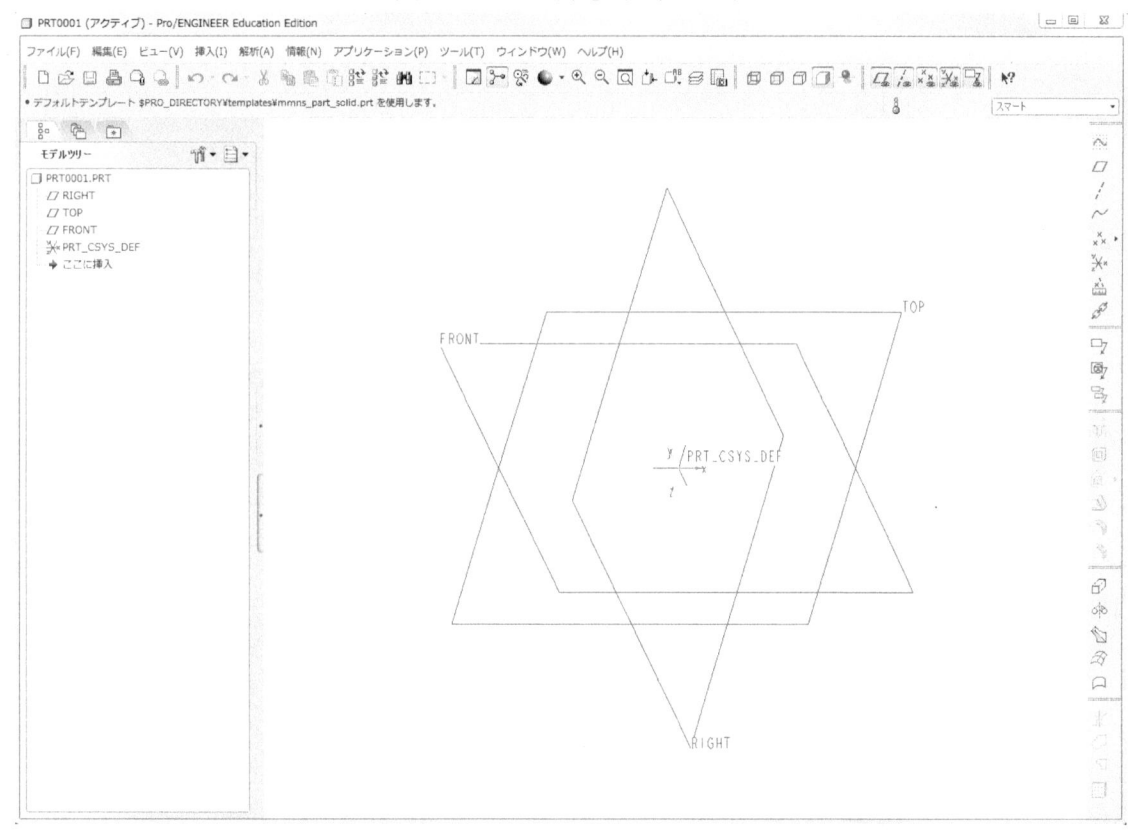

図 2.10 データム平面の確認

5. ベースフィーチャーの作成

まず，基本のモデルとなるベースフィーチャーを作成する．このモデルに後から集合演算によって穴や切り欠きなどを加工していく．2次元断面を描き，その断面に厚み（深さ）を与えることで，モデルを表現する．

- 右側，「押し出しツール」アイコン をクリックする．
- 図 2.11 に示す左上のダッシュボードの配置タブをクリックする．

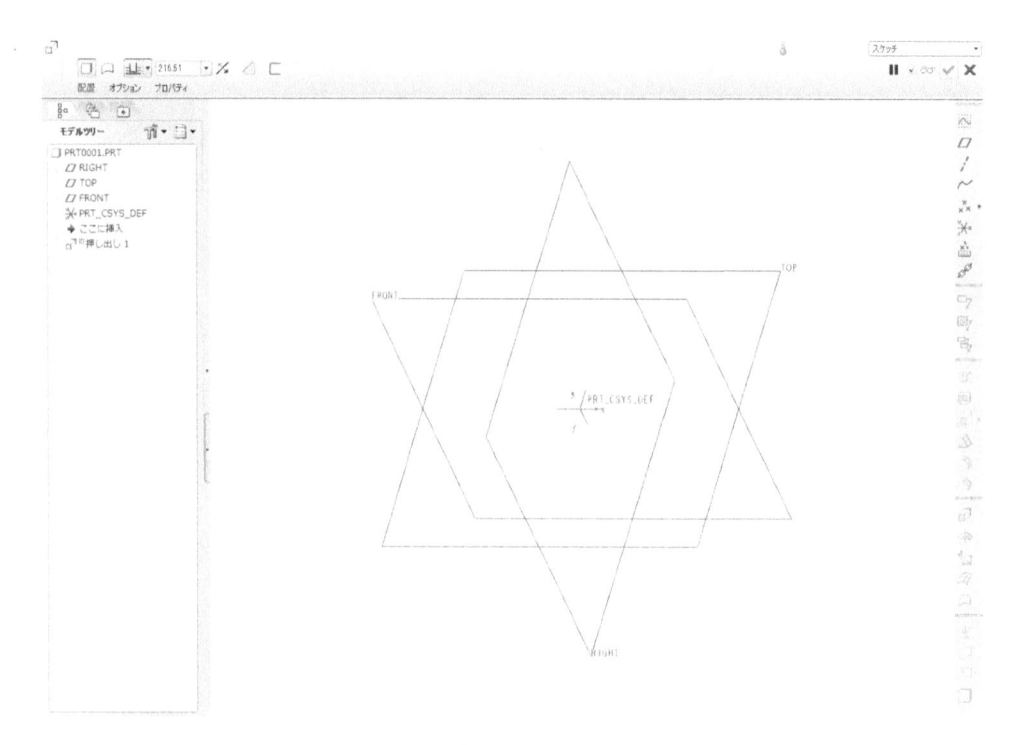

図 2.11 「配置」を選択

- 図 2.12 の 定義 ボタンをクリックすると,「スケッチ」ウィンドウが出る.

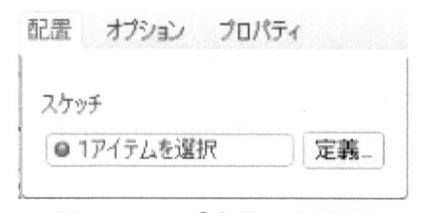

図 2.12 「定義」を選択

- (スケッチ平面の設定) FRONT のデータム平面（水色にハイライトする）をクリックする, すると図 2.13 のように中心付近に矢印が出る.

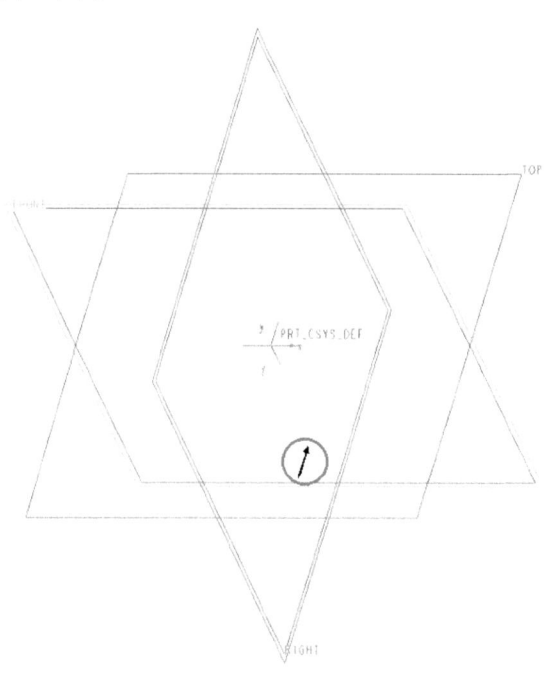

図 2.13 データム平面「FRONT」を選択

- FRONT 平面を選択すると図 2.14 のようにスケッチ平面に「平面 FRONT」,「参照 RIGHT」と入力されるので,そのまま スケッチ ボタンを押す.

図 2.14 「スケッチ」ウィンドウ

- 図 2.15 のようなスケッチ画面に切り替わる.すると「参照」ウィンドウで参照がデフォルトで定義済みなので, 閉じる ボタンで閉じる.

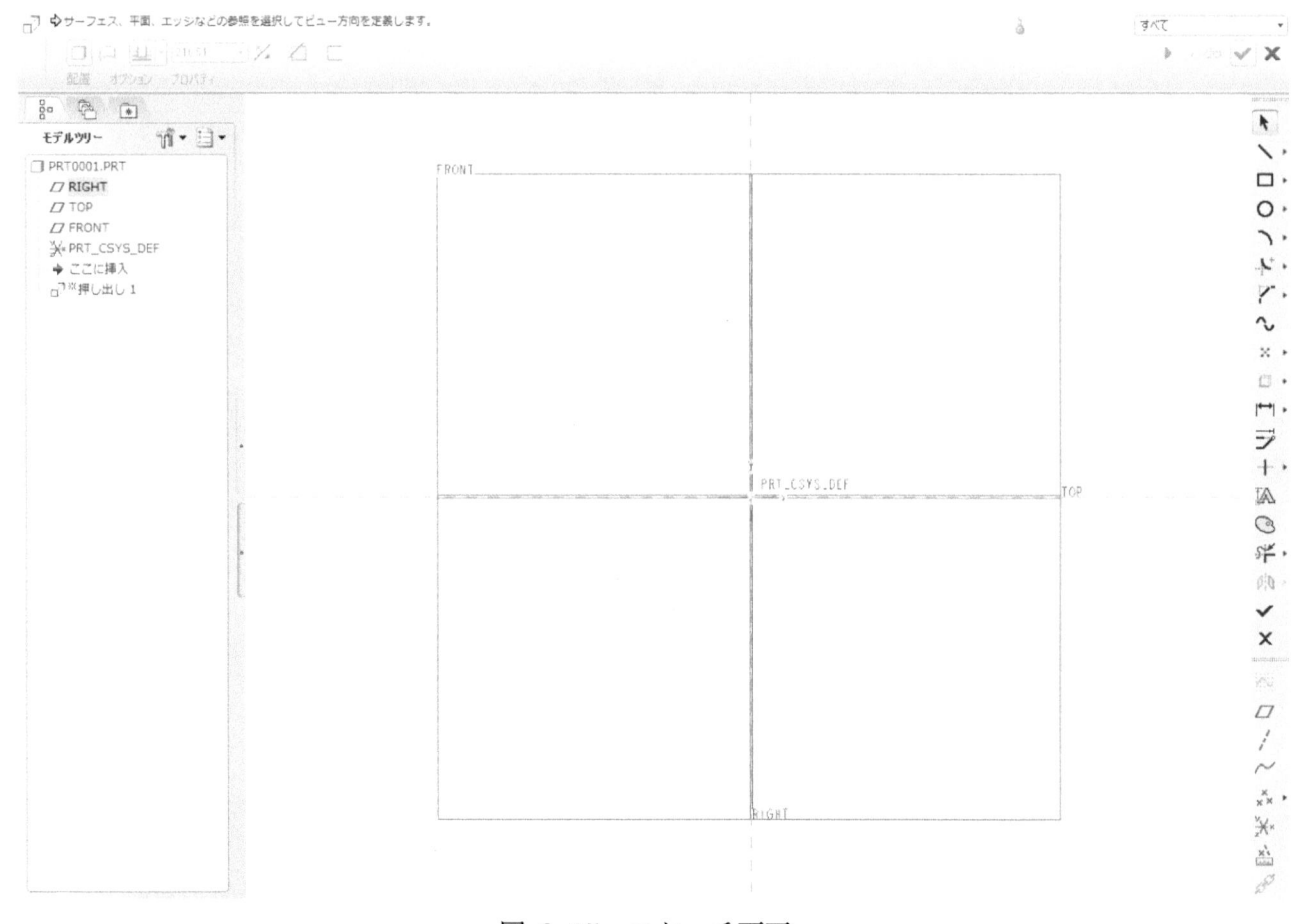

図 2.15 スケッチ画面

6. 断面スケッチの開始

6.1 円アイコンで円を 2 個描く

- 右側，「円」アイコン ◯ をクリックする．
- マウスポインタが円の中心になるので，まず TOP の水平線と RIGHT の垂直線が交わる点で 1 回クリックする．すると円が出るので，図 2.16 のような位置でもう一度クリックすると円が描ける．

図 2.16 円を 2 個描く

- 同じようにして，2 個目の円を図 2.16 のように 1 個目の円の右下に描く．
  ※この時，円の大きさが同じにならないように描くようにする．（R1 などの記号が出ないように描く．）

6.2 直線アイコンで直線を 2 本描く

- 右側，「直線」アイコン ╲ をクリックする．
- マウスポインタが直線の始点になるので，1 本目は図 2.17 の①の点で 1 回クリックする．
- そこから右へ水平に線を伸ばし，②の点でもう一度クリックする．
- するとそこからさらに直線が出るようになってしまうので，マウスの中ボタンを押すと，直線の描画を一旦中止することができる．
- 2 本目は TOP の水平線より少し下の③の点で 1 回クリックし，右へ水平に伸ばし④の点でもう一度クリックする．

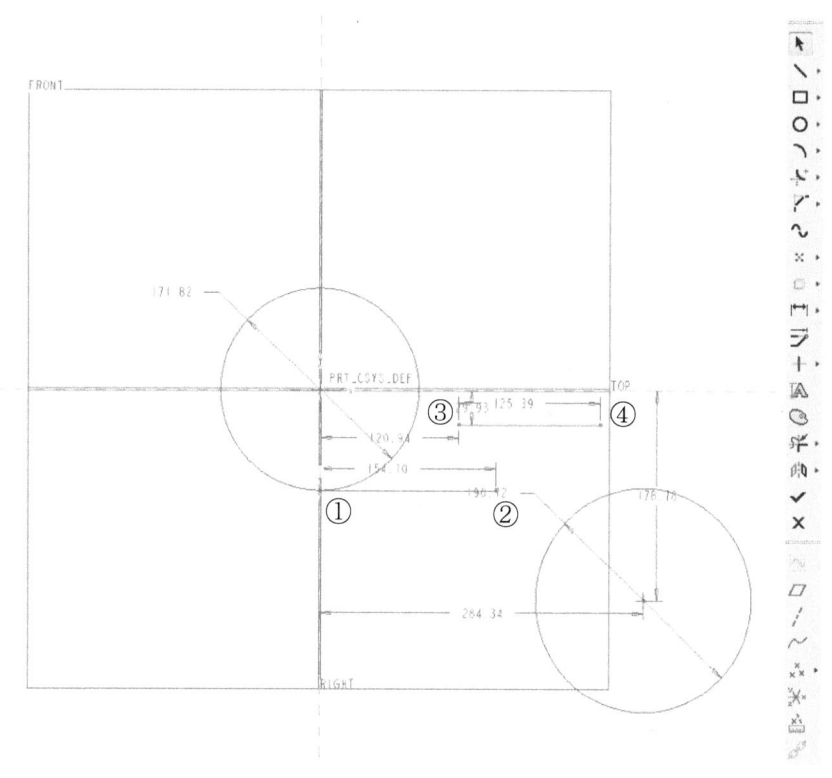

図 2.17 直線を2本描く

6.3 フィレットをつける

- 右側，「フィレット」アイコン をクリックする．
- ①の円周上の点と②の直線上の点をクリックすると，図 2.18 のような滑らかな曲線が描ける．
- 同じようにして，次に③，④の順でクリックすると2本目のフィレットが描け，最後に⑤，⑥の順でクリックすると3本目のフィレットを描くことができる．

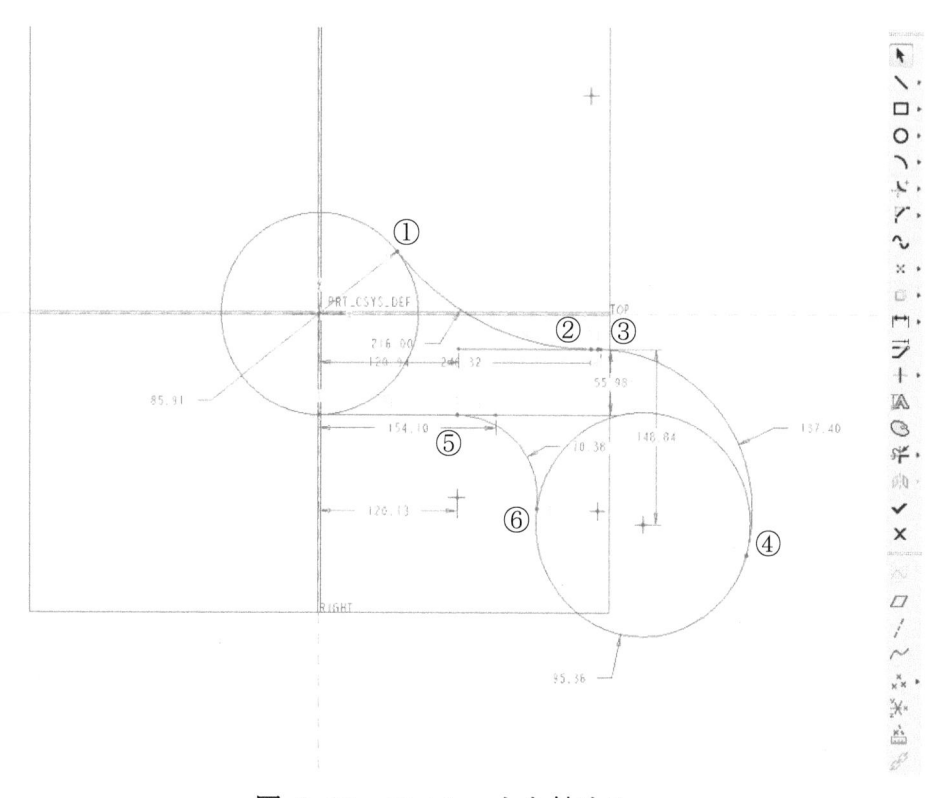

図 2.18 フィレットを付ける

6.4 不要な線分の削除

図 2.18 より，フィレット描画によって飛び出している線を削除する．

- 右側，「トリム」アイコン をクリックする．
- マウスポインタを飛び出している部分に持っていくと水色にハイライトするので，1 回クリックすると，図 2.19 の①と②のように線が削除できる．
- 同じようにして，③の線を削除すると，図 2.20 のようになる．

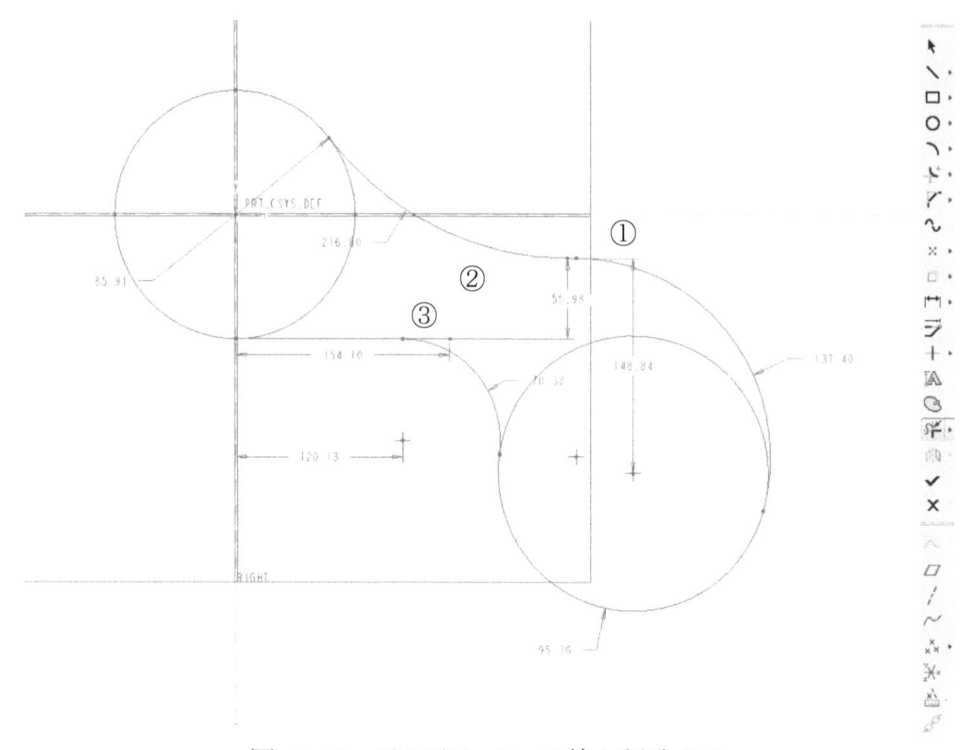

図 2.19 飛び出している線を削除する

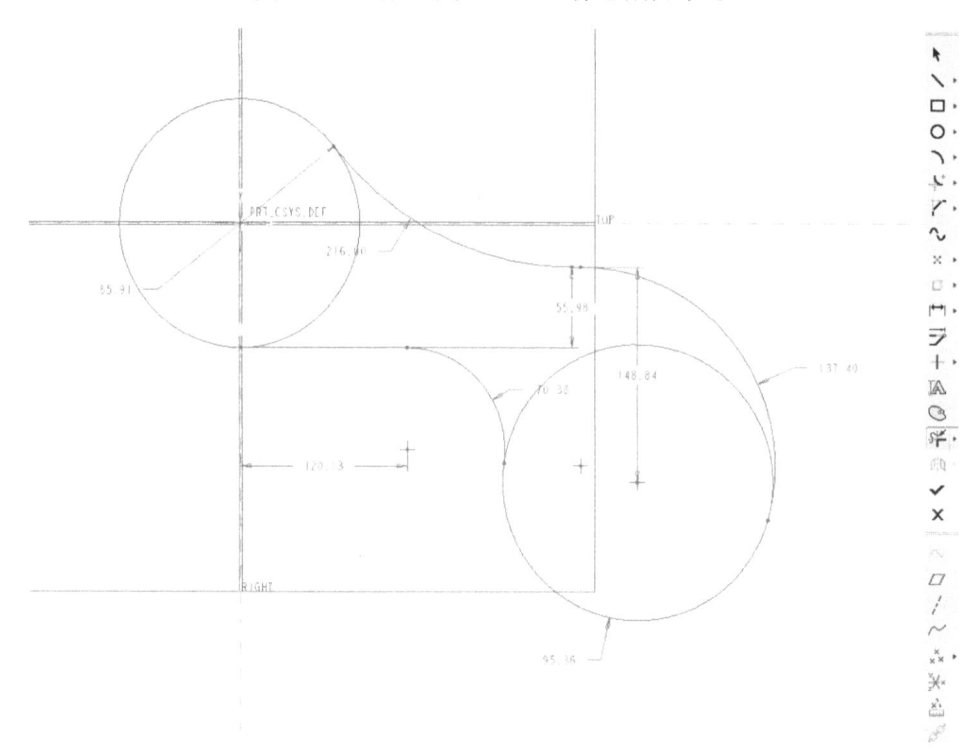

図 2.20 線を削除した状態

6.5 不要な円弧の削除

6.4と同様のトリム機能を利用して，不要な円弧を削除する．

- 「トリム」アイコン をクリックする．
- マウスポインタを①の部分に持っていくと，円弧の一部が水色にハイライトするので１回クリックすると削除できる．（図 2.21）
- 同じようにして②と③の部分（③は円弧が TOP の水平線で区切られているため，見づらいが余計な線が飛び出している）を削除する．

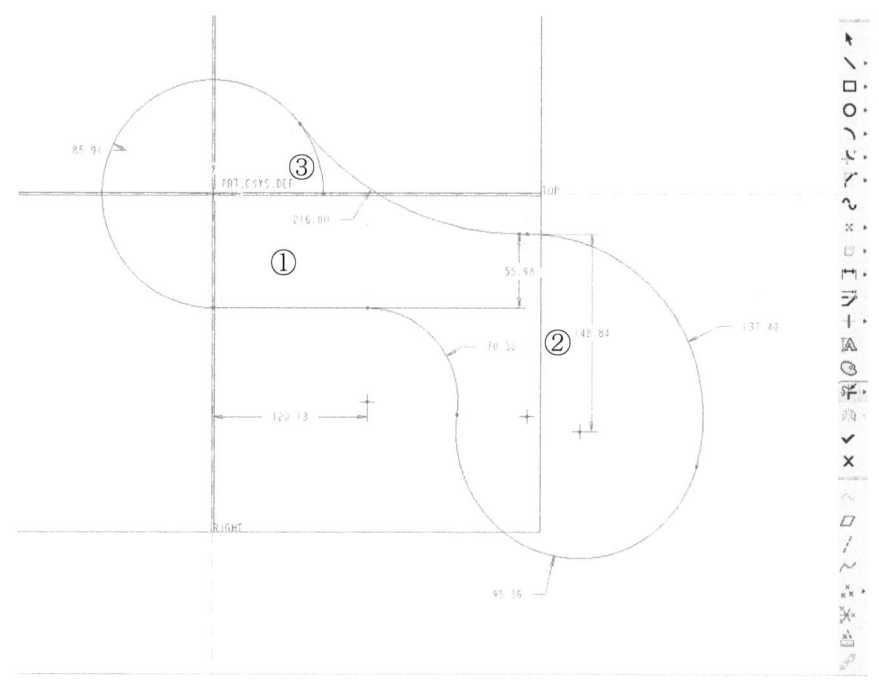

図 2.21 不要な円弧を削除する

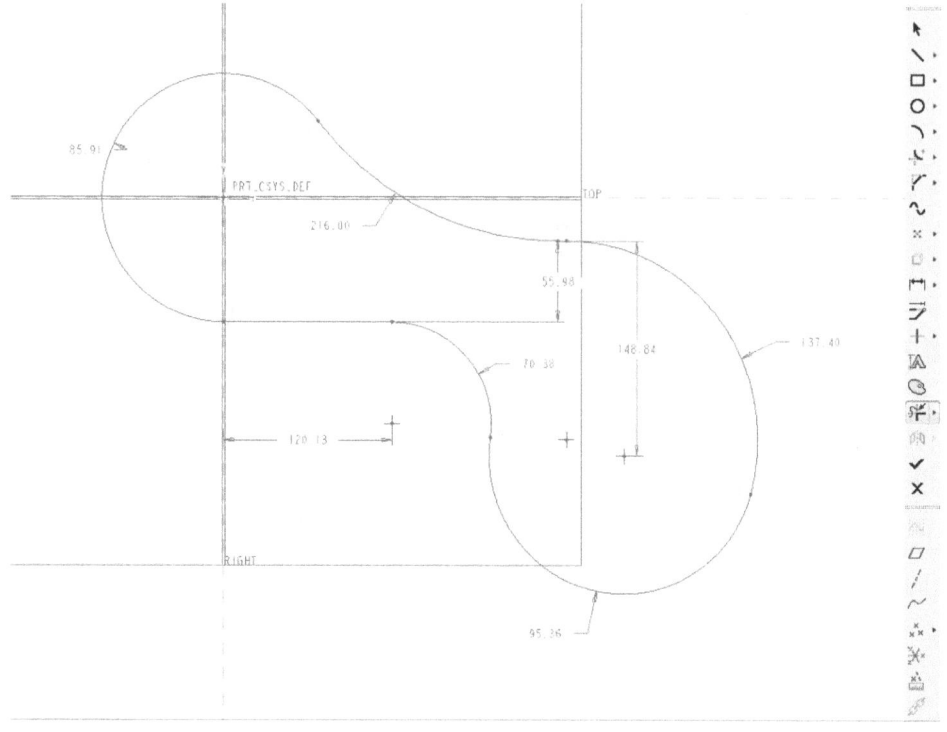

図 2.22 円弧を削除した状態

6.6 寸法の配置

スケッチ画面に寸法が自動的に配置されているので，見やすい位置に寸法を配置し直す．

- 右側，「寸法配置」アイコン をクリックする．
- 線と線（または点）の間の寸法は両方の線を1回ずつクリックし(赤くハイライトする)，寸法を配置したい場所で中クリックすると寸法を配置できる．
- 曲線・円弧の半径の寸法は，曲線上で1回クリックし，寸法を配置したい場所で中クリックすると寸法を配置できる．
- 図2.23のように寸法を配置する．

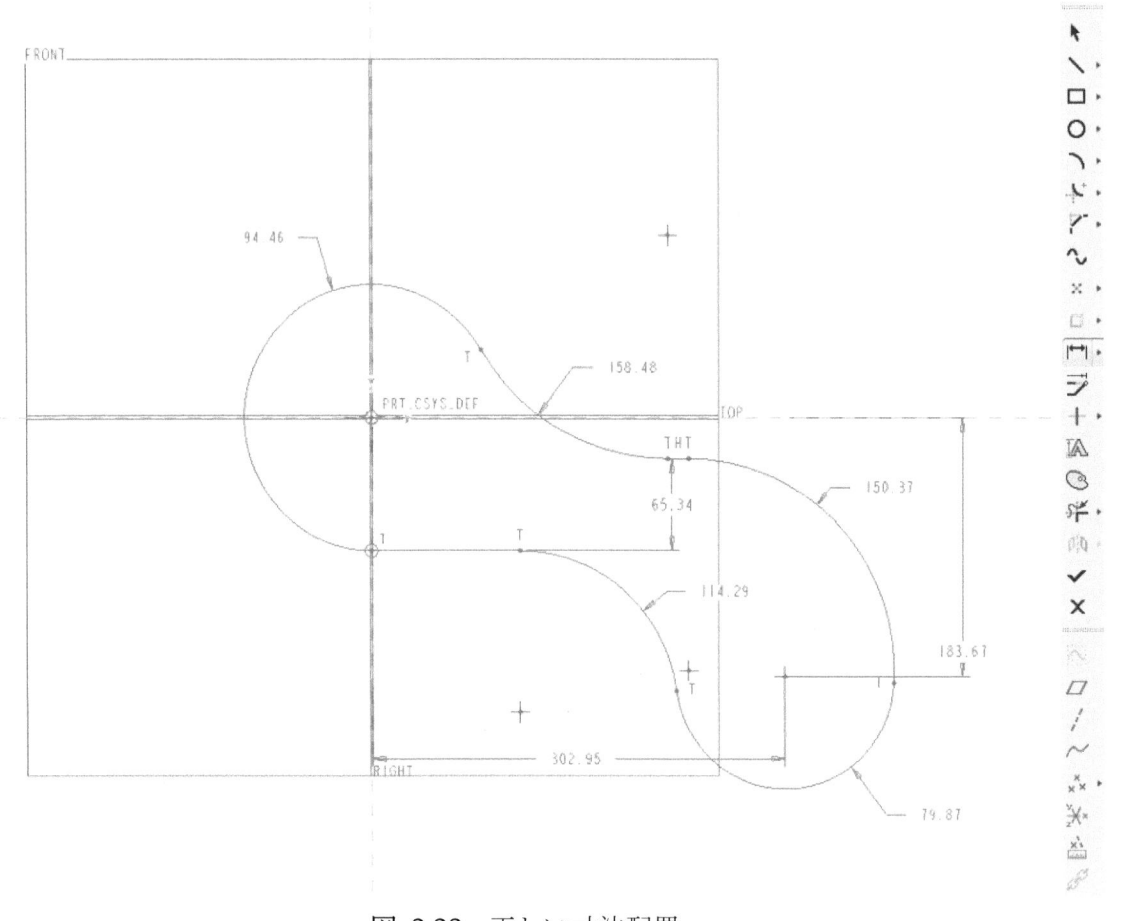

図 2.23　正しい寸法配置

6.7 寸法値の修正

6.6で配置した寸法を図2.6に示す正しい寸法に修正する．

- まず1番右上の「矢印」アイコン をクリックする．
- 図2.24のように左上の点で1回クリックし，そのままマウスをドラッグしてスケッチの外形や寸法など全てが四角の中に収まるようにして右下の点でマウスを放すと,四角で囲まれた部分が赤くハイライトする．
- その状態で，右側，「寸法修正」アイコン をクリックする．

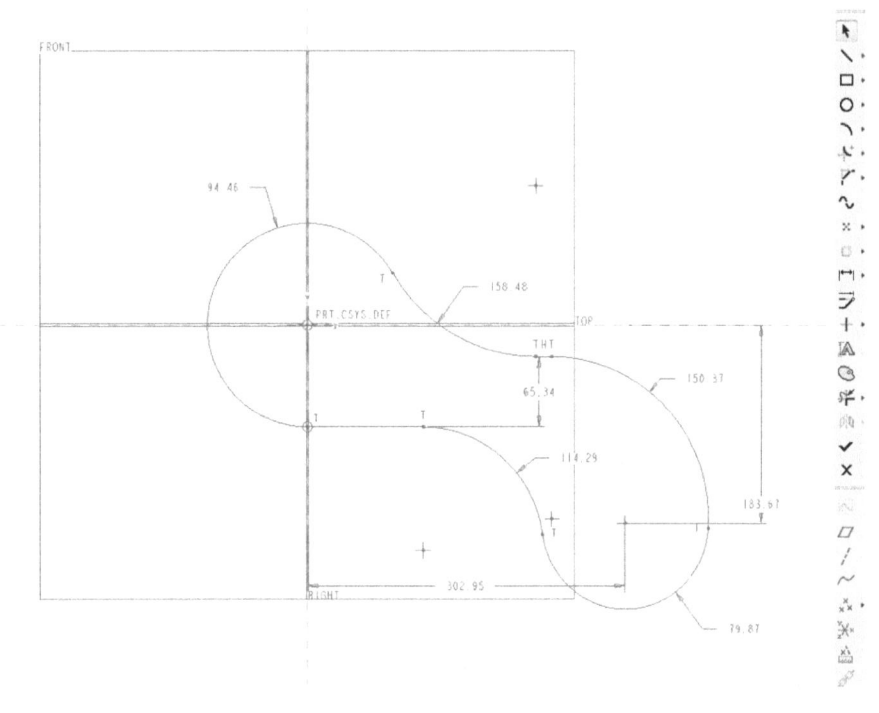

図 2.24　マウスで全体を囲む

- すると，「寸法修正」ウィンドウが出る．
- 寸法値を変更する前に，下にある「再生」の部分に付いているチェックをはずす．
- 最後に各寸法値を正しい値に変更する．正しい寸法は図 2.26 を参照すること．

- 寸法値の変更が終わったら寸法修正ウィンドウ下にある「寸法修正完了」アイコン ✓ を押すと図 2.26 のように寸法通りにスケッチが変形する．

※ ✓ ボタンを押しても寸法が修正されなかった場合は，入力などが間違っている可能性があるので，実験担当者を呼んで修正してもらうこと．

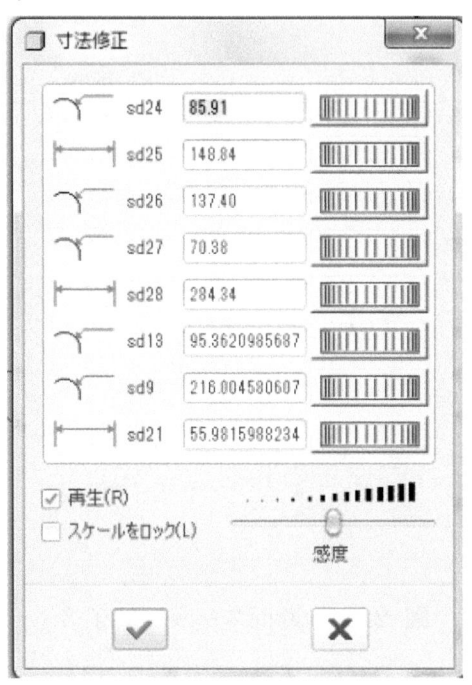

図 2.25　「寸法修正」ウィンドウ

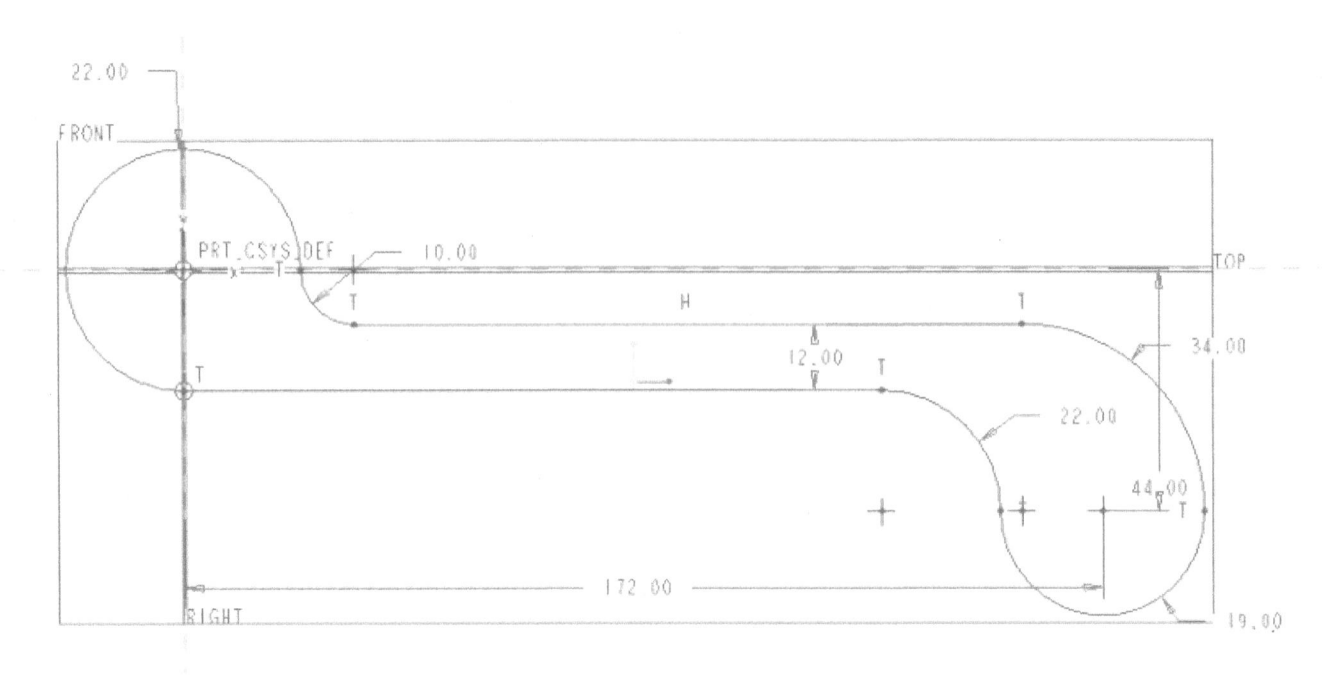

図 2.26　変更した寸法値通りにスケッチが変化する

6.8 断面スケッチの終了

寸法を修正し，図 2.26 のようにスケッチを変更できたら，断面スケッチは完了なので断面スケッチを終了する．

- 「スケッチ完了」アイコン ✓ を押す．
- 図 2.27 のようなメインウィンドウに戻る．
  ※この時「モデルが不完全です」等の警告ウィンドウが表示されることがある．余計な線が残っていたり，寸法に矛盾が生じていたりする可能性があるので，再度確認し，解決できない場合は，実験担当者を呼んで確認してもらうこと．

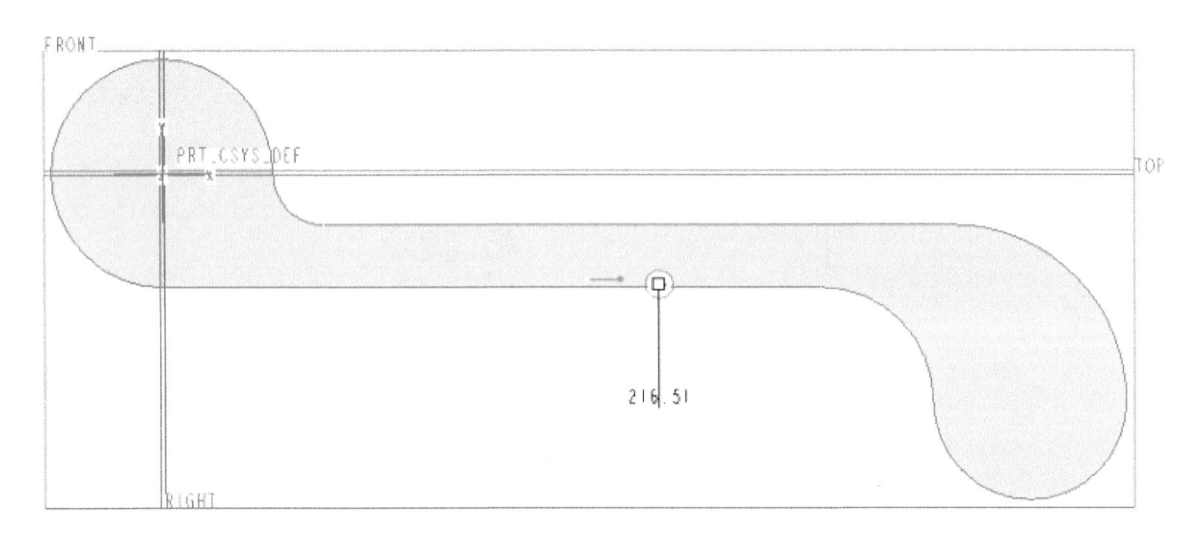

図 2.27　断面スケッチ終了後

7. 深さの入力

2次元でのスケッチが終了したら今度は描いたスケッチ断面に深さを与える必要がある．

- 図 2.28 のようにメインウィンドウ上，モデルの深さ寸法の数値をダブルクリックすると入力できるような画面になる．

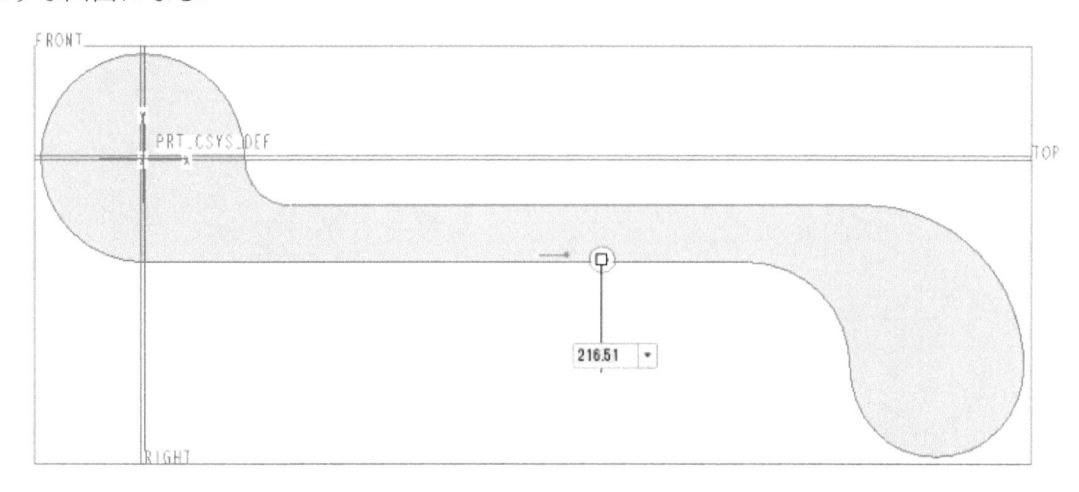

図 2.28 深さの数値をダブルクリック

- 入力画面に「38」と入力し，Enterを押すと図 2.29 のように深さの数値が変更される．

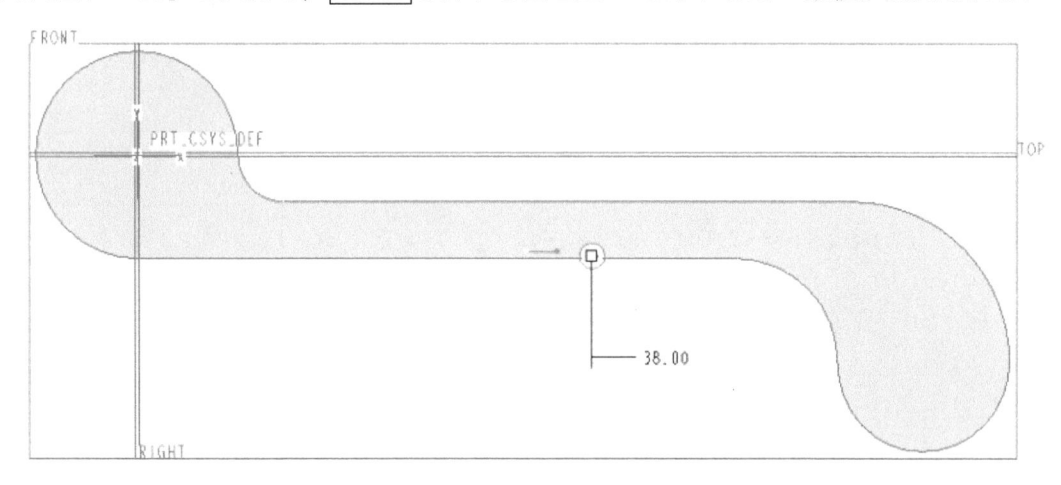

図 2.29 深さ寸法変更後

- 次にメインウィンドウ左下の丸で囲まれた▼ボタンを押し，さらに下の丸で囲まれたアイコンをクリックする．

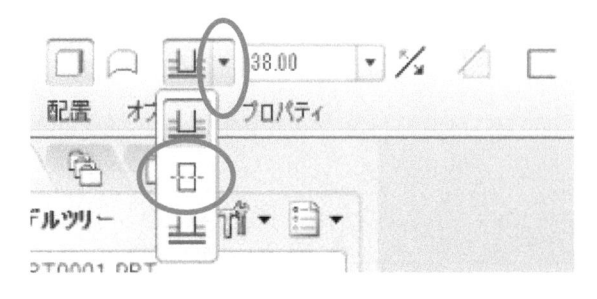

図 2.30 ○部分をクリック

8. モデルの確認

ベースフィーチャーが正しく作成されるかどうかを，モデルを見る視点を変えて確かめる．

- プルダウンメニューの[ビュー]を開き，その中から[方向] → [標準方向]の順番で選択すると図 2.31 のようにモデルの向きが変わって全体が見えるようになる．

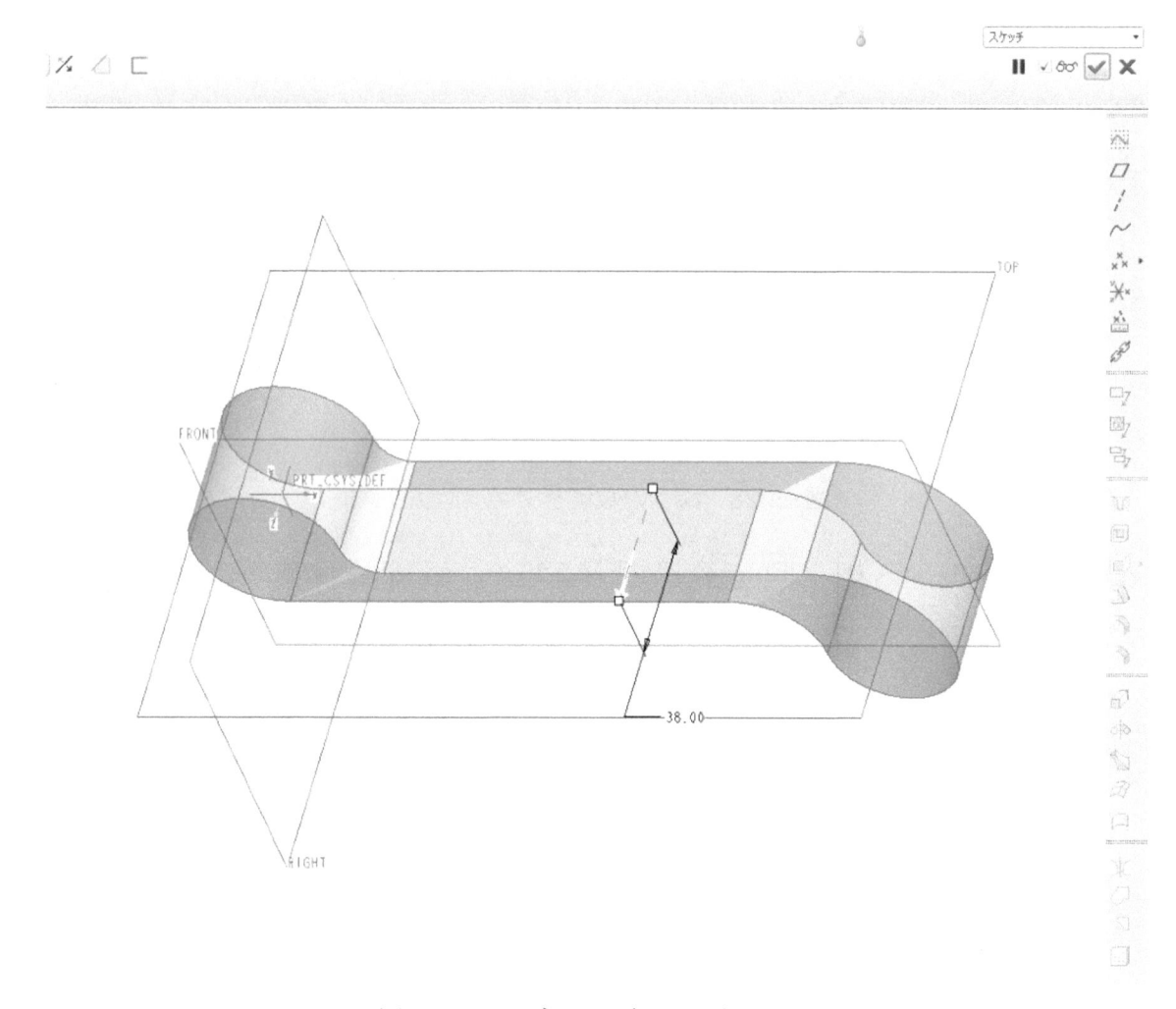

図 2.31 モデルを回転して確認する

- ここで右上の「プレビュー」アイコン をクリックすると図 2.32 のようにモデルの中身が埋められたような見え方になる．

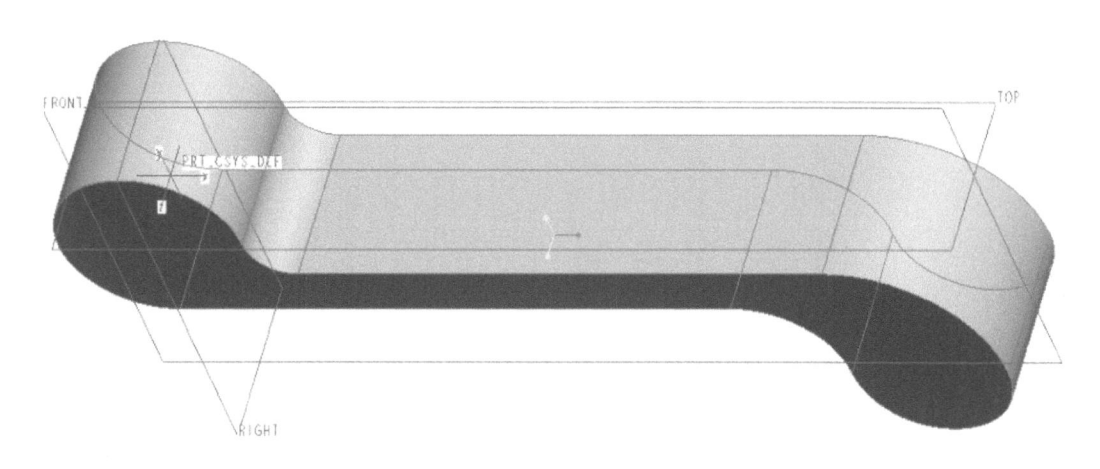

図 2.32　右上プレビューアイコンをクリック

- これで問題なくベースフィーチャーができているので，メガネアイコンの隣の「フィーチャー完了」アイコン☑をクリックすると図 2.33 のようなベースフィーチャーが完成した状態になる．

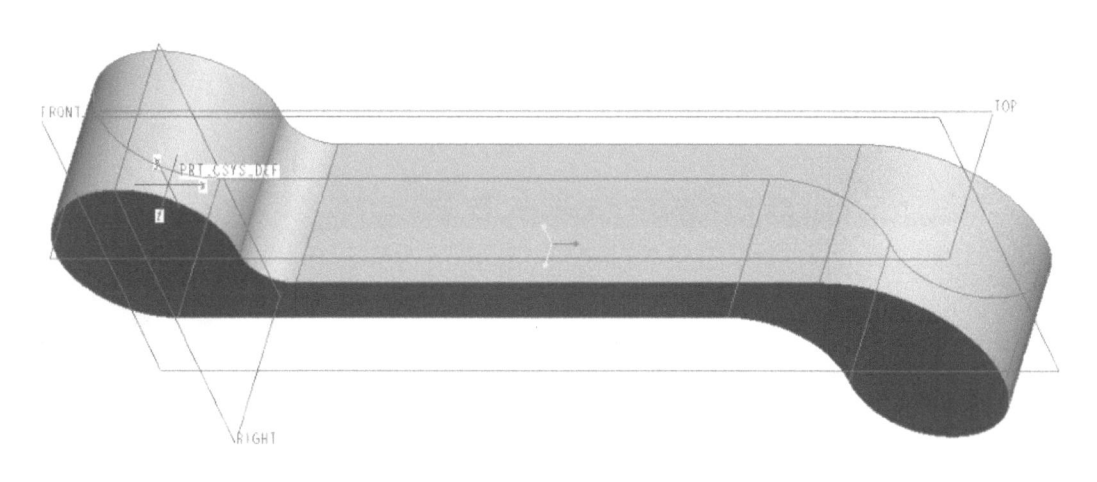

図 2.33　ベースフィーチャーの完成

9. 穴の作成

次に作成したベースフィーチャーに穴を開ける．

- メインウィンドウ右側「穴ツール」アイコン をクリックするとダッシュボードに図 2.34 のような穴を定義するための項目が出る．

図 2.34　「配置」をクリック

- メインウィンドウ右側「データム軸」アイコン をクリックすると図 2.35 に示すデータム軸ウィンドウが表示される．

39

図 2.35 データム軸ウィンドウ

- 「データム軸」ウィンドウが出た状態で図 2.36 の箇所をクリックすると選択された面が赤くハイライトされ、中心にデータム軸が表示される．

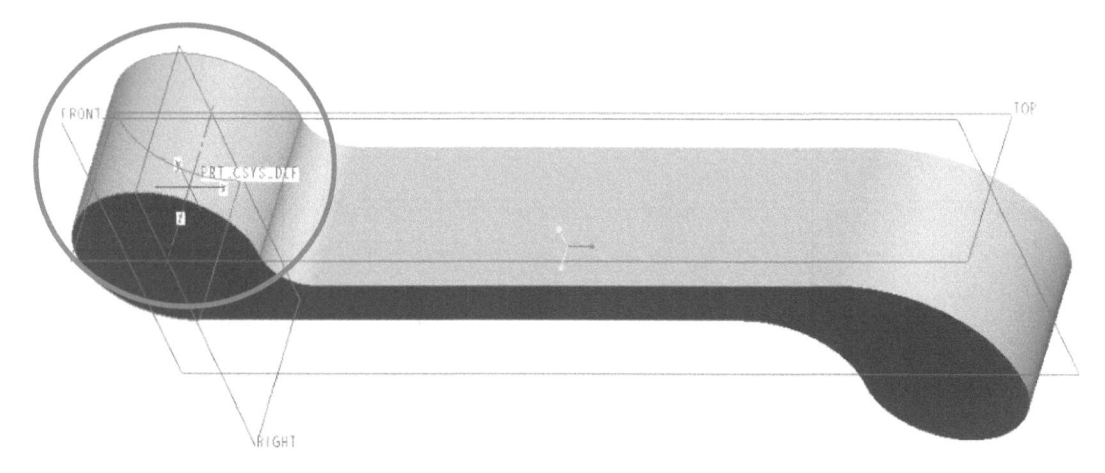

図 2.36 ベースフィーチャーの左側円弧をクリック

- 「データム軸」ウィンドウの「OK」ボタンを押し，データム軸を作成する．

- 次に画面右上の「レジューム」アイコン をクリックすると，再び図 2.34 のような穴を定義するための画面が表示される．

- 項目内の「配置」をクリックすると，図 2.37 の「配置」ウィンドウが表示される．

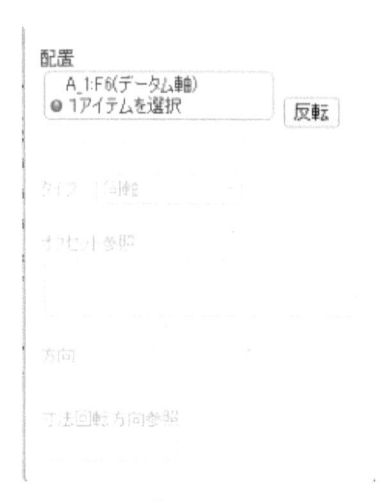

図 2.37 「配置」ウィンドウ

- 図 2.37 の「1 アイテムを選択」をクリックし，Ctrl キーを押しながらモデル手前面をクリックすると選択された面が赤くハイライトする（図 2.38）．

図 2.39 ○部分の数値を「25」に変更

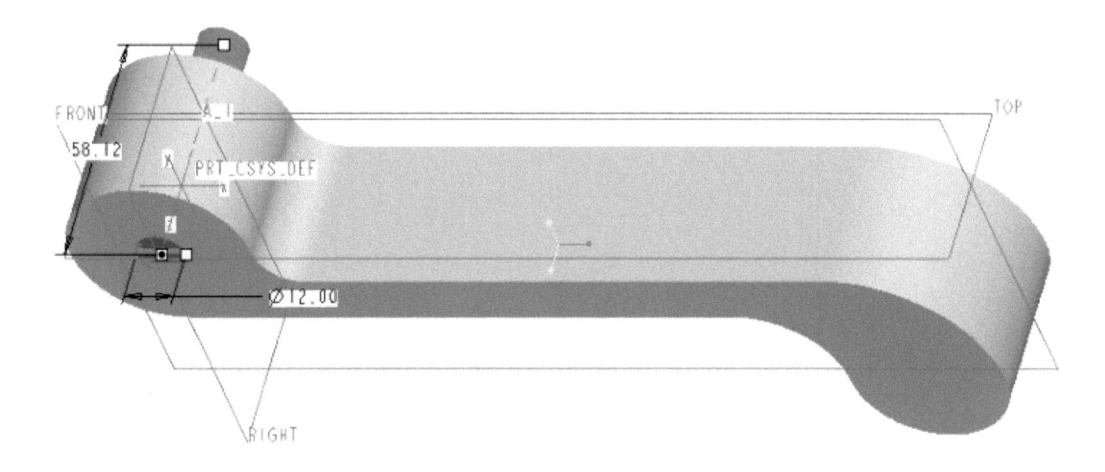

図 2.38 ベースフィーチャーの手前側面をクリック

- 次に穴の直径を設定する．「配置」ウィンドウ下の丸で囲まれた部分の数値を「25」に変更する．

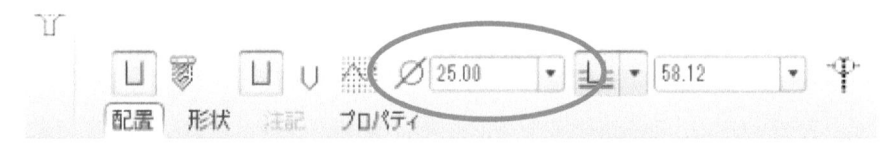

図 2.39 ○部分の数値を「25」に変更

- 図 2.40 のように直径の右にある「深さ」アイコンの▼ボタンをクリックし，その中にある「全貫通」を選択する．

図 2.40 ○部分の全貫通アイコンをクリック

- 最後に穴の位置を確認する．右上「プレビュー」アイコン をクリックすると図 2.41 のようにモデルに穴が開いた状態になるので，正しい位置に穴が開いていることを確認してフィーチャー完了アイコン をクリックすると，穴の作成が完了する．

41

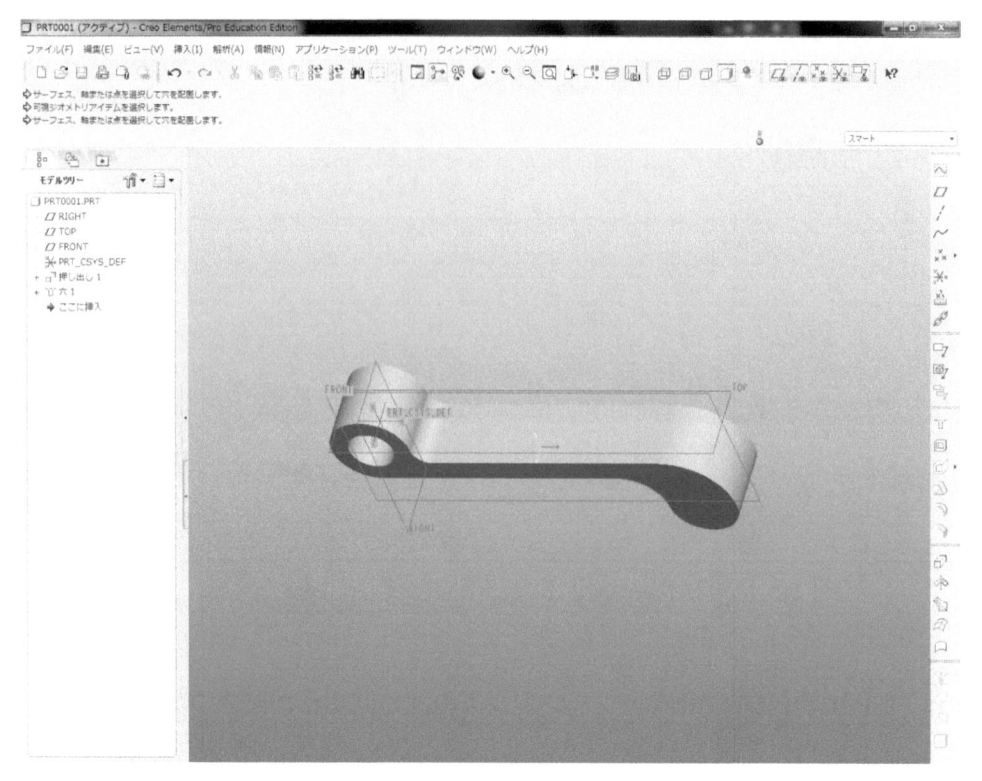

図 2.41 穴の完成

10. 穴の作成 2

次にもう一方の丸みの部分に直径「25」、全貫通の穴を作成する．手順は行程 9 と同じである．

- データム軸は図 2.42 に示す箇所を参照する．このとき，マウス中ボタンを押しながら移動することでモデルを回転させると参照しやすい．

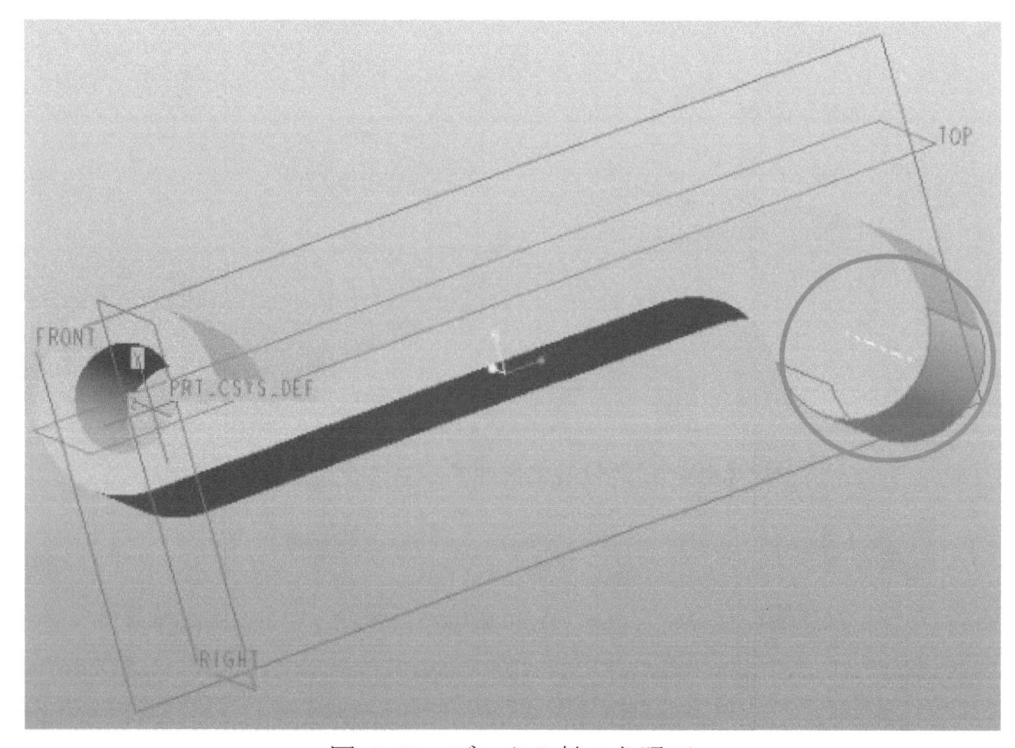

図 2.42 データム軸の参照面

- 完成すると，図 2.43 のようになる．

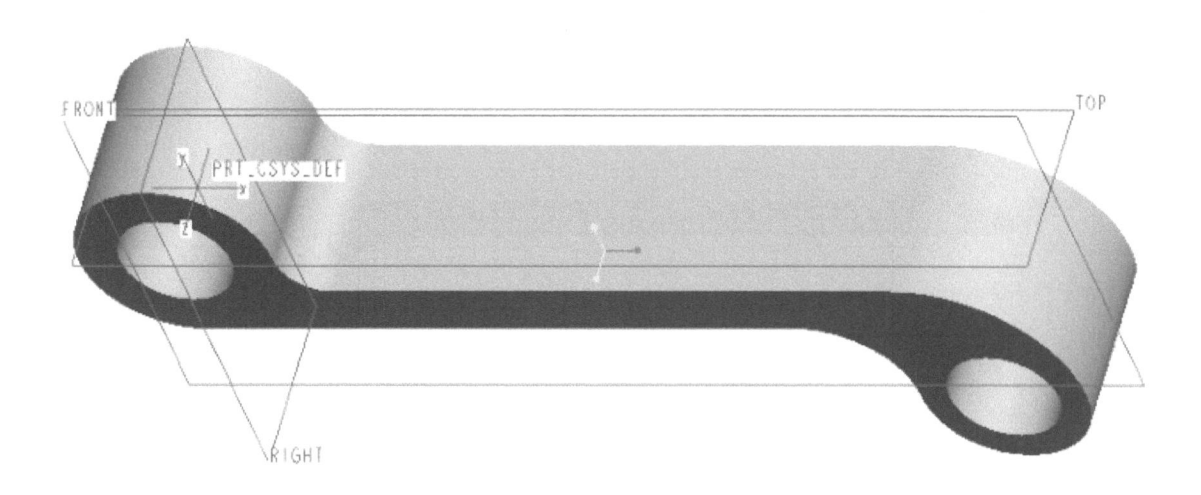

図 2.43 2 個目の穴の完成

11. カット

1 回目に穴を開けた部分に，切り欠き（カット）を作成する．

- 右側「押し出しツール」アイコン をクリックする．（図 2.44）
- 行程 5 と同様にメインウィンドウ左上「配置」をクリックし，その中の「定義」をクリックすると図 2.44 のような「スケッチ」ウィンドウが出るので，スケッチ平面「TOP」を選択する．（モデル左側に黄色い矢印が出る．）（図 2.45）
- スケッチウィンドウの「参照」に自動的に RIGHT と表示されるのでスケッチボタンをクリックするとスケッチ画面（図 2.46）になる．

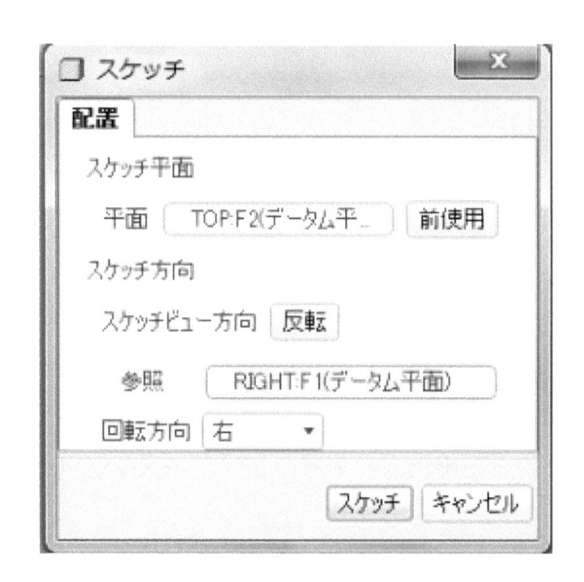

図 2.44 「スケッチ」ウィンドウ

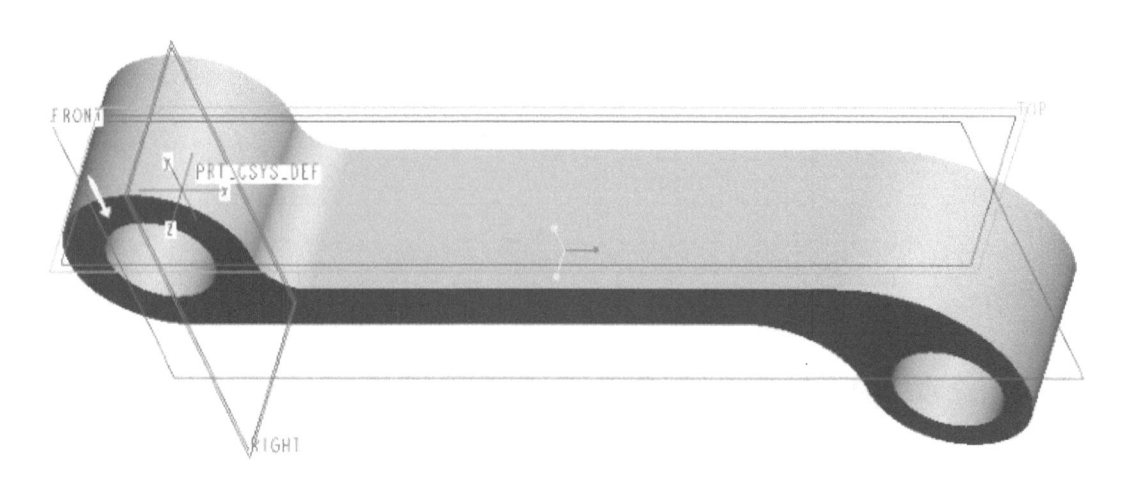

図 2.45 モデル左側に下へ向かう黄色い矢印が出る

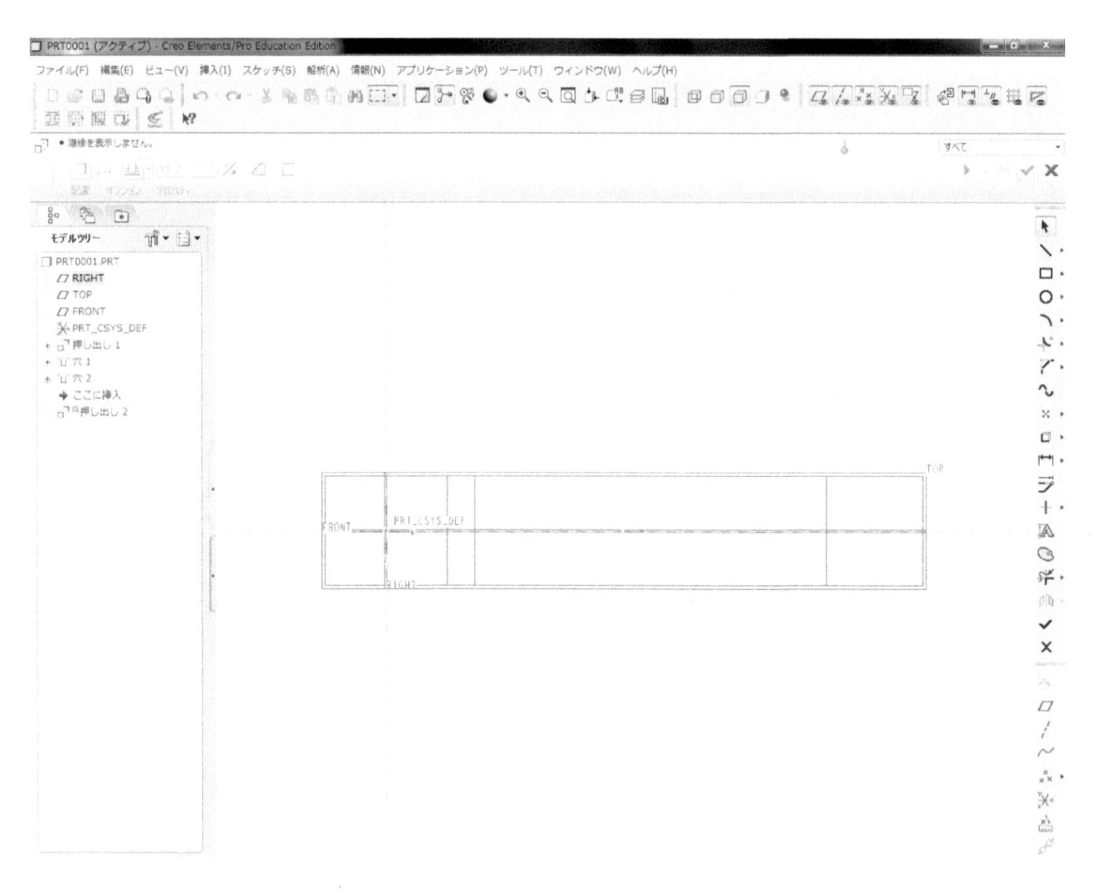

図 2.46 スケッチ画面

- この時に出る「参照」ウィンドウは閉じる．

- 図 2.46 は上部アイコン群の「隠線消去」アイコン を使い，モデルを陰線消去表示にしている．

「ワイヤーフレーム」アイコン ，「隠線」アイコン ，「シェード」アイコン で表示を切り替え，作業しやすい環境にする．

11.1 中心線を描く

まず FRONT と書かれた水平線に中心線を描く．

- 右側の「直線」アイコンの右にある>ボタンを押すと「中心線」アイコン が出るのでクリックする．
- マウスポインタを FRONT の水平線上に持って行き，線上で 1 回クリックする．
- すると点線が出るので，点線が FRONT の水平線に重なるように合わせ，完全に一緒になった点でもう一度クリックし，中ボタンを押すと，図 2.47 のように水平線を挟むように＝の記号が付く．

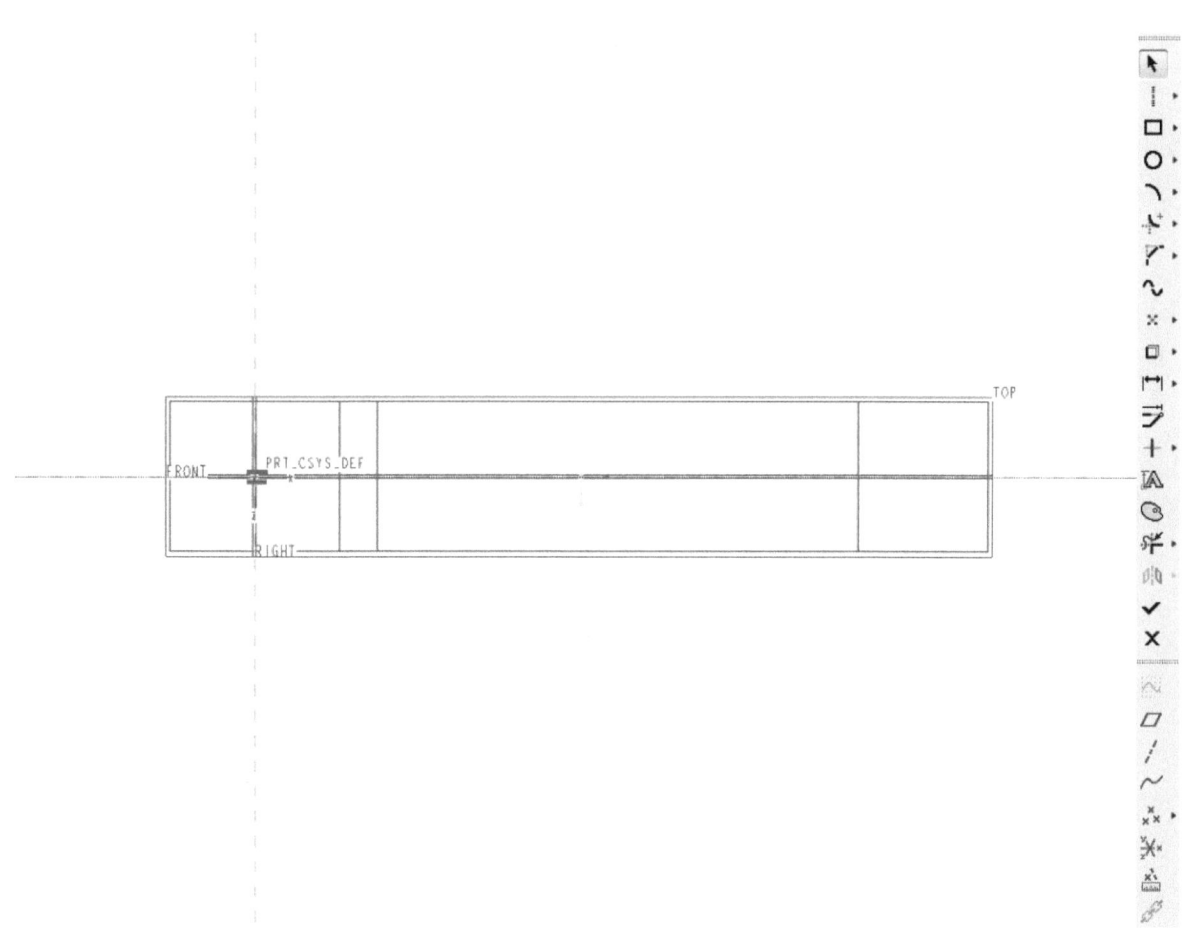

図 2.47　中心線の描画

11.2 長方形を描く

切り欠きの断面である長方形を描く．

- 右側の「長方形」アイコン をクリックする．
- あらかじめ描かれているリンクアームの外形の中に図 2.48 のように長方形を描く．このとき「ハイライトしたエンティティを整列しますか？」という確認が出た場合は「いいえ」を選択する．

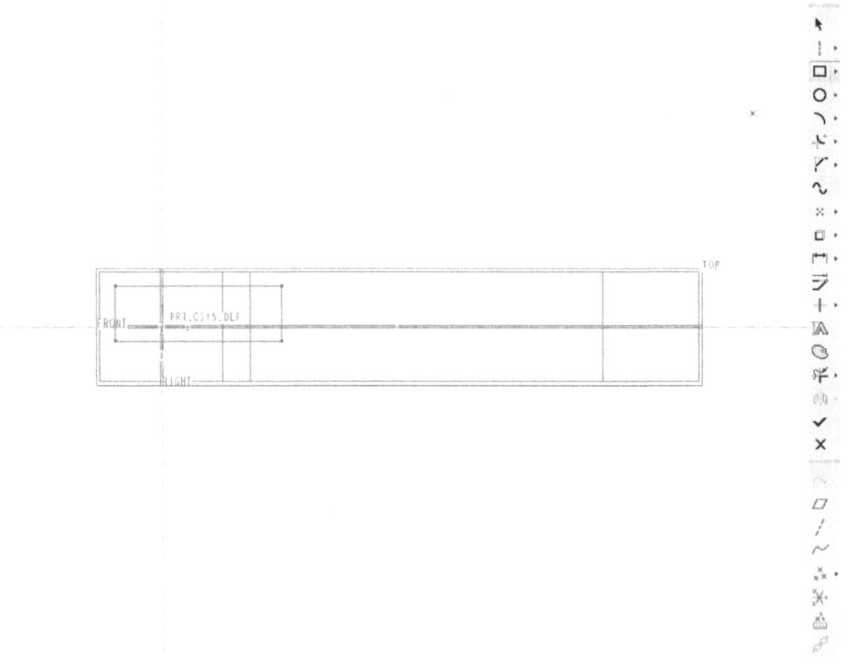

図 2.48 長方形を描く

11.3 整列させる

描いた長方形の左側の縦線をベースフィーチャーの左側の縦線に一致させる．

- 右側 の右の三角形をクリックすると，図 2.49 のような拘束ウィンドウが出る．
- 拘束ウィンドウ内の上から 2 番目の右側「一致」アイコンをクリックする．
- 先ほど描いた長方形の左側縦線を 1 回クリックする．（赤くハイライトする）
- 最後にベースフィーチャーの左側，縦の線をクリックすると，2 本の線が一致する．（図 2.51）

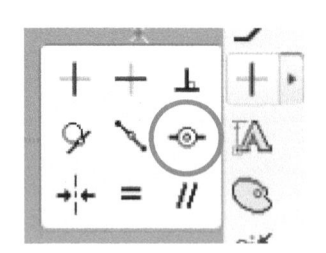

図 2.49 「拘束」ウィンドウ

図 2.50 長方形の左端，縦の線をクリック

図 2.51　モデルの左端，縦の線をクリックすると，長方形と一致する

11.4　上下対称にする

長方形を FRONT の水平線を中心に上下対称の位置に移動する．

- 拘束ウィンドウが出た状態で，一番左下にある「対称」をクリックする．
- 始めに FRONT 上の水平線①を 1 回クリックする．
- 次に長方形の上下の頂点②③をそれぞれクリックすると図 2.53 のように中心に向かって頂点から矢印が出るので，これが確認できたら対称になったことになる．

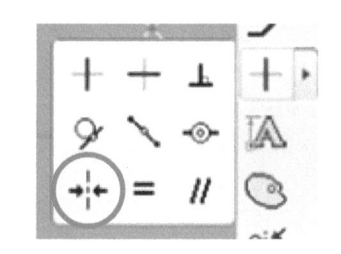

図 2.52　「拘束」ウィンドウ

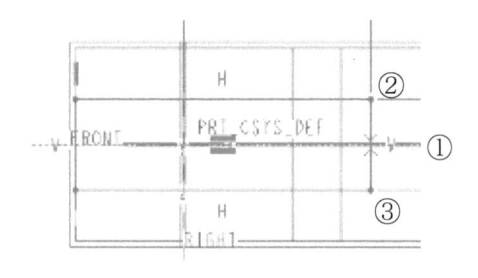

図 2.53　長方形右側の中心に向かう矢印

11.5　寸法の配置と修正

行程 6.6，6.7 を参照して，図 2.54 のように寸法配置と寸法修正を行う．

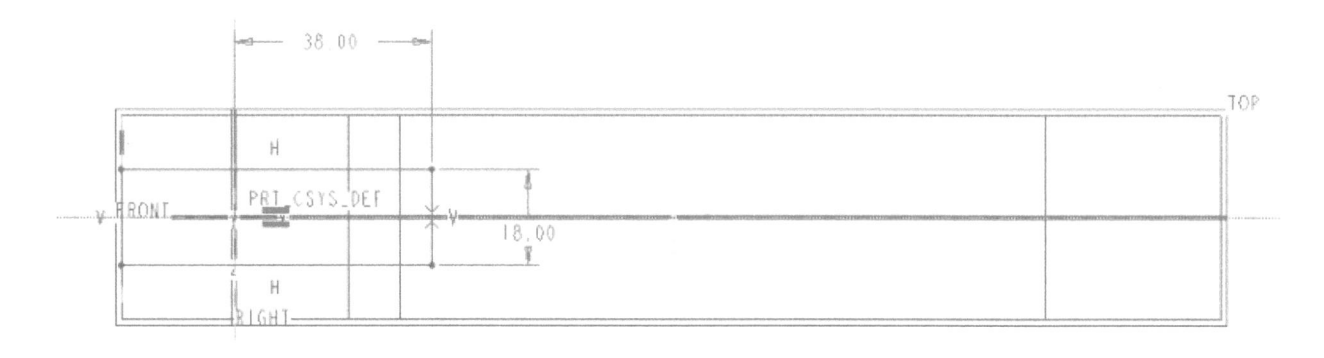

図 2.54　正しい寸法配置と寸法値

11.6 断面スケッチの終了

カットのスケッチを終了する.

- 右側,「スケッチ完了」アイコン✔をクリックすると, スケッチ画面が終了し, 図 2.55 のようにメインウィンドウ画面に戻る.

  ※この時「モデルが不完全です」等の警告ウィンドウが表示されることがある. 余計な線が残っていたり, 寸法に矛盾が生じていたりする可能性があるので, 再度確認し, 解決できない場合は, 実験担当者を呼んで確認してもらうこと.

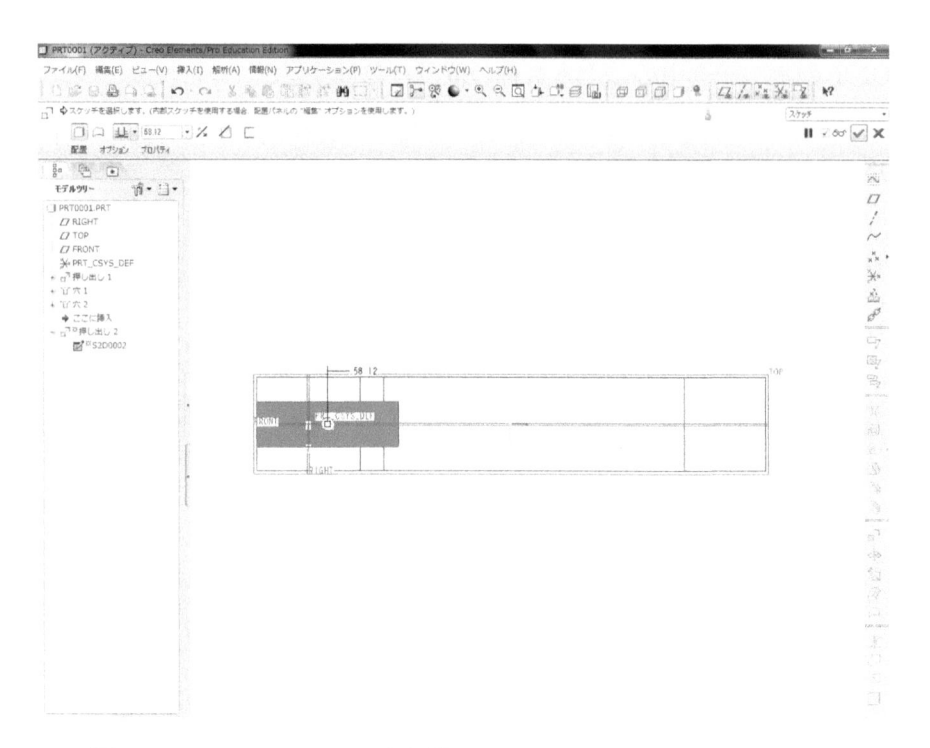

図 2.55 カットスケッチを終了し, メインウィンドウに戻る

- 次に左上「材料除去」アイコン（図 2.56 の○印）をクリックする.

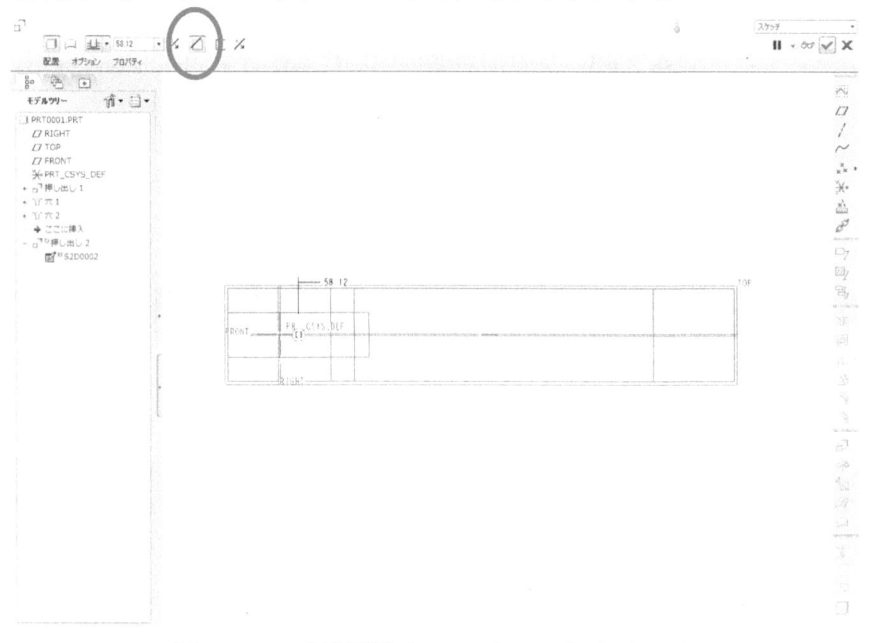

図 2.56 「材料除去」アイコンをクリック

- 次に「オプション」を選択すると図 2.57 のような「深さ」のダイアログが出るので，その中の「サイド 1」「サイド 2」両方とも「全貫通」に変更する．

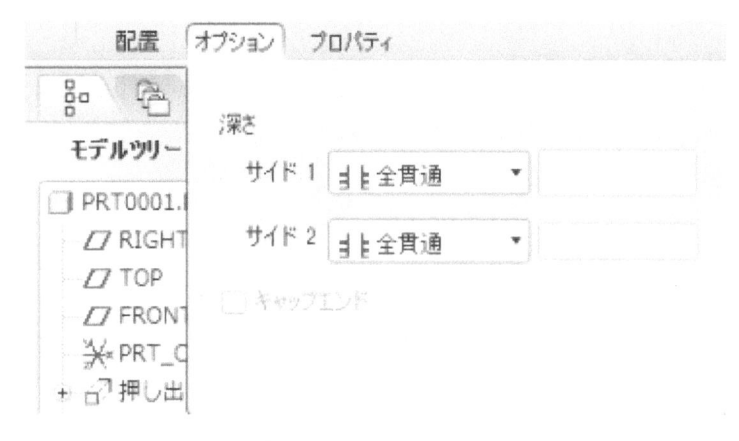

図 2.57　「深さ」スライドアップパネル

12.　モデルの確認

行程 8 と同じ方法で，カットしたモデルの確認をする．

- プルダウンメニューの[ビュー]を開き，その中から[方向] → [標準方向]の順番で選択するとモデルの向きが変わって全体が見えるようになる．

- 次に右上のプレビューアイコン をクリックすると図 2.58 のようにモデルの左側がくりぬかれた見え方になる．

- これで問題なくカットができているので，メガネアイコンの隣の「フィーチャー完了」アイコン をクリックするとカットが完成した状態になる．

13.　ファイルの保存

これでモデルは完成したので，最後に出来上がったモデルを保存する．
- プルダウンメニューの[ファイル] → [保存]の順で選択する．

14.　Creo Elements Pro 5.0 の終了

これで今回の実験は終了なので，Creo Elements Pro 5.0 を終了する．
- プルダウンメニューの[ファイル] → [終了]の順で選択する．

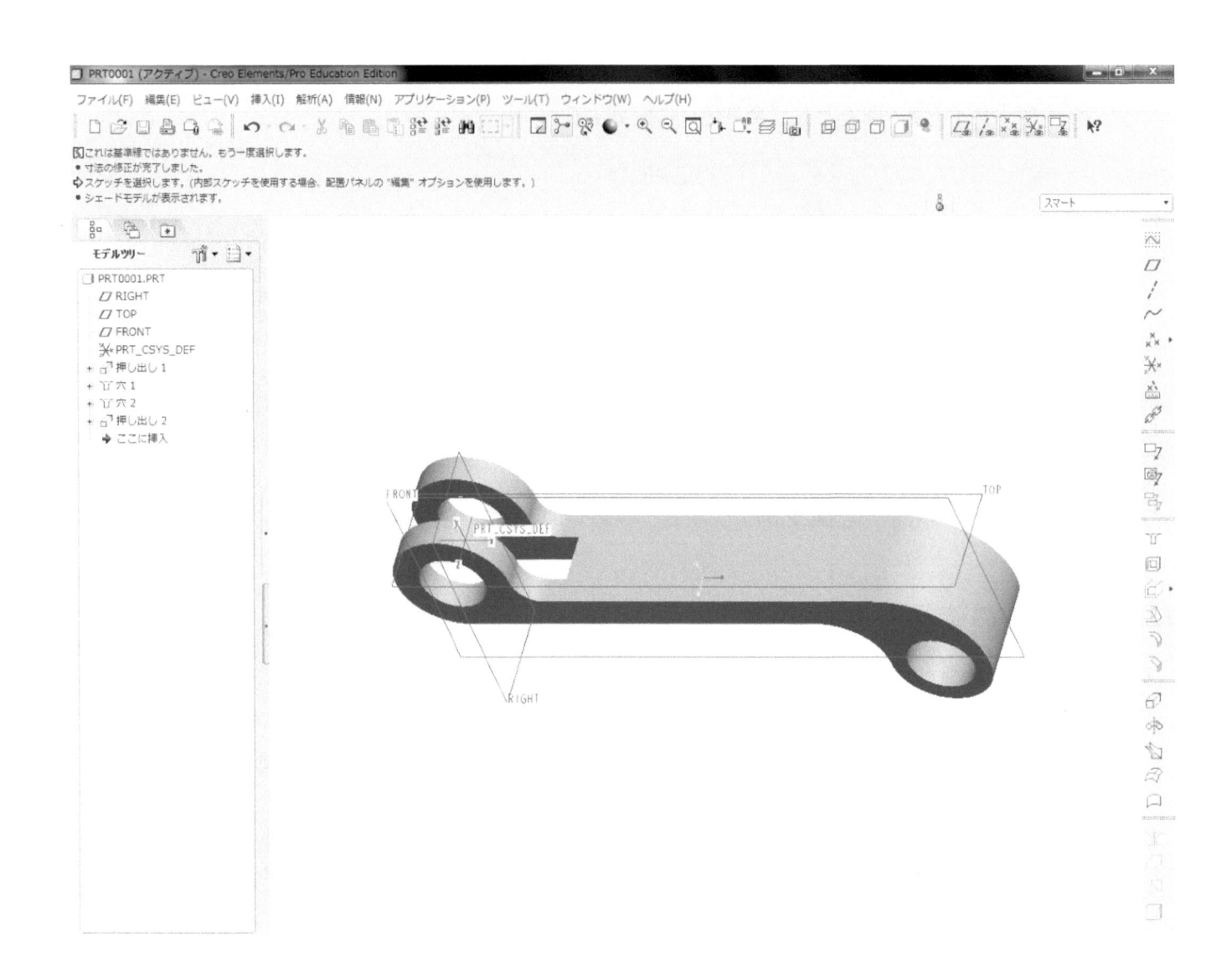

図 2.58 カットの完成

3章 CAE
―有限要素法による静応力解析―

第2日目

Ⅰ. CAE 概論

1. はじめに

　第1回では3次元形状の作成を体験した．第1回で述べたように3次元形状を作成することにより開発・生産過程の上流にあたる設計だけでなく解析や製造の下流工程の高精度化，効率化をはかることができる．Creo Elements Pro 5.0 は，応力解析，機構解析，熱解析など各種の解析ソルバーを含む MECHANICA というソフトウェアと統合環境を構成できる．今回は Creo Elements Pro 5.0 で作成した形状を MECHANICA を用いて有限要素法による静応力解析を行ってみる．

2. 有限要素法概説

　有限要素法とは，英語では Finite Element Method（FEM）と呼ばれるシミュレーション技術の一つである．1950年代後半にアメリカで開発された．最初は航空機や構造物の静的な弾性変形を求める事から始まった．現在では，弾性問題（個体の変形を求める問題）に限らず，あらゆる問題を解く事が可能になっているといっても過言では無い．例えば，構造解析，振動解析，熱解析，流体解析など適用範囲が広く，構造解析に限っても，弾性解析だけでなく，弾塑性解析，大変形解析，座屈解析，衝撃応力解析などさまざまな解析対象，金属，半導体，プラスチック，ゴムなど多様な解析材料について適用でき，このため多くの商用ソフトウェアが開発されている．開発当初は，専門

1950年代　有限要素法が開発される
1960年代　種々のソフトウエアが開発される．
1970年代　構造の分野で研究盛ん．
1980年代　一般の企業に導入，高価．
1990年代　パソコンで実行が可能に．
　　　　　パーソナル化．
　　　　　流体，電磁気等の統合．
　　　　　構造以外の分野でも使われる．
2000年代　CAD との統合
　　図 3.1　有限要素法の歴史

知識が無いと扱う事が出来ず，また，コンピュータの価格も高価であったことから，数億円の設備投資が必要な時期もあった．コンピュータ，理論，そしてソフトウェアの進歩により，現在では，数十万円程度のパーソナルコンピュータでも十分リーズナブルな解析を，専門的な知識が無くても実行出来るように成って来ている．
　誰でも，どこでも，簡単にシミュレーションが出来るようになった事は歓迎すべき事ではあるが，忘れてはならない落とし穴がある．それは，専門家が行っていた解析を，専門知識を持たずに行えてしまう事である．応力が何なのかを知らなくても，コンピュータの操作の方法さえ学べば，一様の解析は出来て，一見奇麗な応力のコンター図（応力の大小を色で表した図）が描ける．パソコンの扱いに多少慣れた人なら，誰でも応力解析は可能である．しかし，実際に解きたい問題の意味も分からなければ，正しい境界条件を設定しているかどうかも分からず，出て来た結果の評価はもちろん出来ない．そのため，入力の間違いや設定の間違いが例え起こっていたとしても，結果を鵜呑みにするしかない．得られた結果を実験値等の他の方法と比較して一致しないような事が起こると，往々にして実験誤差等の他の要因を一致しない理由にしがちである．FEM シミュレーションで結果が間違う要因をまとめると以下のようなものがある．

　　　人間の入力ミス等に起因するエラー　　　　：モデル化，境界条件，要素分割
　　　他の要因によるエラー　　　　　　　　　　：計算機のエラー，ソフトのバグ

エラーの多くは人間の入力ミスに関連する．入力ミスを無くし，得られた結果が妥当な物かどうかを検証する

には，シミュレーションしたい物理現象に関する知識と経験が必要である．このような事から，有限要素法を用いて実際のシミュレーションを正しく行うためには，バックグラウンドとなる物理現象に関する理論と有限要素法に関する理論の両方の基礎的な部分だけでも身につけておく必要がある．

3. 1次元の定式化

有限要素法は，微分方程式の数値解法のひとつである．与えられた微分方程式をそのまま解くのではなく，積分方程式に置換えて解く．このとき問題の領域を，有限な小さな部分『要素』(図 3.2)に分けることから，「有限要素法」と呼ばれている．要素と要素の間を『節点』と呼び，要素内の変位や応力等を簡単な関数で補間して解くことに特徴がある．

有限要素法の特徴をつかむために，まず簡単に 1 次元の問題について考えてみる．長さ l，断面積 A の棒に荷重 P を加えた場合，棒に生じる応力 σ より，棒の伸び u は，

$$\sigma = \frac{P}{A} \Rightarrow \varepsilon = \frac{\sigma}{E} = \frac{P}{AE} \Rightarrow u = \varepsilon l = \frac{Pl}{AE} \quad (1)$$

となる．E はヤング率である．ここで，

$$k = \frac{AE}{l} \quad (2)$$

とすれば，式(1)は，

$$P = ku \quad (3)$$

となり，ばね係数 k のばねに加えた荷重と伸びの関係と等しい．言い換えれば，一軸方向に引張を受ける棒は，ばねと見なす事も出来る．

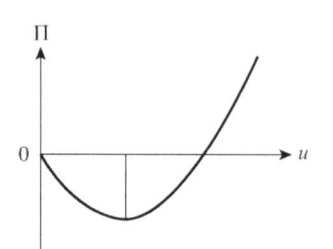

(1) 最小ポテンシャルエネルギの原理

荷重 P が加わったときに棒に蓄えられるエネルギ，すなわち内部ポテンシャルエネルギは，

$$U = \frac{1}{2} k u^2 \quad (4)$$

一方，最初の状態から，荷重 P を加えて変形させたときに外力がなした仕事，すなわち外部ポテンシャルエネルギ W は，

$$W = -Pu \quad (5)$$

従って，変形した状態の全ポテンシャルエネルギ Π は，次式となる．

$$\Pi = U + W = \frac{ku^2}{2} - Pu \quad (6)$$

上式で表される全ポテンシャルエネルギは，図 3.4 に示すように最小値を持ち，この最小点になるように物体は変形する．これが，最小ポテンシャルエネルギの原理である．式(6)において，ポテンシャルエネルギの u による微分が 0

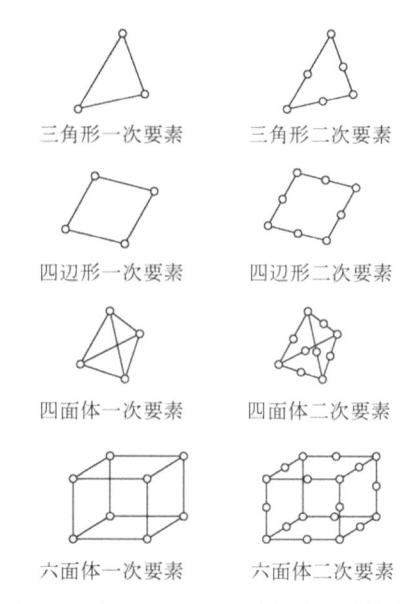

図 3.2 色々な要素の例（〇が節点）

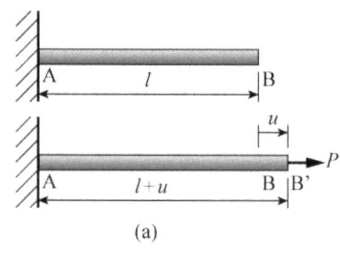

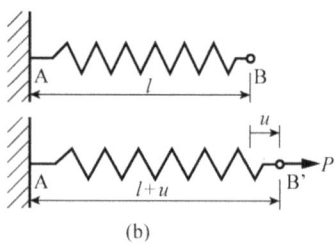

図 3.3 棒の伸びとばねの伸び

図 3.4 最小ポテンシャルエネルギの原理

$$\frac{\partial \Pi}{\partial u} = ku - P = 0 \tag{7}$$

より，荷重と伸びの関係(3)を求める事が出来る．

(2) 離散化

次に，図 3.5 に示すように，２つの要素に分解した場合を考える．それぞれの接点の変位を u_1, u_2, u_3 と表し．簡単のため，それぞれの要素の剛性，すなわちばね係数は等しく k とする．全ポテンシャルエネルギは以下のようになる．

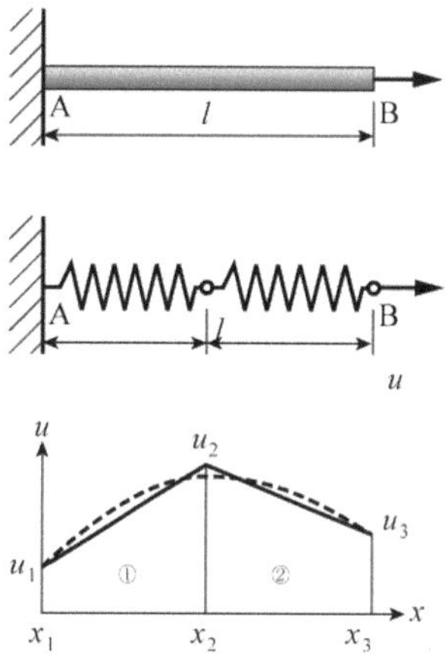

図 3.5　離散化

$$\begin{aligned} \Pi &= \frac{1}{2}k(u_2 - u_1)^2 + \frac{1}{2}k(u_3 - u_2)^2 - Pu_3 \\ k &= \frac{2AE}{l} \end{aligned} \tag{8}$$

最小ポテンシャルエネルギの原理により，上式が停留値を持つためには，u_1, u_2, u_3 の偏微分がそれぞれ０とならなければならない．従って，以下の３式が得られる．

$$\begin{aligned} &\frac{\partial \Pi}{\partial u_1} = ku_1 - ku_2 = 0 \\ &\frac{\partial \Pi}{\partial u_2} = -ku_1 + ku_2 + ku_2 - ku_3 = 0 \quad \Rightarrow \quad \begin{bmatrix} k & -k & 0 \\ -k & 2k & -k \\ 0 & -k & k \end{bmatrix} \begin{Bmatrix} u_1 \\ u_2 \\ u_3 \end{Bmatrix} = \begin{Bmatrix} 0 \\ 0 \\ P \end{Bmatrix} \\ &\frac{\partial \Pi}{\partial u_3} = -ku_2 + ku_3 - P = 0 \end{aligned} \tag{9}$$

左端で固定の境界条件 $u_1 = 0$ より，

$$\begin{bmatrix} 1 & 0 & 0 \\ -k & 2k & -k \\ 0 & -k & k \end{bmatrix} \begin{Bmatrix} u_1 \\ u_2 \\ u_3 \end{Bmatrix} = \begin{Bmatrix} 0 \\ 0 \\ P \end{Bmatrix} \tag{10}$$

上式を解いて，

$$u_1 = 0\,,\ u_2 = \frac{P}{k} = \frac{Pl}{2AE}\,,\ u_3 = 2\frac{P}{k} = \frac{Pl}{AE} \tag{11}$$

となる．

4.　2次元，3次元の定式化への拡張

マトリックスで表示した式を使う事で，次元の違いを意識せずに一般的に式変形が出来る．応力とひずみの関係式は以下のようにマトリックス表示出来る．

$$\{\sigma\} = [D]\{\varepsilon\} \tag{12}$$

ここで，$\{\sigma\}, \{\varepsilon\}, [D]$ は，１次元，２次元，３次元において以下のように書き下せる．

<１次元>：　$\{\sigma\}:\sigma$,　$\{\varepsilon\}:\varepsilon$,　$[D]:E$

<２次元>：　$\{\sigma\}:\begin{Bmatrix} \sigma_x \\ \sigma_y \\ \tau_{xy} \end{Bmatrix}$,　$\{\varepsilon\}:\begin{Bmatrix} \varepsilon_x \\ \varepsilon_y \\ \gamma_{xy} \end{Bmatrix}$,　$[D]:\frac{E}{1-\nu^2}\begin{bmatrix} 1 & \nu & 0 \\ \nu & 1 & 0 \\ 0 & 0 & \frac{1-\nu}{2} \end{bmatrix}$　（平面応力）

$$\langle 3次元\rangle: \{\sigma\}:\begin{Bmatrix}\sigma_x\\\sigma_y\\\sigma_z\\\tau_{xy}\\\tau_{yz}\\\tau_{zx}\end{Bmatrix}, \quad \{\varepsilon\}:\begin{Bmatrix}\varepsilon_x\\\varepsilon_y\\\varepsilon_z\\\gamma_{xy}\\\gamma_{yz}\\\gamma_{zx}\end{Bmatrix}, \quad [D]:\frac{E}{(1+\nu)(1-2\nu)}\begin{bmatrix}1-\nu & \nu & \nu & 0 & 0 & 0\\\nu & 1-\nu & \nu & 0 & 0 & 0\\\nu & \nu & 1-\nu & 0 & 0 & 0\\0 & 0 & 0 & \frac{1}{2}(1-2\nu) & 0 & 0\\0 & 0 & 0 & 0 & \frac{1}{2}(1-2\nu) & 0\\0 & 0 & 0 & 0 & 0 & \frac{1}{2}(1-2\nu)\end{bmatrix}$$

要素内において，変位を以下のように内挿関数（形状関数）を用いて表す．

$$\{u^{(e)}\} = [N^{(e)}]\{u_i\} \tag{13}$$

ここで u_i は接点における変位である．また，ひずみは接点変位を用いて，

$$\{\varepsilon^{(e)}\} = [B^{(e)}]\{u_i\} \tag{14}$$

と表される．ここで，$[B]$ は形状関数マトリックス $[N]$ を微分して表される既知のマトリックスである．要素が変形することにより蓄えられる内部エネルギ，すなわちひずみエネルギは，

$$U^{(e)} = \frac{1}{2}\int_\Omega \{\sigma^{(e)}\}^T\{\varepsilon^{(e)}\}d\Omega = \frac{1}{2}\int_\Omega [[D]\{\varepsilon^{(e)}\}]^T\{\varepsilon^{(e)}\}d\Omega = \frac{1}{2}\int_\Omega \{\varepsilon^{(e)}\}^T[D]^T\{\varepsilon^{(e)}\}d\Omega \tag{15}$$
$$= \frac{1}{2}\int_\Omega \{u_i\}^T[B^{(e)}]^T[D]^T[B^{(e)}]\{u_i\}d\Omega = \frac{1}{2}\{u_i\}^T[k^{(e)}]\{u_i\}$$

ここで，$[k^{(e)}]$ は要素剛性マトリックスと呼ばれ，

$$[k^{(e)}] = \int_\Omega [B^{(e)}]^T[D]^T[B^{(e)}]d\Omega \tag{16}$$

外部仕事によるポテンシャルは，節点 i に加わる荷重 f_i の要素 (e) の寄与を $f_i^{(e)}$ で表せば，

$$W^{(e)} = -\{f_i^{(e)}\}^T\{u_i\} \tag{17}$$

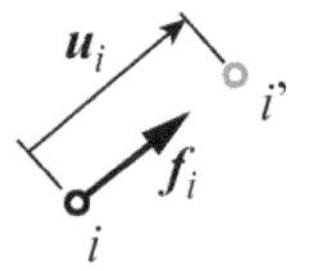

仕事＝力 × 距離　$W = f_i \cdot u_i$

図 3.6　節点力による外部仕事

要素の全ポテンシャルエネルギは，

$$\Pi^{(e)} = U^{(e)} + W^{(e)} = \frac{1}{2}\{u_i\}^T[k^{(e)}]\{u_i\} - \{f_i^{(e)}\}^T\{u_i\} \tag{18}$$

上式を節点変位 u_i で偏微分すれば，

$$\left\{\frac{\partial \Pi^{(e)}}{\partial u_i}\right\} = \frac{1}{2}[k^{(e)}]\{u_i\} + \frac{1}{2}[k^{(e)}]^T\{u_i\} - \{f^{(e)}\} = [k^{(e)}]\{u_i\} - \{f_i^{(e)}\} \tag{19}$$

これを零とおいて，要素剛性方程式は

$$[k^{(e)}]\{u_i\} = \{f_i^{(e)}\} \tag{20}$$

この要素剛性方程式を要素全体についてまとめ上げることにより剛性方程式が求められる．剛性方程式は節点の変位と節点の荷重を関係づける連立一次方程式になっている．これを数値的に解く事により，節点変位を求める事が出来る．

5. 有限要素による解析手順

FEM 解析の全体の流れを図 3.7 に示す．大別すると，『プリプロセス』，『解析の実行』，『ポストプロセス』の3つの部分に分ける事が出来る．以下，それぞれの段階の詳細を示す．

プリプロセス

1. モデリング：解析したい対象をコンピュータ内に作製する．
2. 材料定数設定：熱伝導率や，弾性係数等の物質の性質を入力する．
3. 要素設定：FEM では解析する対象を，要素（小さな領域）に分割する．この要素には様々な種類がある．その選択および，各種設定を行う．
4. 境界条件設定：温度，荷重，拘束等の境界条件を設定する．
5. 要素分割：要素（小さな領域）に分割する．（図 3.8）

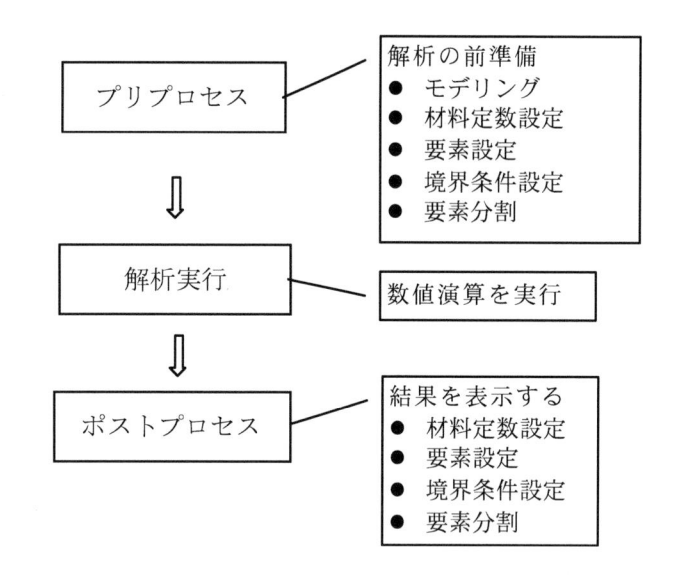

図 3.7 FEM 解析の概要

プリプロセス — 解析の前準備
- モデリング
- 材料定数設定
- 要素設定
- 境界条件設定
- 要素分割

解析実行 — 数値演算を実行

ポストプロセス — 結果を表示する
- 材料定数設定
- 要素設定
- 境界条件設定
- 要素分割

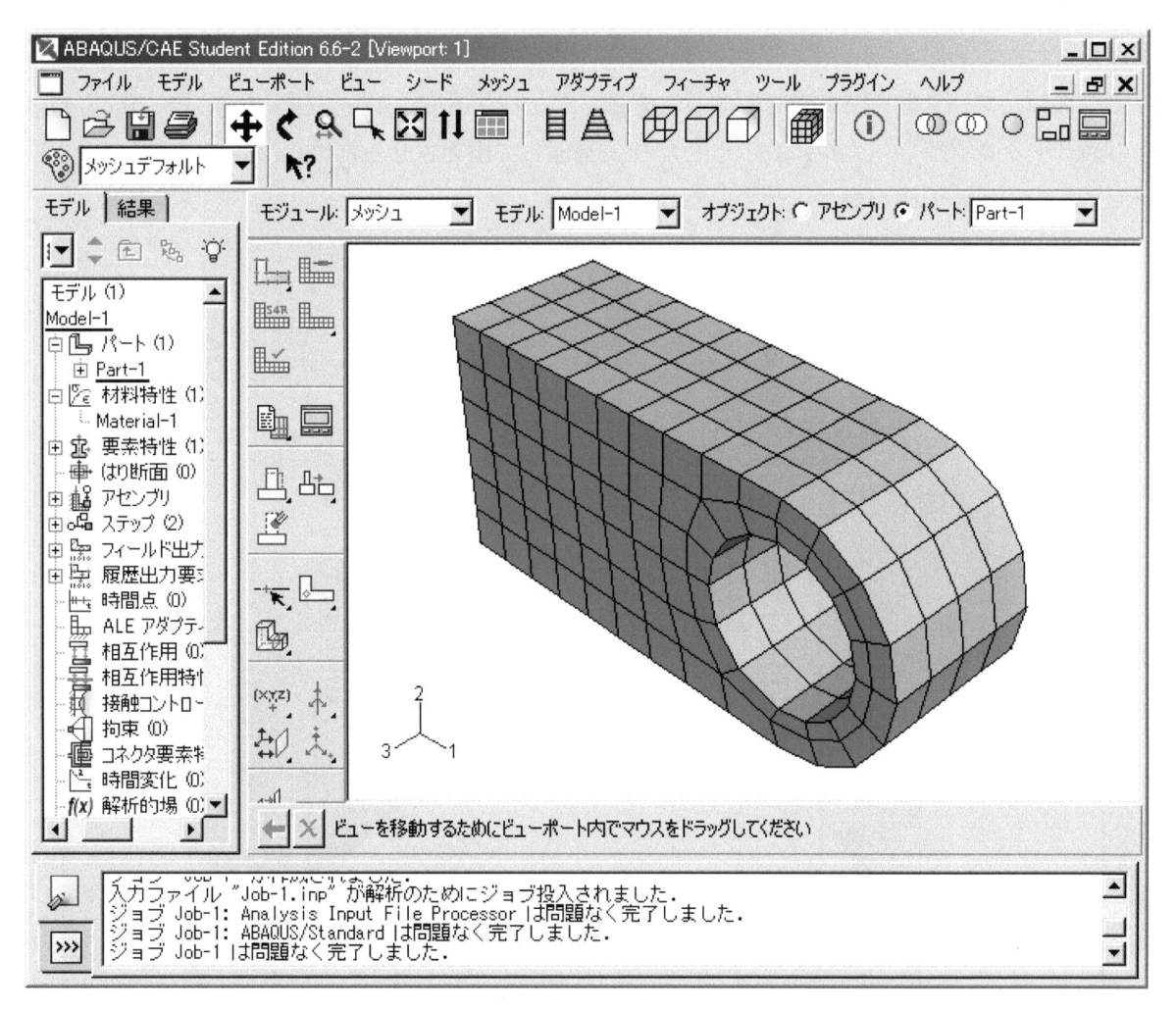

図 3.8 要素（メッシュ）分割（ABAQUS/CAE を使用）

解析の実行

解析の実行は，数値演算が実際に行われる部分である．要素数が少なければ，この部分は一瞬にして終了してしまうが，複雑な形状や繰り返し計算が必要な場合は実行に時間がかかる．実行状況は，図 3.9 に示すように，モニター画面に逐次表示することが出来る．

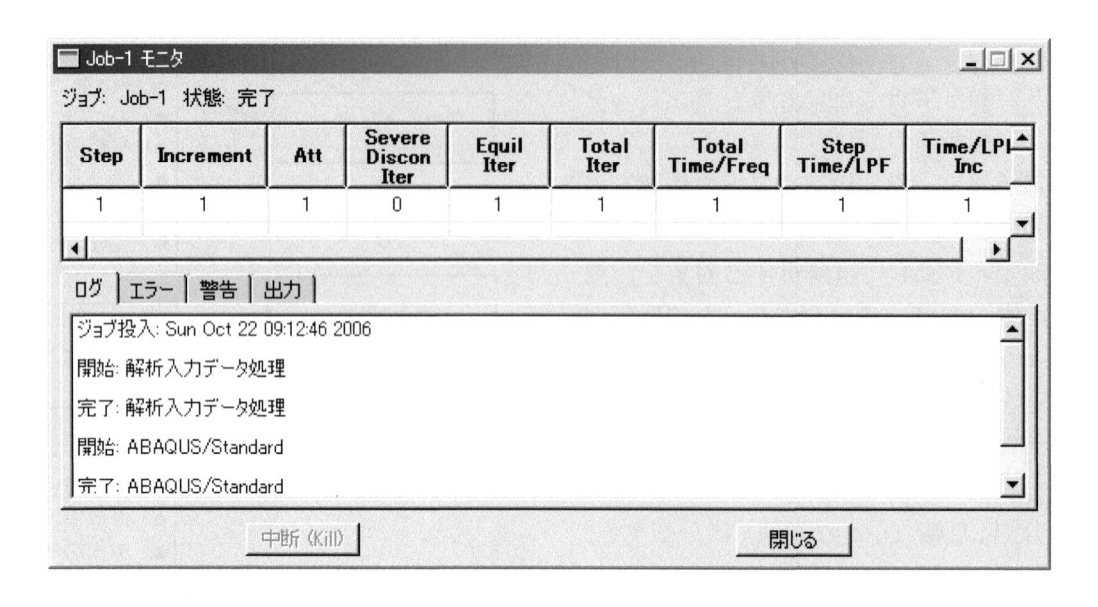

図 3.9　解析実行のモニター画面

ポストプロセス

　解析して得られたデータは，節点や要素毎の状態量，すなわち温度，変位，ひずみ応力等の数値の羅列である．これらのデータをグラフィカルに表示させたり，整理して出力させるためのプロセスである．図 3.10 では，ミーゼス応力の等応力図を表示させている．

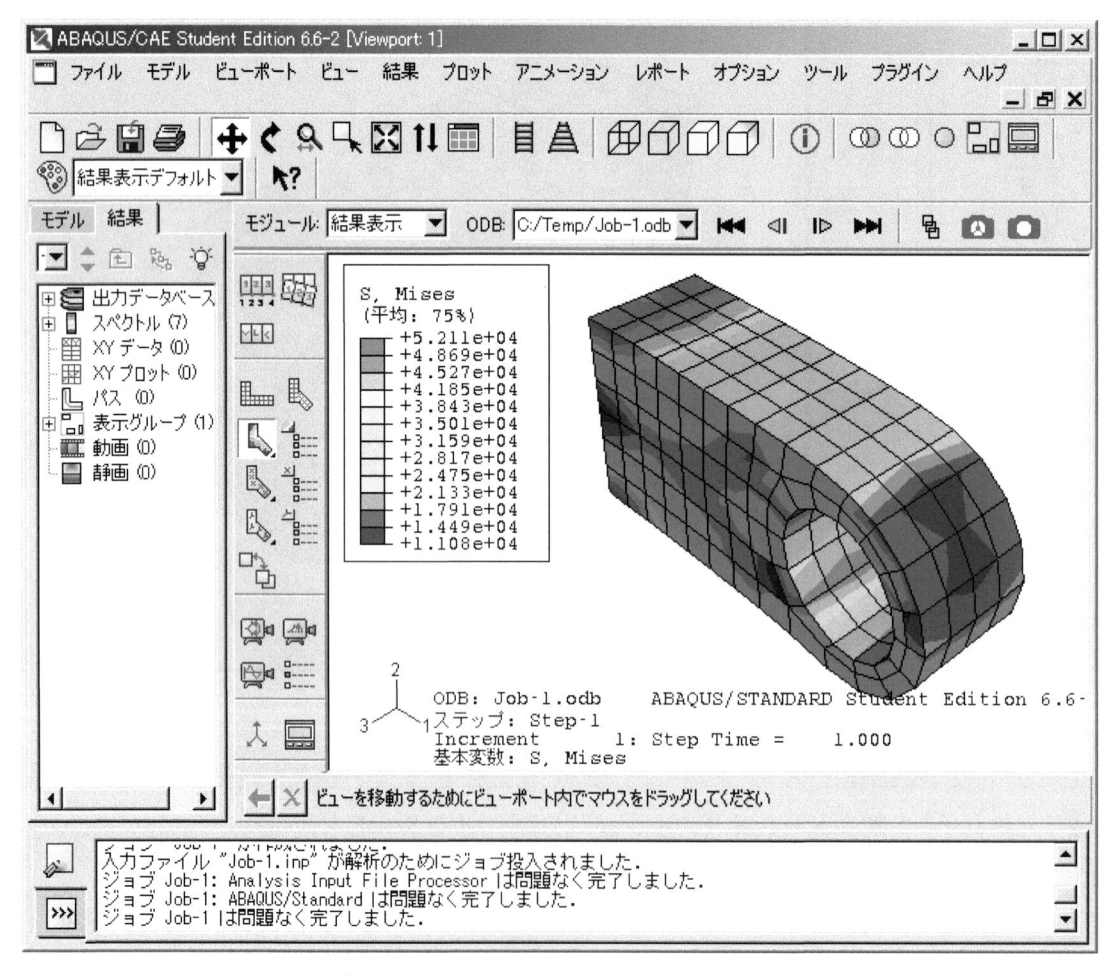

図 3.10　結果の表示（ミーゼス応力）

有限要素法を適用する場合に困難な点の一つは，形状を有限要素へ分割するしかたである．すべてを詳細に分割すれば解析の精度は上がるが，解を得るまでの計算時間がかかりすぎる．逆に分割が粗いと解析精度が落ちる．このため解析結果に大きく影響する重要な部分は詳細に分割し，変化の大きくない部分は粗く分割するような技術が必要であり，高精度・大規模な解析には解析の専門家が必要とされている．これに対し，自動的に適切な有限要素分割を行う自動メッシュ分割の研究が進められており，ある程度の実用化も行われている．自動メッシュ分割は，解析がうまく終了するまでメッシュ分割を変更しては繰り返す方法が一般的である．MECHANICA は，有限要素を細分化していくのではなく，要素を表現する式の次数をあげて自動メッシュ分割を容易化するアダプティブ P 法と呼ばれる方法を利用している点に特徴がある．

Ⅱ. CAE H鋼の静応力解析

課題2:H鋼の片持ち梁を想定し，分布応力をかけた場合の解析結果を表示させる

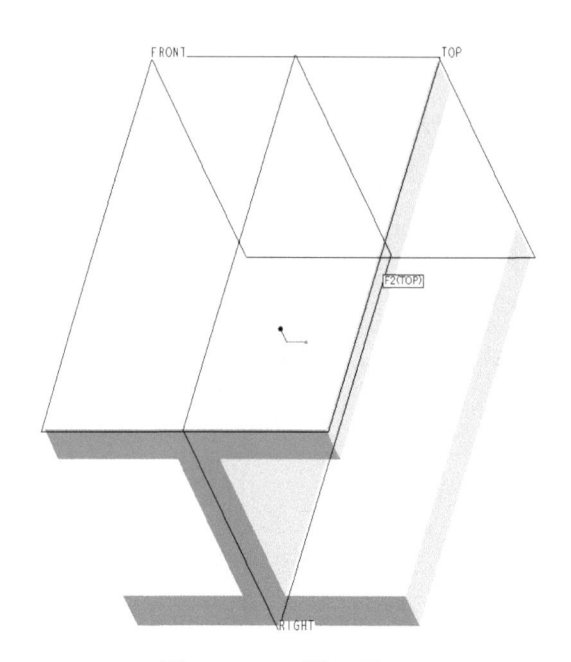

図 3.11　H型の梁

1. はじめに

Creo Elements Pro 5.0 の起動.

2. ワーキングディレクトリの設定

課題1と同様の手順でワーキングディレクトリを設定する.

3. 新規ファイルの作成

課題1と同様の手順で新規ファイルを作成する.

4. 単位系の確認

トップレベルメニューの「ファイル (F)」→「プロパティ (I)」を選択し，材料の欄の単位が「ミリニュートン秒」になっていることを確認する.

※もし，違う単位系になっていた場合，横の「変更」をクリックし，「単位マネージャ」ウィンドウを表示させ，単位系タブからミリニュートン秒（mmNs）を選択し設定ボタンを選択する.

5. データム平面の確認

課題1と同様の手順でウィンドウにデータム平面が出るのを確認する.

6. ベースフィーチャーの作成

まず，基本のモデルとなるベースフィーチャーを作成する．H型の2次元断面を描き，その断面に厚み（深さ）を与えることでH型の梁を作成する．

- フィーチャー作成ツールバーの中にある「押し出し」アイコン をクリックする．
- 構成部品配置ダッシュボードの「配置」タブをクリックし「配置」パネルを表示する．

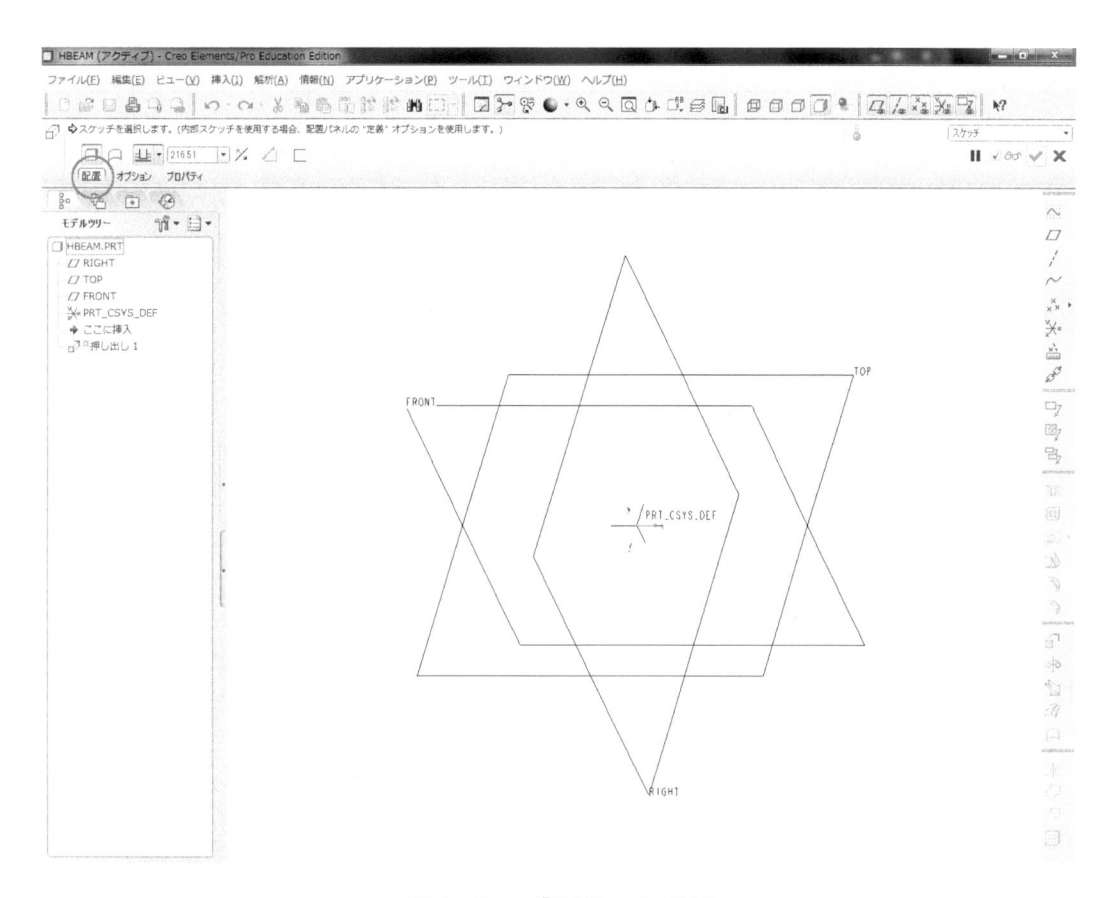

図 3.12 「配置」を選択

- 「配置」タブをクリックすると図 3.13 のような配置パネルが表示される．それの「定義」ボタンをクリックすると「スケッチ」ウィンドウが表示される．

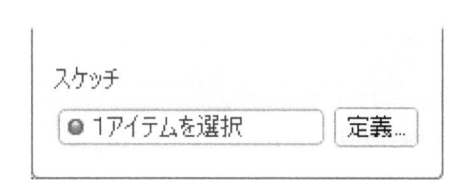

図 3.13 「配置」パネル

- グラフィックウィンドウに移り，FRONT のデータム平面をクリックする．すると平面はオレンジ色にハイライトし，図 3.14 のように中心付近に矢印が出る．

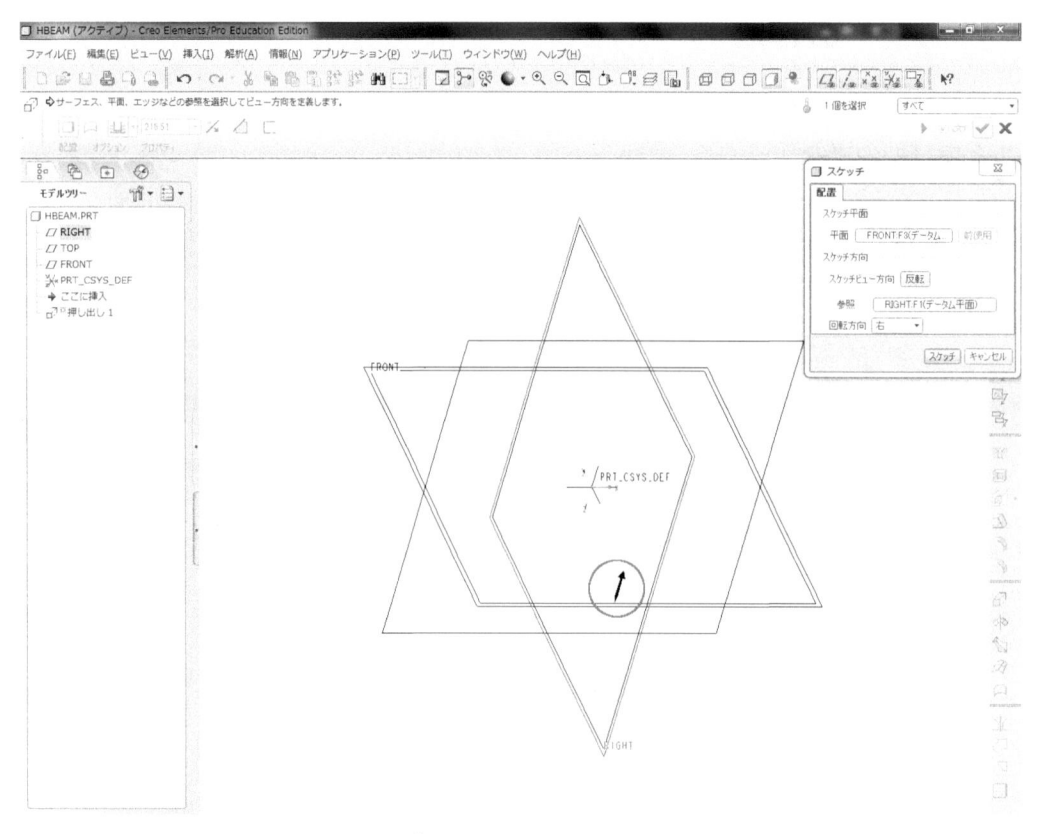

図 3.14 データム平面「FRONT」を選択

- FRONT 平面を選択すると図 3.15 のように「スケッチ」ウィンドウのスケッチ平面に平面「FRONT」，参照「RIGHT」と入力されるので，そのまま スケッチ ボタンを押す．
  ※もし，FRONT のデータム平面を選択した時点で，参照が RIGHT のデータム平面になっていない場合，参照欄をクリックし，改めて，RIGHT のデータム平面を選択してください．

図 3.15 スケッチの設定

- 図 3.16 のようなスケッチ画面に切り替わる．

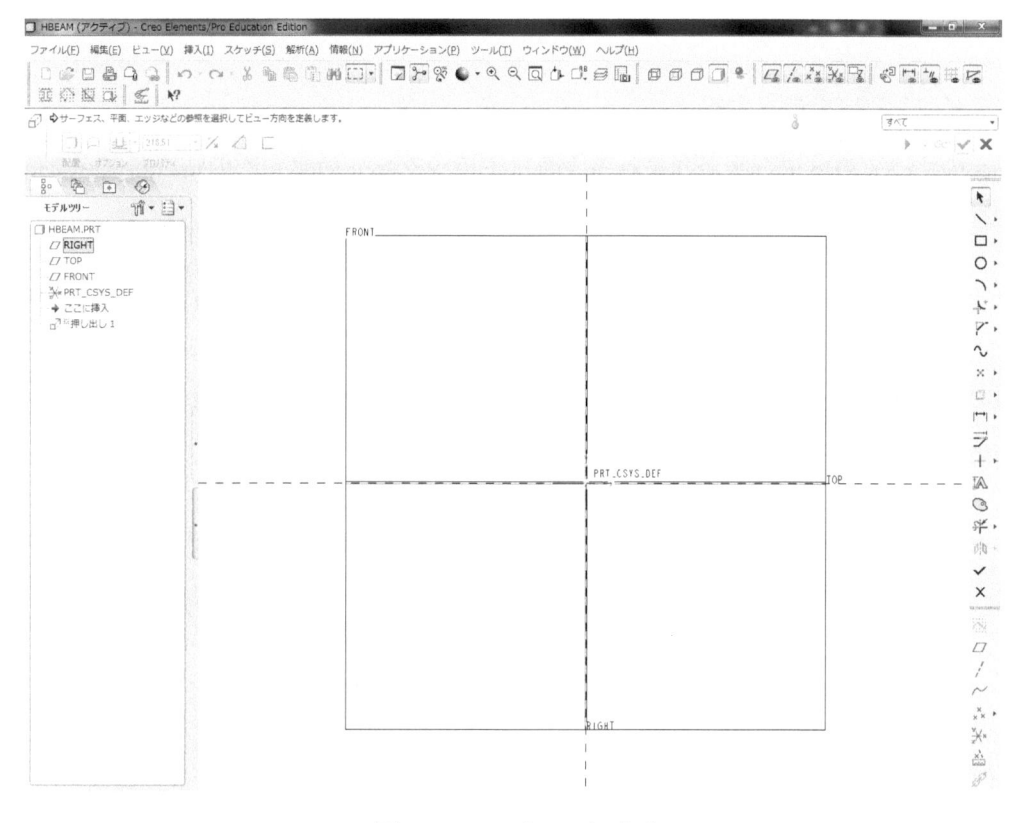

図 3.16　スケッチ画面

7. 断面スケッチの開始

7.1 中心線を引く

- スケッチャーツールバーの「線」アイコン の右向きの矢印をクリックし，線の種類として「中心線」アイコン を選択する．
- RIGHT のデータム平面上に中心線を作成する．

7.2 H型を描く

- 上記の「線」アイコンの右向きの矢印をクリックし，線の種類として「直線」 を選択する．
- TOP のデータム平面と断面図の上辺が一致するようにし，H 型の左上から作図する．この際にダイナミックマネージャが水平，垂直，対称，同等長さなどのマークを表示してくれるので，それを活用し作図すると良い．（図 3.17 参照）．

7.3 寸法の配置と修正

- 大まかなスケッチが終了したら，寸法の修正を行う．まず，スケッチャーツールバーの「アイテムを選択」アイコン を選択する．

- スケッチのすべての寸法と図が含まれるようにドラッグし，放す．この時，断面図全体が赤くハイライトされていることを確認する．

- スケッチャーツールバーの「値修正」アイコン をクリックし，図 3.17 のように寸法を修正する．

- 寸法値の変更が終わったら寸法修正ウィンドウ下にある「寸法修正完了」アイコン を押し，寸法値の修正を完了する．

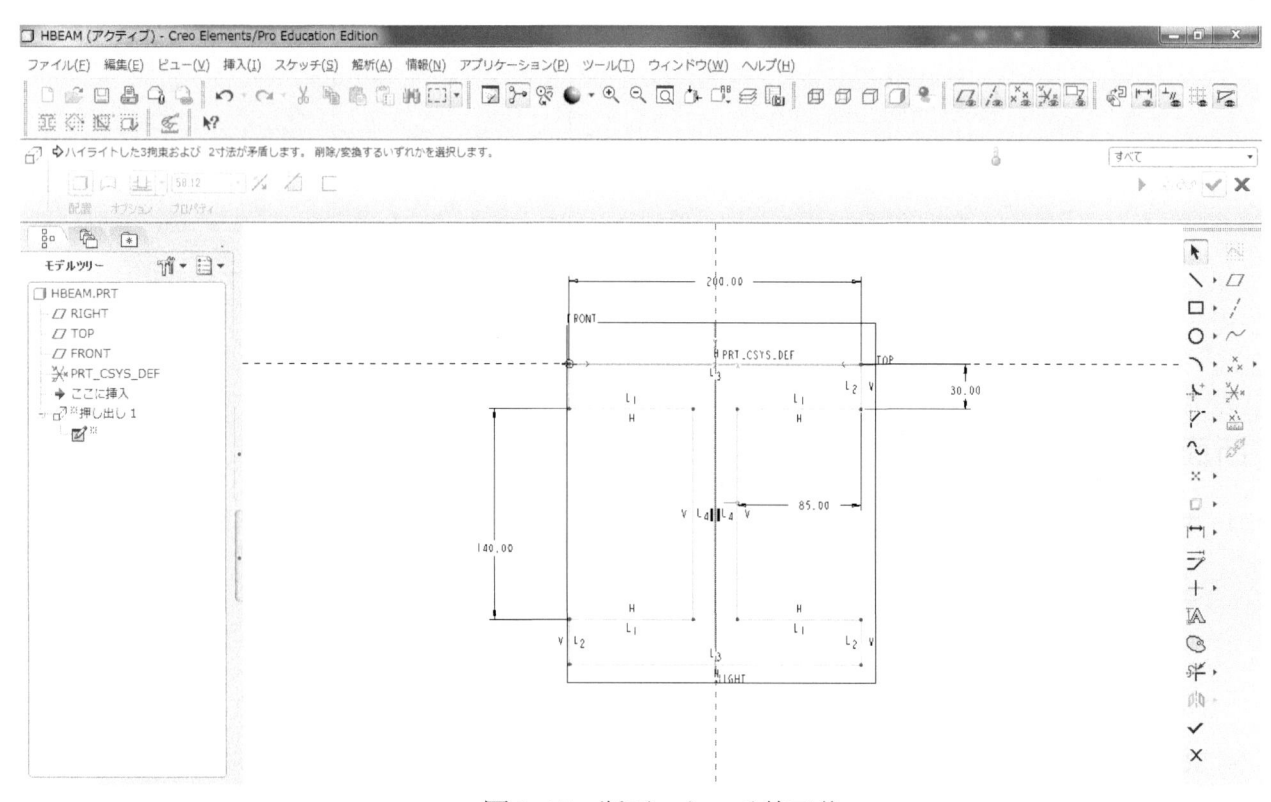

図 3.17 断面スケッチ終了後

7.4 断面スケッチの終了

寸法を修正し，図 3.17 のようにスケッチを変更できたら，断面スケッチは完了なので終了する．

- スケッチャーツールバーの「スケッチを完了」アイコン をクリックする．

- 図 3.18 のようなモデル表示に戻る．
  ※このとき，「モデルが不完全です」などの警告が表示され，ソリッドモデル表示に戻れないことがある．原因として，余計な線が残っている，線が閉じていない場合の 2 パターンが考えられるため，再度確認してください．

8. 深さの入力

2次元でのスケッチが終了したら今度は描いたスケッチ断面に深さを与える必要がある．

- 図 3.18 のようにグラフィックウィンドウ上，モデルの深さ寸法の数値をダブルクリックし入力フォームに「300」と入力し，Enterを押す．図 3.18 のように深さの数値が変更されるのを確認する．
※この工程以外にも，構成部品配置ダッシュボードの深さの値から，モデルの深さを変更する方法もあるため，やりやすいほうで深さを与えてください．

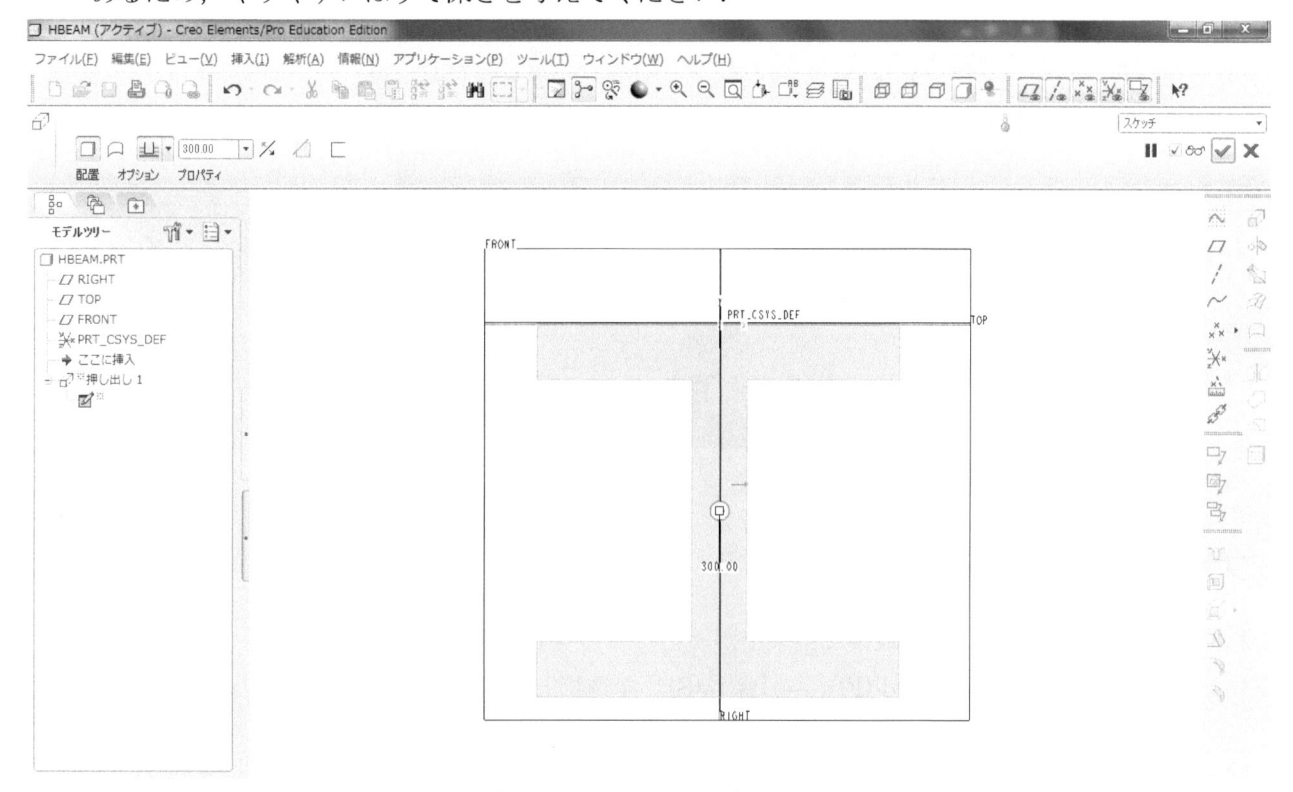

図 3.18　深さ寸法変更後

9. ベースフィーチャーの完成

- 以上の操作が完了したら，構成部品配置ダッシュボードの「フィーチャー完了」アイコン をクリックすると図 3.19 のようなベースフィーチャーが完成した状態になる．

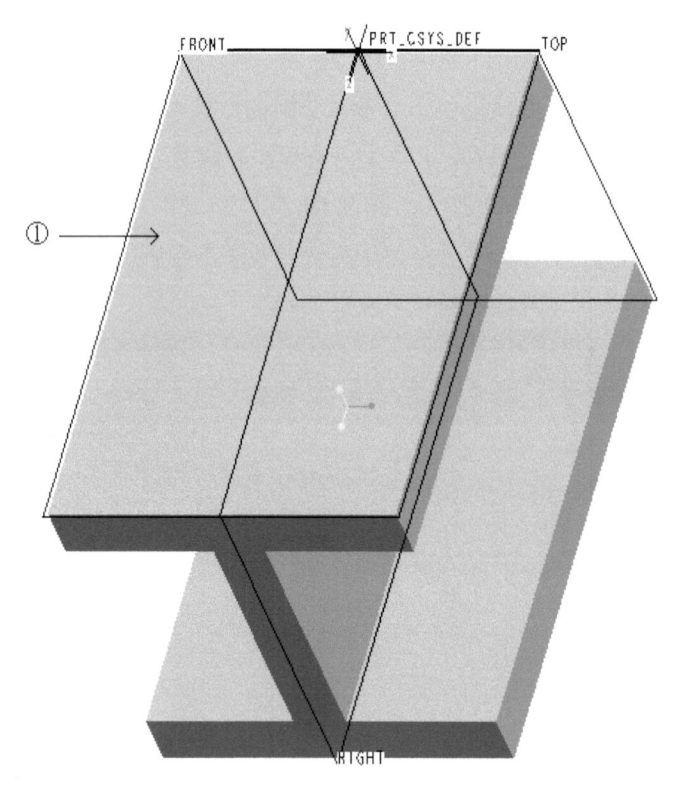

図 3.19　ベースフィーチャーの完成

10. ファイルの保存

　これでモデルは完成したので，最後に出来上がったモデルを保存する．
トップレベルメニューの「ファイル(F)」→「保存(S)」を選択し，保存する．名前はそのままで良い．

11. MECHANICA による応力解析

11.1　MECHANICA の起動

- トップレベルメニューの「アプリケーション(P)」→「MECHANICA(M)」を選択する．
- このとき，「Mechanica モデル設定」ウィンドウが表示されるが，モデルタイプが「Structure」，FEM モードにチェックが入っていないことを確認し，OK をクリックする．

図 3.20　Mechanica モデル設定

11.2 材料の選択

- Mechanica オブジェクトツールバーの「材料指定」アイコン をクリックする．

    ※Mechanica オブジェクトツールバーが右ツールチェストにない場合は，メインツールバーの中を確認してください．

- 「材料指定」ウィンドウ（図 3.21）が表示されるので，参照欄のコンボボックスが構成部品，その下の欄が作成した H 鋼の名前になっていることを確認する．
- 次に，特性欄の材料を設定する．材料の横の詳細表示ボタンをクリックし，「材料」ウィンドウ（図 3.22）を表示する．
- 「材料」ウィンドウの左側の「ライブラリの材料」から「steel.mtl」を選択し右向きの矢印を押し，OK ボタンをクリックする．
- 「材料指定」ウィンドウに戻り，特性欄の材料のコンボボックスが「STEEL」になっていることを確認する．

    ※材料欄が「STEEL」になっていない場合は，コンボボックスをクリックし，「STEEL」を探して選択する．

- 最後に特性欄の材料軸方向のコンボボックスが「(なし)」になっていることを確認し，OK ボタンをクリックし材料指定を終了する．

図 3.21　材料指定

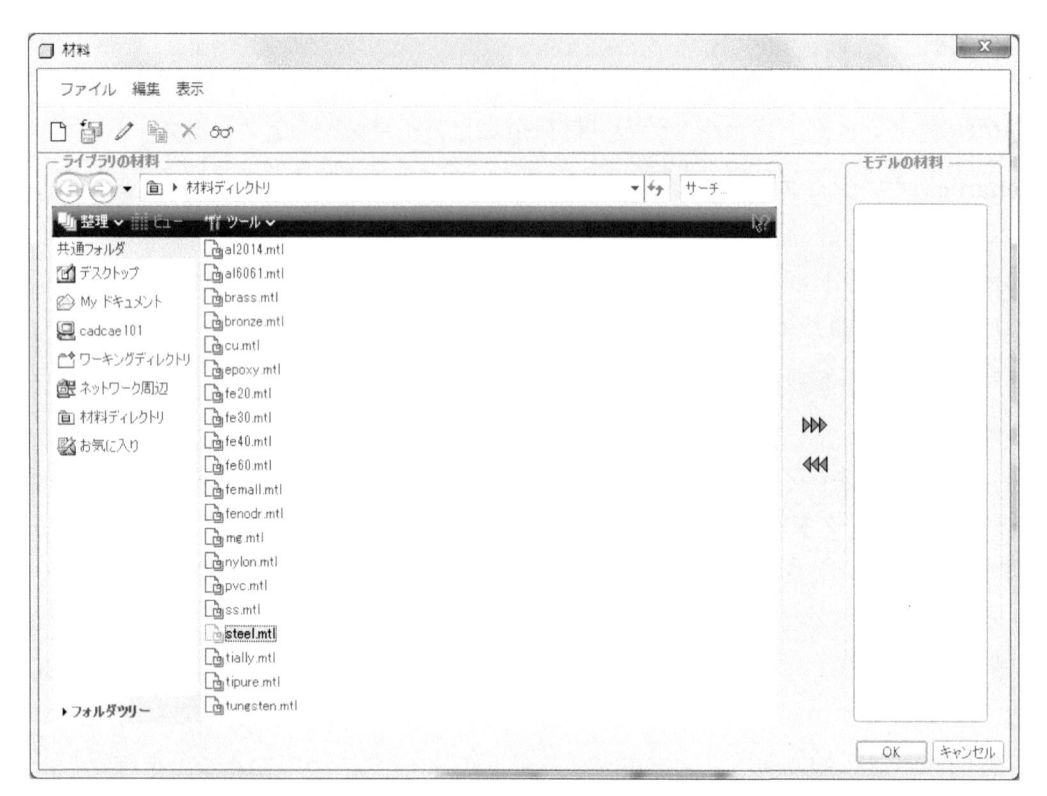

図 3.22　材料

11.3　拘束条件

- 材料指定と同様に，Mechanica オブジェクトツールバーの「変位拘束」アイコン をクリックする．

- 「拘束条件」ウィンドウが出てくるので(図 3.23 参照)，名前の欄に，月曜日の人は「Const_Monday」，火曜日の人は「Const_Tuesday」と入力する．次に所属先セットの欄で，「新規」ボタンをクリックし，月曜日の人は「ConstSet_Monday」，火曜日の人は「ConstSet_Tuesday」と入力する．

- 拘束する平面の設定を行う．「拘束条件」ウィンドウの参照欄のコンボボックスがサーフェスになっていることを確認する．もし，なっていない場合には，コンボボックスをクリックし，サーフェスを選択する．

- コンボボックスの下のラジオボタンで「個別」が選択されていることを確認し，その下の「ジオメトリ参照を選択します．」をクリックする．

- グラフィックウィンドウに戻り，メインツールバーの「保存ビュー」アイコン をクリックし，「BACK」を選択する．

- すると，図 3.24 のようになるので，手前に来た面をクリックする．赤くハイライトされたらサーフェスの選択が完了したので，「拘束条件」ウィンドウに戻る．

- 座標系欄のラジオボタンが「ワールド」になっていることを確認する．もし，異なる座標系が選択されていたら，「ワールド」に直す．

- 直線移動欄は，全ての軸が真ん中の「固定」になっていることを確認する．もし，異なる拘束が加えられていたら，「固定」に直す．

- 回転移動欄は，全ての軸が真ん中の「固定」になっているので，全て左の「自由」を選択する．全ての設定が終わると図 3.23 のようになるので，できたらウィンドウ下の「OK」ボタンをクリックする

図 3.23　拘束条件

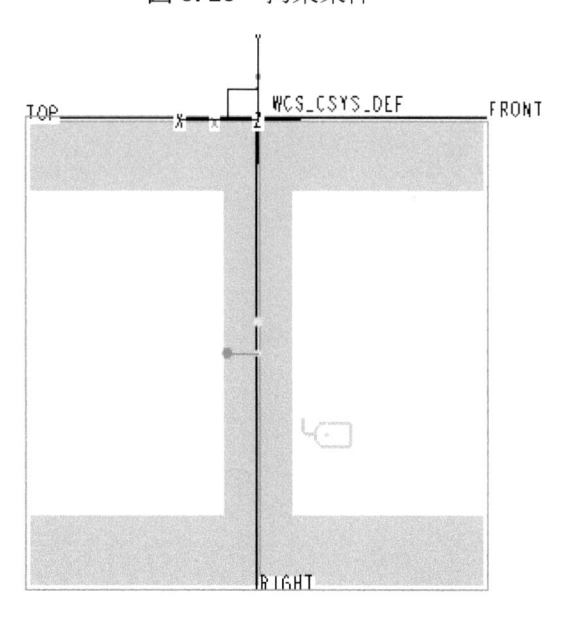

図 3.24　視点を「BACK」に変更したもの

11.4　荷重の設定

・拘束条件と同様に，Mechanica オブジェクトツールバーの「フォース/モーメント荷重」アイコンをクリックする．

- 図 3.25 のような「フォース/モーメント荷重」ウィンドウが出てくる．名前の欄に，月曜日の人は「Load_Monday」，火曜日の人は「Load_Tuesday」と入力する．次に所属先セットの欄で「新規」ボタンをクリックし，月曜日の人は「LoadSet_Monday」，火曜日の人は「LoadSet_Tuesday」と入力する．
- 参照欄のコンボボックスが「サーフェス」になっていることを確認する．もし，なっていなければ，コンボボックスをクリックし，「サーフェス」を選択する．
- コンボボックスの下のラジオボタンで「個別」が選択されていることを確認し，その下の「ジオメトリ参照を選択します。」をクリックする．
- グラフィックウィンドウに戻り，トップレベルメニュー［ビュー］→［方向］→［標準方向］を選び，モデルの向きを標準方向になおし，梁のモデルの上部（図 3.19 の①で示されている面）をクリックする．赤くハイライトされたらサーフェスの選択が完了したので，「フォース/モーメント荷重」ウィンドウに戻る．
- 特性欄の座標系のラジオボタンが「ワールド」になっていることを確認する．もし，異なる座標系が選択されていたら，「ワールド」に直す．
- モーメント欄のコンボボックスで「コンポーネント」が選択され，全ての軸のモーメントが 0 になっていることを確認する．もし異なる値が入力されていたら 0 に直す．
- フォースの欄のコンボボックスで「コンポーネント」を選択し，H 鋼の下向きに 1000［N］の荷重がかかるように設定する．今回の場合は Y 軸のフォームに「−1000」を入力する．
- 全ての設定が終わったらウィンドウ下の「プレビュー」ボタンをクリックし，図 3.26 のようにモデルに荷重を示す矢印が表示されることを確認し「OK」ボタンをクリックする．

図 3.25 フォース/モーメント荷重

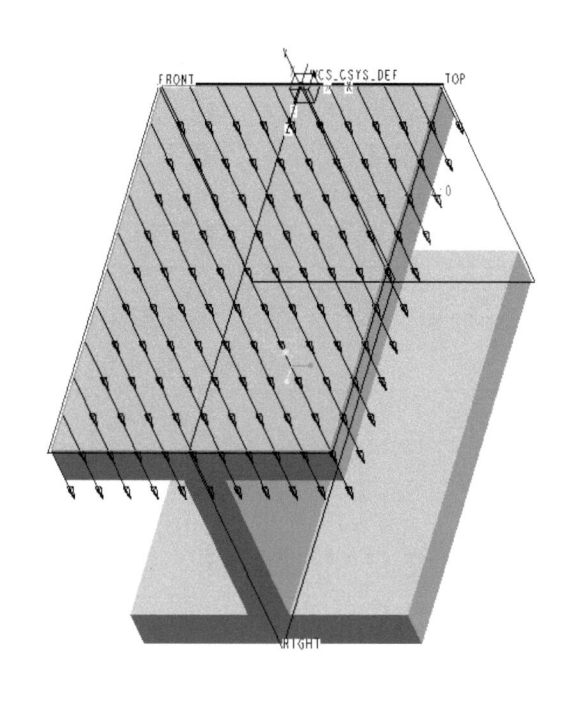

図 3.26　荷重の設定

11.5　解析

- トップレベルメニューの「解析(A)」→「Mechanica 解析/スタディ(E)」を選択する．
- 「解析および設計スタディ」ウィンドウ（図 3.27 参照）が表示されるので，このウィンドウのメニューから「ファイル(F)」→「新規の静解析」を選択する．
- 「静解析定義」ウィンドウ（図 3.28 参照）が出てくるので，「名前」欄に，月曜日の人は「Analysis_Monday」，火曜日の人は「Analysis_Tuesday」と入力する．次に「拘束条件」欄と「荷重」の欄の中から，工程 11.3，11.4 で自分が設定した拘束条件と加重を選択する．
- 設定が終わったら下のタブはいじらずに「OK」ボタンをクリックし，静解析定義を終了する．

図 3.27　解析および設計スタディ

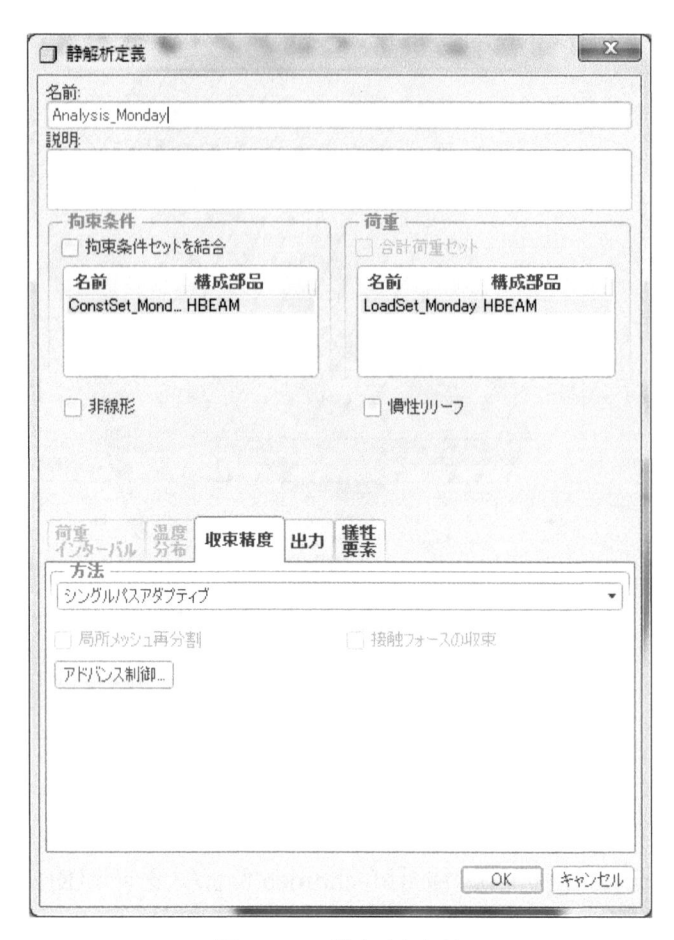

図 3.28　静解析定義

11.6　実行

- 「解析および設計スタディ」ウィンドウに戻るので，「実行開始」アイコン をクリックする．
- 「質問」ウィンドウが表示され，「対話型診断を実行しますか」と表示されるので，「はい(Y)」をクリックする．
- 「解析および設計スタディ」ウィンドウに戻るので，「スタディのステータスを表示」アイコン をクリックする．
- 「実行ステータス」ウィンドウ（図 3.29 参照）が出てくるので，末尾に「実行完了」と表示されていたら「クローズ」をクリックする．

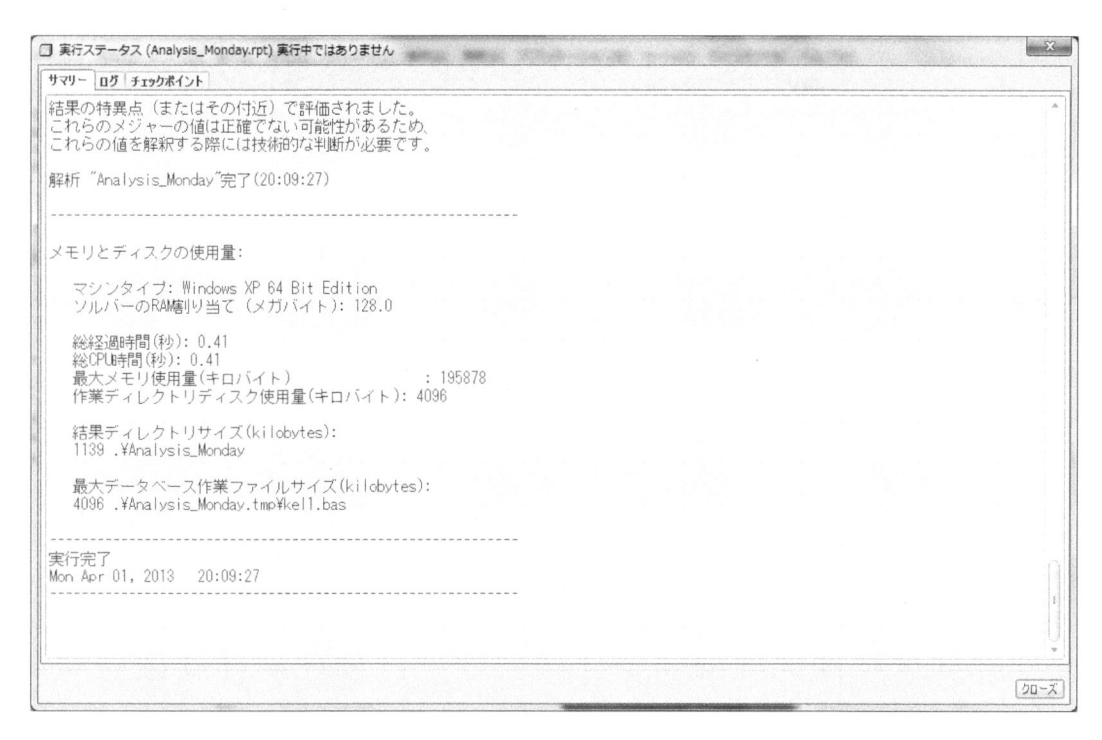

図 3.29　実行ステータス

11.7　応力の解析結果の表示

- 「解析および設計スタディ」ウィンドウに戻るので，「設計スタディまたは有限要素解析の結果をレビュー」アイコン をクリックする．
- 「結果表示ウィンドウの定義」ウィンドウ（図 3.30 参照）が出てくるので，「名前」欄に，月曜日の人は「Window_Monday_1」，火曜日の人は「Window_Tuesday_1」と入力し，「タイトル」欄に「梁にかかる分布荷重のシミュレーション」と入力する．
- スタディ選択の欄にそれぞれの静解析の名前が表示されていることを確認する．もし，異なる解析が表示されていたら，コンボボックスをクリックし，任意の解析を選択する．
- 表示タイプの欄のコンボボックスに，「フリンジ」が選択されていることを確認する．もし，異なる表示タイプが選択されていたら，フリンジに直す．
- 「表示オプション」タブをクリックし，「連続トーン」と「変形」にチェックを入れる．
- 「OK および表示」ボタンをクリックする．図 3.31 のようになる．

図 3.30　結果表示ウィンドウの定義

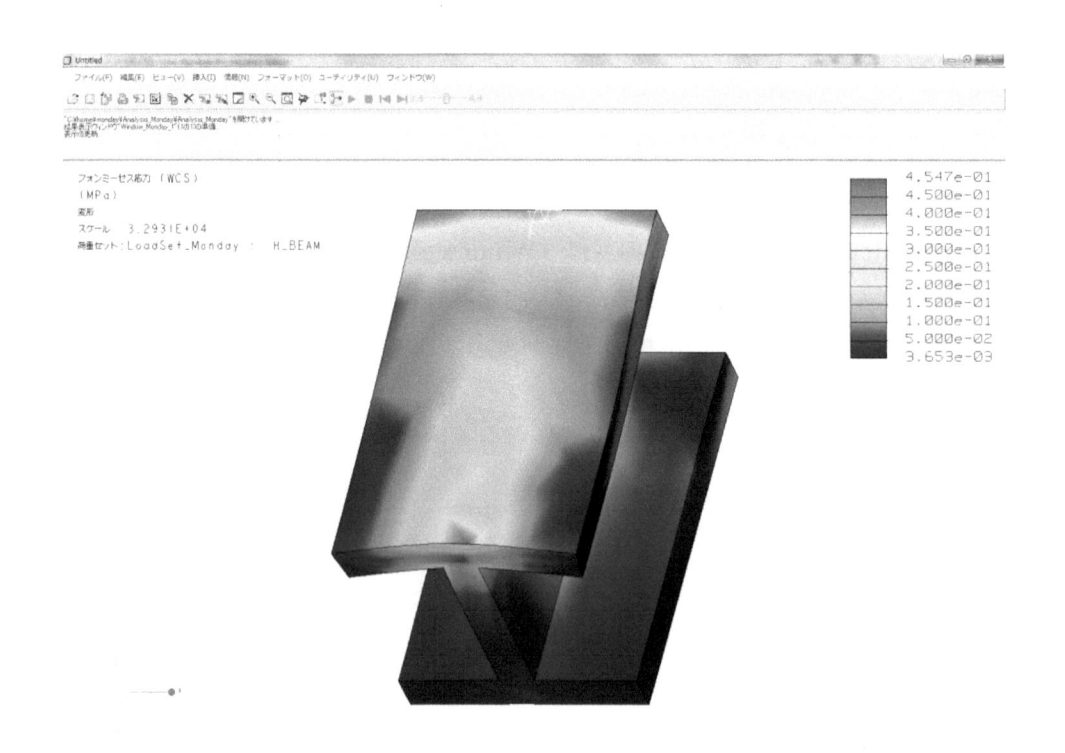

図 3.31　応力の解析結果の表示

11.8　変位の解析結果の表示

・図 3.31 が表示されているウィンドウを閉じる．
・「解析および設計スタディ」ウィンドウに戻るので，再度「設計スタディまたは有限要素解析の結果

をレビュー」アイコン ![icon] をクリックする．

- 「結果表示ウィンドウの定義」ウィンドウ（図 3.30 参照）が出てくるので，「名前」欄に，月曜日の人は「Window_Monday_2」，火曜日の人は「Window_Tuesday_2」と入力し，「タイトル」欄に「梁の変位のシミュレーション」と入力する．
- 「表示オプション」タブをクリックし，「連続トーン」と「変形」にチェックを入れる．
- 「量」タブを選択し，応力を変位に変更する．
- 「OKおよび表示」をクリックすると変位の解析結果が表示される（図 3.32 参照）．

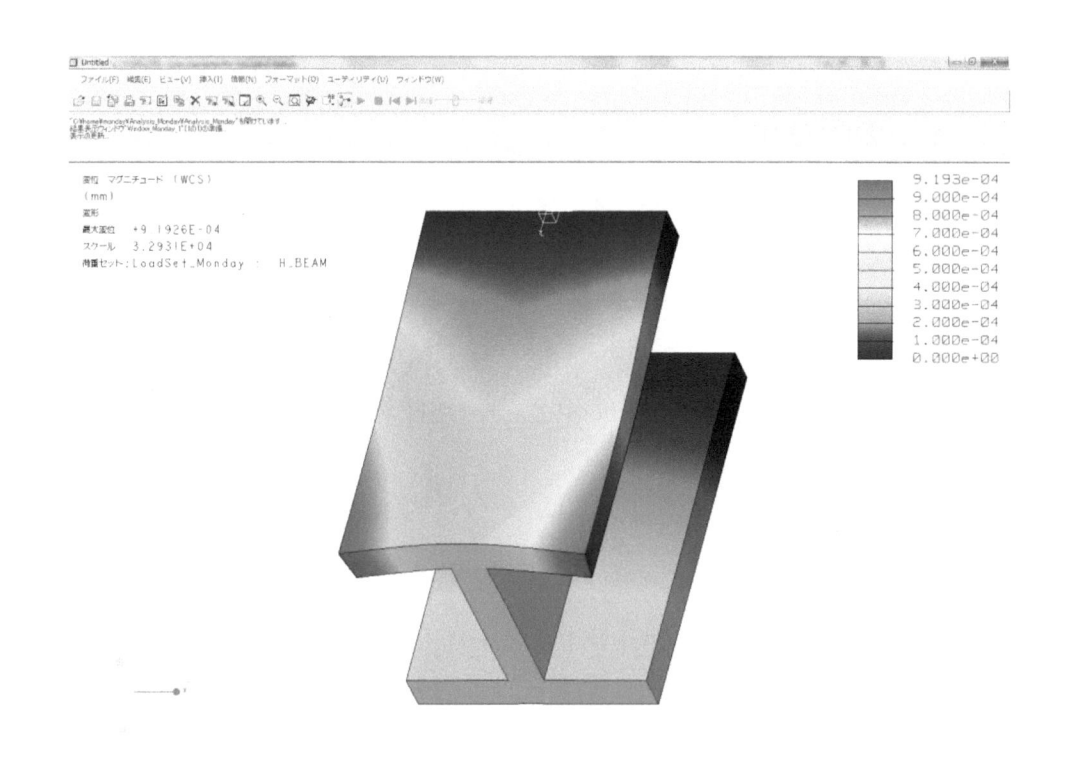

図 3.32　変位の解析結果

12. ファイルの保存

これで解析は終了したので，最後に解析結果のウィンドウを閉じる．
- トップレベルメニューの「ファイル(F)」→「保存(S)」の順で選択する．名前はそのままでよい．

13. Creo Elements Pro 5.0 の終了

これで今回の実験は終了なので，Creo Elements Pro 5.0 を終了する．
- トップレベルメニューの「ファイル(F)」→「終了(X)」の順で選択する．

次回の実習について

次回の実習では，作成したモデルのデータを保存する作業があります．よって各自 CD-R を持参してください．

Ⅲ．CAE H鋼の静応力解析（応用編）

1. はじめに

課題2でH鋼のモデルを作って解析を行ったので，今回はモデルの大きさを変更してから同様の解析を行う．

2. ワーキングディレクトリの変更

- トップレベルメニュー「ファイル」→「ワーキングディレクトリを設定」を選択して課題2の最初で設定したフォルダを選択する．

3. 保存したファイルの呼び出し

- トップレベルメニュー「ファイル」→「オープン」を選択して課題2で作成したファイルを選択して オープン をクリックする．

4. 寸法の変更

- ウィンドウ左にアセンブルモデルツリーの中の「押し出し1」を右クリックし 定義を編集 をクリックする．
- 「300」と書いてある部分をダブルクリックし，自分の学籍番号下1桁に1000を掛けた値にモデルの深さを変更する．

- モデルの深さが変更されたのを確認し，ウィンドウ右下の「フィーチャー完了」アイコン をクリックする．
  - 安全のため，ここでファイルの保存を行う．トップレベルメニュー「ファイル」→「保存」を選択して保存する．名前はそのままでよい．

5. MECHANICA による応力解析

5.1 解析
- 課題2の工程11.1 と11.5 を行う．

5.2 実行
- 課題2の工程11.6 と同じ．

5.3 結果の表示
- 課題2の工程11.7～11.8 と同じ．
- モデルの深さを「1000」にして行った例を図3.33に示す．また変位の解析を行った例を図 3.34に示す．

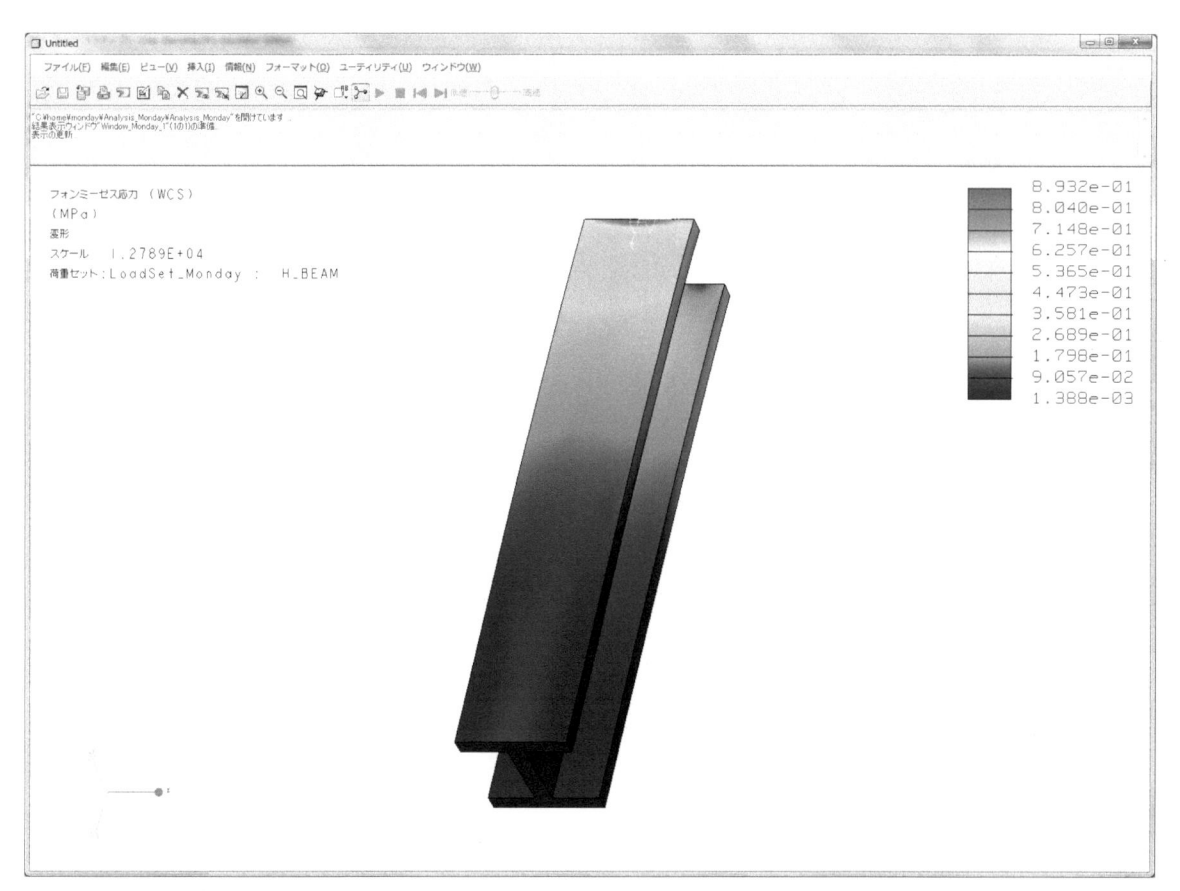

図 3.33 モデルの長さを「1000」にして行った例

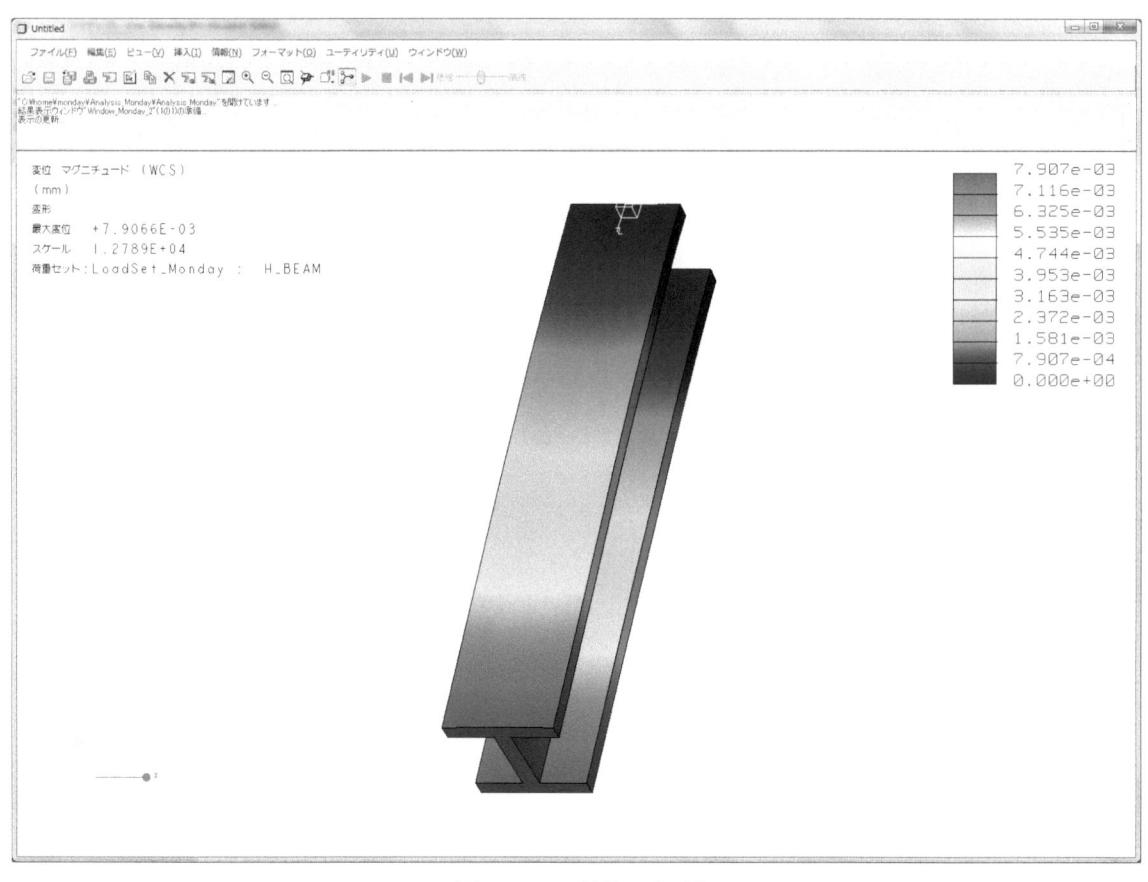

図 3.34 変位の解析

4章 CAM
―射出成形のシミュレーション―

第3日目

Ⅰ. CAM概論1

1. はじめに

　実験の3回目は，形状に基づく加工のための解析シミュレーション例として，プラスチックの流動解析を試みる．また形状の作り方としては，あらかじめ定めた断面を指定した曲線に沿って走らせることで形状を作る掃引（sweep）の技法を使う．

2. 金型製造(Die and Mold)

　金型は，金属，プラスチック，ゴム，ガラス等の素材に，所要の形状と性質を付与するために用いられる型であり，これを用いて様々な製品，部品を大量に作るものである．作られる製品は，自動車を中心とする輸送用機器，電子・電気機器，事務用機械等機械製品からガラス製品，建材，玩具，履物に至る雑貨類等，工業製品から家庭用品まで大変広範囲にわたっている．金型の品質は，その加工製品の形状のみならず，品質，機能まで直接左右するため，金型技術の進歩発展は，ひとり金型産業のみならず，その国の経済発展のバロメーターになっている．日本の金型工業は，品質，性能，生産性ともに世界のトップクラスに位置し，その優秀さは広く世界の注目を浴びており，その優秀な金型によって造られる自動車，電子，電気，OA機器等から日用品雑貨に至るまで，今日その優秀さも世界的に認められている．

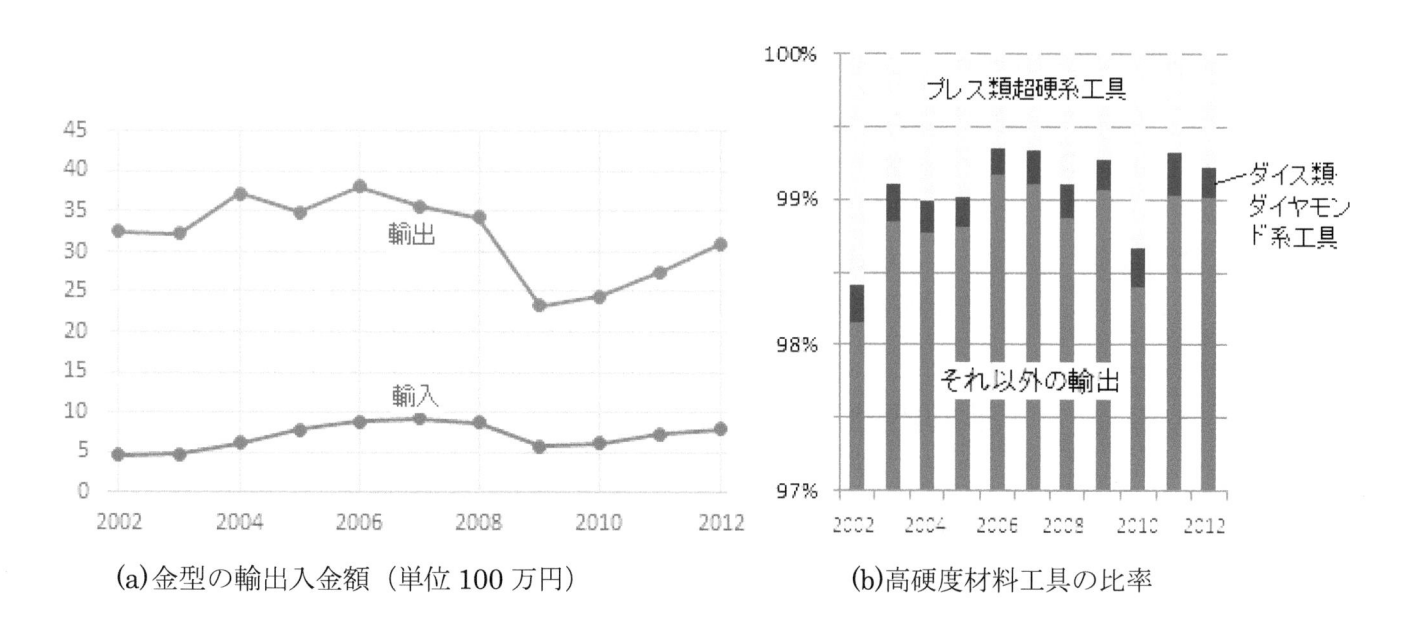

(a)金型の輸出入金額（単位100万円）　　(b)高硬度材料工具の比率

図4.1　過去10年間の金型輸出入の動向

3. 金型の種類

　金型という業種は日本に特有のものであり，下記の9種類の金型をつくる産業を束ねて，発展してきた．近年，その重要性から他国に追随されているが，図4.1から推測できるように，超硬系やダイヤモンド系材料を

81

用いる金型では日本が一日の長を有するようである．

1. プレス用（代表例に鋼板を用いた車のボディーやシャーシがある．車の金型は1000種類あるといわれる）
    抜型，曲り型，絞り型，圧縮型
        鋼板（最近は部分積層鋼板をも用いる），非鉄金属板
        自動車，家電，雑貨，家庭用品
2. 鍛造用（日本刀の製造のように棒鋼材が加熱すると変形しやすくなる性質を利用する）
        棒鋼材，非鉄金属材料
        自動車の重要保安部品（コンロッドなど），建設機械部品
    なお，鍛造を解析する塑性用CAEによる計算は，用いる物性値などの精度が悪く，一般的に絶対値を合わせることは困難であると考えられる．
3. 鋳造用（基本製造原理はマスタの転写）
        砂型用模型，シェルモールド型，ロストワックス鋳造用型，重力（圧力）鋳造型
            アルミ合金
            自動車（エンジンフレームやブレーキなど）
4. プラスチック用（今回の実験対象．車のインパネやバンパ，テールランプなど）
        射出成形型，圧縮成形型，移送成形型，吸込成形型，真空成形型
        熱可塑性樹脂：ポリエチレン，ポリフロピレン，ポリスチレンなど
        熱硬化性樹脂：コリヤ，フエノール，メニミンなど
        家電，自動車，その他ありとあらゆる部門
    なお，射出成形（Injection molding）における成形工程は，1)図4.2に示すホッパに入れられたプラスチック材を加熱シリンダ内で加熱，混練，流動化させる．2)次いで，この溶けたプラスチック樹脂をゲートから金型内（Cavity）へ約 2000kg/cm² の圧力で注入する．3)そして，冷却水循環路に水を流して冷却，固化させる．4)型締めシリンダを解放して，製品を取り出す．となる．そして，プラスチック樹脂の注入の際に金型の末端まで均一に圧力が伝わらないことや，冷却，凝固によって，樹脂の収縮や強度に方向性が生ずることは多い．そのためのCAEではあるが，現状では解析できないような条件下での稼動実績例は数知れない．それらの技術は熟練者の経験や勘に依存している．

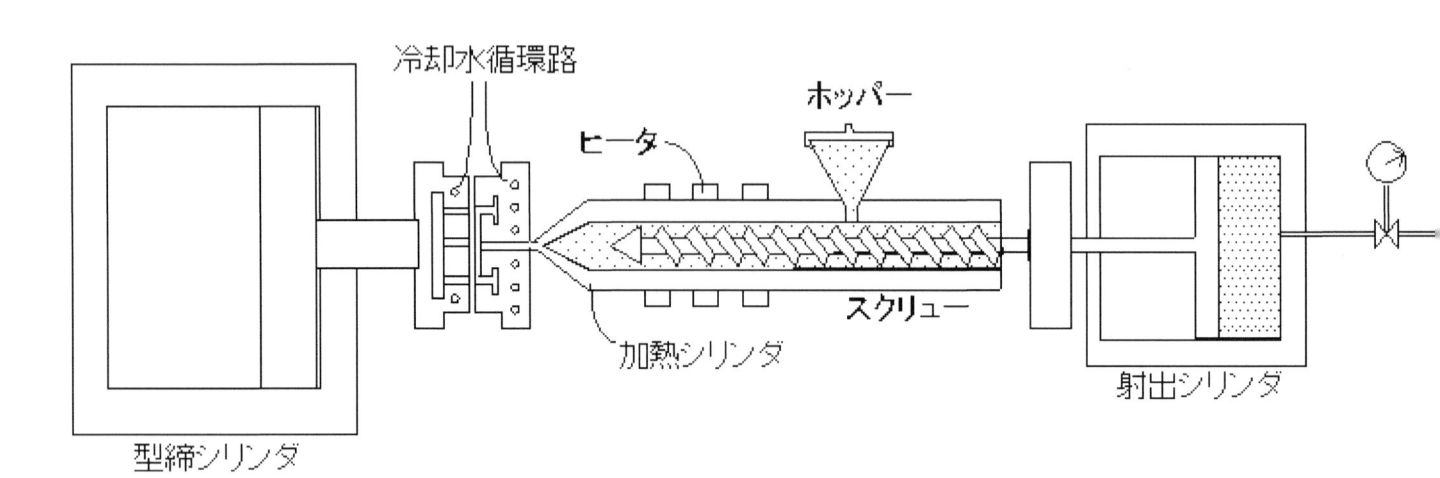

図 4.2　射出成形機

5. ダイカスト用（成形工程は，射出成形と同じ．ただしキャビティに入れるプラスチック材が1000℃以下で溶ける金属材に代わっている点だけ違う．しいてダイカストを訳せば，圧力付加方式の金型鋳造である．車のピストンやミッション，アルミ，ホイールなどの小物部品に使われる）

  アルミ合金，亜鉛合金などのインゴット

  家電，自動車，日用雑貨

6. ゴム用（代表例は車のタイヤである）

  合成ゴム，天然ゴム

  工業用ゴム製品（型物），自動車，チューブ，履物

7. ガラス用

  押型，吹型

  ガラス材料

  ガラス器物，照明，雑貨，びん

8. 粉末冶金用

  金属の粉末

  含有軸受，小物の歯車

9. 窯業用

なお，上述の9種の産業に含まれるが，下記の金型に注目するため，これを特筆する．

10. 順送用（鋼板などを順に送りながら，プレス・鍛造・切削を一時に行って製品を作る）

  鋼板など（メーカによる性状の違いを型設計に盛り込む必要がある．深絞りに適する鋼板は作成できるメーカも限られてくる）

  自動車,家電,(一個取り，複数個取り等の方式があるが，大量生産の効率を上げるための多数個取りには，より高度な技術が必要となる）

●金型製作のポイント

 金型作りは，製品図面を見て，その製品を作るための型を設計することから始まる．型設計ができた後に，模型製作と呼ばれる成形工程を経て，実際の型掘りが行われる．次いで，熟練技能者による有名な「みがき」仕上げ工程があり，組立・検査が行われて終了となる．組立では，ティッシュペーパが切れない間隙やサランラップの切れる間隙が必要とされ，熟練技能者による精緻な位置合わせが行われる．金型の寿命はこの組立精度に依存することが多い．しかしながら，こうした熟練作業は習得するために時間と費用がかかり，作業者に過度の忍耐を要求するために，近年，熟練技能者が減少している．そこで，これらの作業のロボット化が望まれているが，熟練技能の実現は困難であるとされている．

 さて，模型製作（成形工程）は素材加工と部品加工からなるが，その実態は部品作りとその修正である．模型製作の早くできること，修正のないことが，希求されている．そこにCAD/CAE/CAMやラピッドプロトタイピング，3Dプリンターの広まっている原因のひとつがある．

 簡単な金型は誰でも作れるようになっている一方，複雑な金型は特定の業者や特定の地域（経営者，技術者・技能者，裾野産業による物流などの文化的要素が必要）でしか作ることができなくなっている．

4. プラスチックの流動解析

プラスチックは，コップなど身の回りにもよく用いられている．プラスチック製品の多くは射出成形で作られる．鋳型に高温の溶けたプラスチックを射出し，冷えて固まったところで型を割って製品を取り出す，というのが基本的な製作原理である．形状の寸法や面の滑らかさなどが正しくできているか，またどれだけ1回の射出サイクルを短くして生産量を上げられるか，がポイントになる．その際影響するのが形状，プラスチックを射出する湯口（ゲートとも言う）の数と位置，プラスチックの射出量，圧力，温度などである．

今回用いる PLASTIC Advisor は，プラスチックの型内での流動状況をシミュレーションするソフトウェアである．プラスチックは型内で少しずつ固まりながら流れていくので，流体解析，熱伝導解析を組み合わせて時々刻々の境界条件へ反映させながら解くという，大変複雑なシミュレーションになる．厳密な解を求めるには，大規模なプログラム，精密な実験データと的確なシミュレーション条件の設定が必要になると思われるが，PLASTIC Advisor は，設計者の設計の参考になるレベルで計算の簡略化を図っていると考えられる．材料の選定と湯口の設定程度の簡単な操作で，プラスチックが充填されていく様子と結果の製品に生じる欠陥の可能性とを示してくれる．

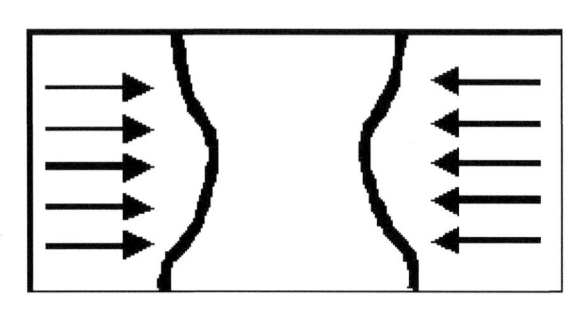

図 4.3 ウェルドラインの生成

プラスチック製品の主な欠陥としては，ウェルドラインと気泡（巣）の生成がある．ウェルドラインは，対抗する方向からプラスチックが流れ込んできて出会った場合に生じる線状の欠陥である．プラスチックが型内を流れる場合，その流れの先端は冷えて固まりかけた状態になっている（図 4.3）．このため二つの流れが左右から出会ってぶつかると，そこにプラスチックの固まった領域が生じる．冷えて製品になった状態ではプラスチックはその流れた方向に沿った組織を形成するが，上記の理由からウェルドラインは流れと直行する方向の組織になってしまう（図 4.4）．このためウェルドラインは，単なる見栄え以上に強度上問題を生じることが多い．

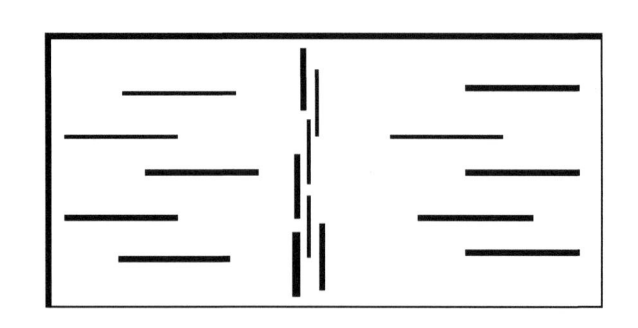

図 4.4 ウェルドラインの組織

気泡は，プラスチックが回り込むように流れる場合，空気がプラスチックに取り込まれて残ってしまうため

気泡は，プラスチックが回り込むように流れる場合，空気がプラスチックに取り込まれて残ってしまうために生じる．たとえば側面の厚みのある箱などの場合その内側の底面などの隅に生じる（図 4.5）．気泡はプラスチックが充填されていないため，やはり強度上好ましくない．

　こうした欠陥をできるだけ生じないようシミュレーションにより試行錯誤を行い，もっとも適切な湯口の位置その他の成形パラメータを決定する．場合によっては形状の変更を行う場合もある．

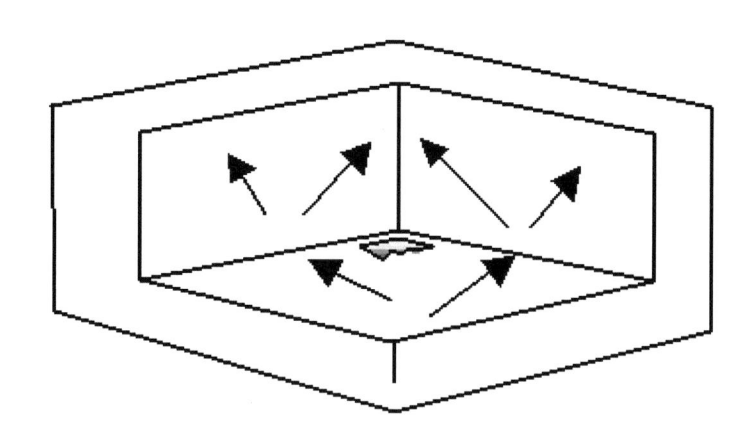

図 4.5　気泡の生成

Ⅱ．CAM 成形用モデリング

課題 3：課題 4 の射出シミュレーションのためのモデルを作成する．

課題 3 では，Creo Elements 5.0 を使って下図のようなモデルを作成する．モデルの作成にあたり，今回はスイープという機能を使っている．

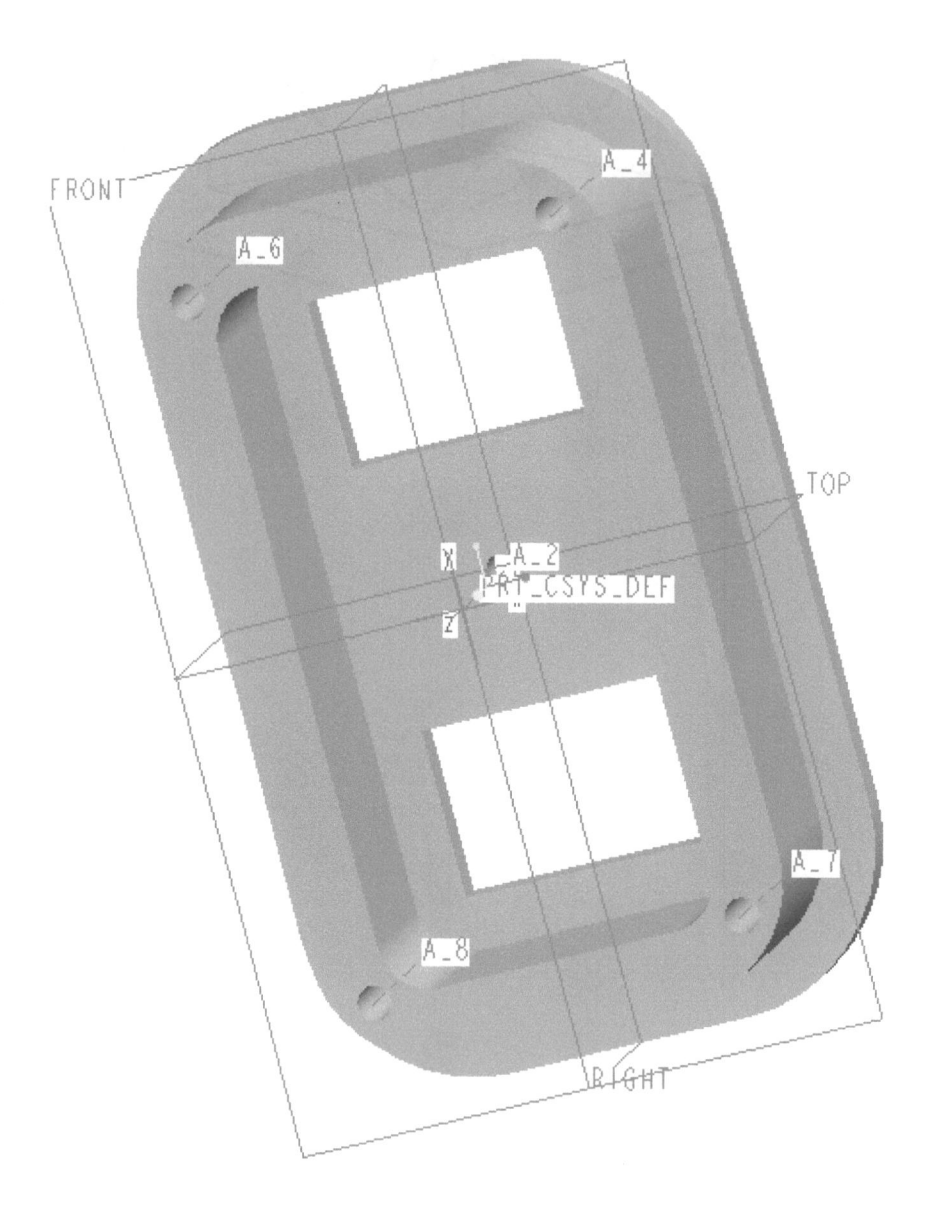

図 4.6　作成するモデル

スイープとは，ある断面を一定の軌道に沿って動かし，断面の通った空間を立体とする操作である．例えば，前回モデリングしたH鋼のモデル(図 4.7)は，押し出しツールを使用してH型のスケッチに深さを与えることで作成したが，図 4.8 のような立体は押し出しツールでは作成できない．これは，押し出しツールの機能が，スケッチした図形を直線に沿って移動させることに限定されているためである．一方，スイープは任意の軌道を作成することができるため，図 4.8 のような立体を作成することができる．

図 4.7　押し出しによるH鋼のモデリング　　　　図 4.8　スイープによるH鋼のモデリング

　したがって，スイープを使ってモデルを作成する際は，軌道と図形の2つのスケッチが必要である．実際の作業は，押し出しツールよりもオペレーションが複雑なので，実験担当者の説明をきちんと聞くこと．

1. はじめに
   - Creo Elements Pro 5.0 を起動.

2. ワーキングディレクトリの変更
   - 課題 1 と同様の手順でワーキングディレクトリを設定する.

3. 新規ファイルの作成
   - 課題 1 と同様の手順で新規ファイルを作成する.

4. データム平面の確認
   - 課題 1 と同様の手順でウィンドウにデータム平面が出るのを確認する.

5. ベースフィーチャーの作成

   5.1 スイープの選択
   - メニューバーの[挿入]の中の[スイープ]を選択,さらにその中の[突起]を選択する.

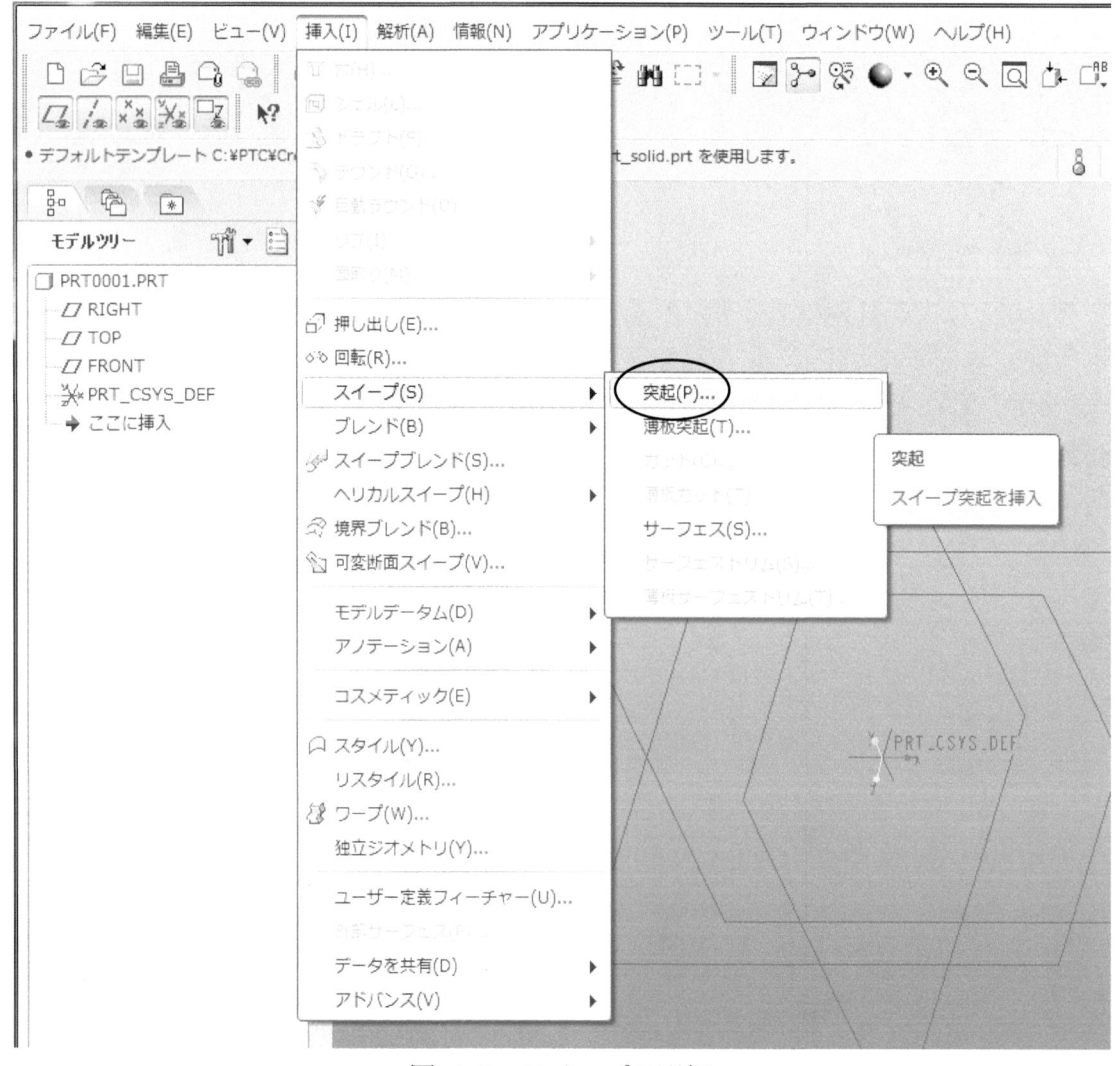

図 4.9 スイープの選択

5.2 軌道スケッチ面の選択

- 「メニューマネージャ」ウィンドウの軌道スイープの中から[軌道スケッチ]を選択.

図 4.10 軌道スイープの選択

- 平面設定が平面でハイライトしていることを確認し，メインウィンドウ内の FRONT 平面をクリック.

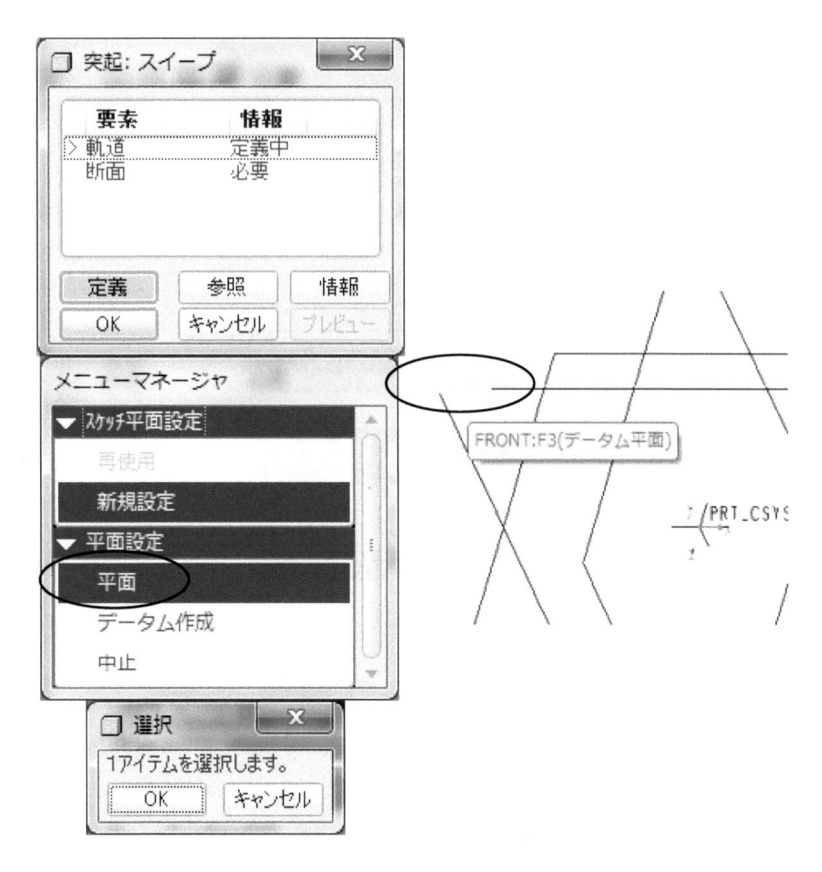

図 4.11 軌道スケッチ平面の選択

- 「メニューマネージャ」ウィンドウの方向の[OK]をクリック．

図 4.12 軌道スケッチ面の確定

5.3 スケッチビューを選択

- スケッチビューの[右]をクリックし，メインウィンドウ内の RIGHT 平面をクリック．すると自動的に軌道スケッチ平面に移動する．
- このとき，「突起：スイープ」ウィンドウは閉じないこと．操作の邪魔にならないところに移動させると良い．

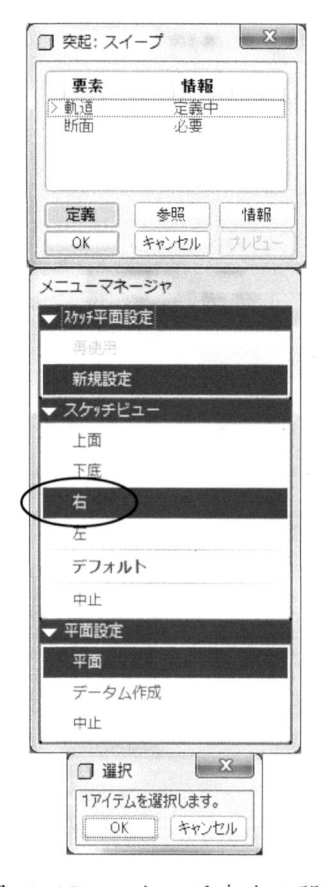

図 4.13 スケッチ方向の設定

6. 軌道スケッチの作図

6.1 垂直な中心線を描く

- 右ツールチェストの中にある，スケッチャーツールの中の「直線」アイコン の右向きの矢印をクリックし，線の種類として「中心線」アイコン を選択する．
- TOP 平面と RIGHT 平面上に中心線を作成する．

6.2 線対称な長方形の作成

- 「長方形」アイコン を選択し，先ほど描いた水平中心線と垂直中心線に対し，上下左右対称な長方形を描く．

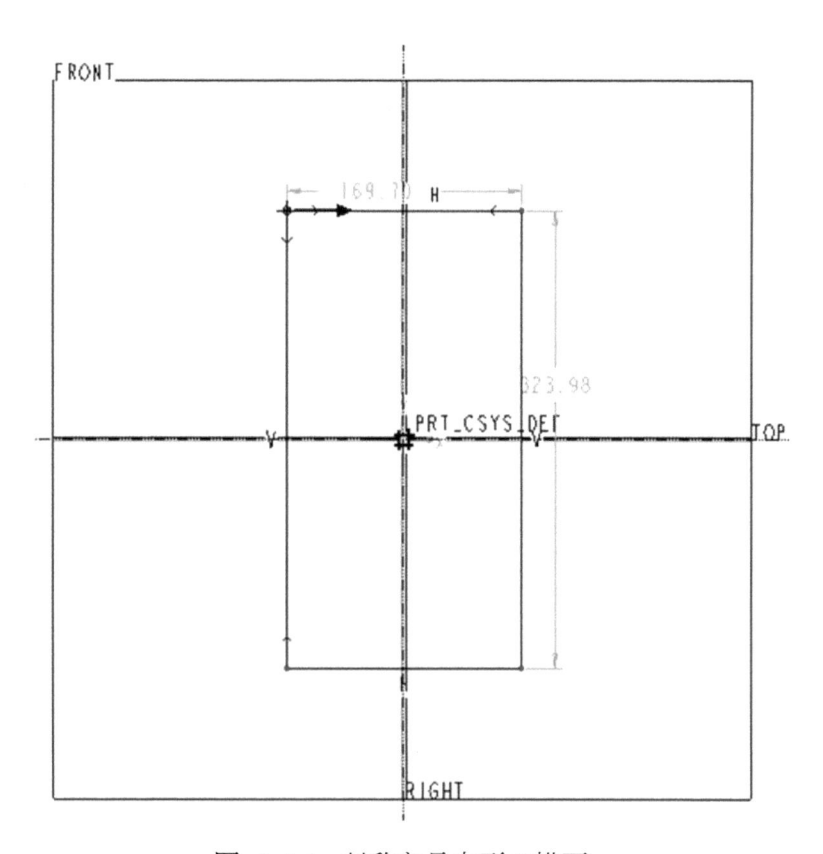

図 4.14 対称な長方形の描画

6.3 四隅に丸み(フィレット)をつける

- 「フィレット」アイコン を選択し，フィレットを付けたい頂点を作る二つの線分をクリック(例えば，図 4.15 の線分①と②を順にクリックすれば，③の部分にフィレットができる)．

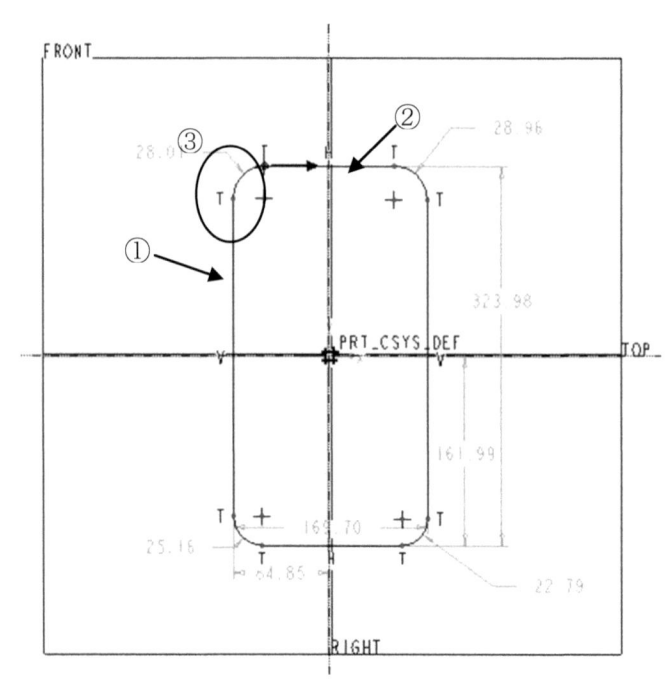

図 4.15　フィレットの作成

6.4　フィレットの曲率半径を等しくする

- ツールバーの中の「拘束」アイコンリストの □ の右向きの矢印をクリックし,「同一長さ」アイコン □ を選択する(これは 2 つの線分間に,同一長さ,同一曲率半径などの拘束を与えるアイコンである.例えば,2 つの線分をクリックすれば互いの長さが等しくなり,2 つのフィレットをクリックすれば互いの曲率半径が等しくなる).

- 4 つのフィレットの曲率半径を等しくする.このとき①→②,②→③,③→④とクリックしていくとよい.

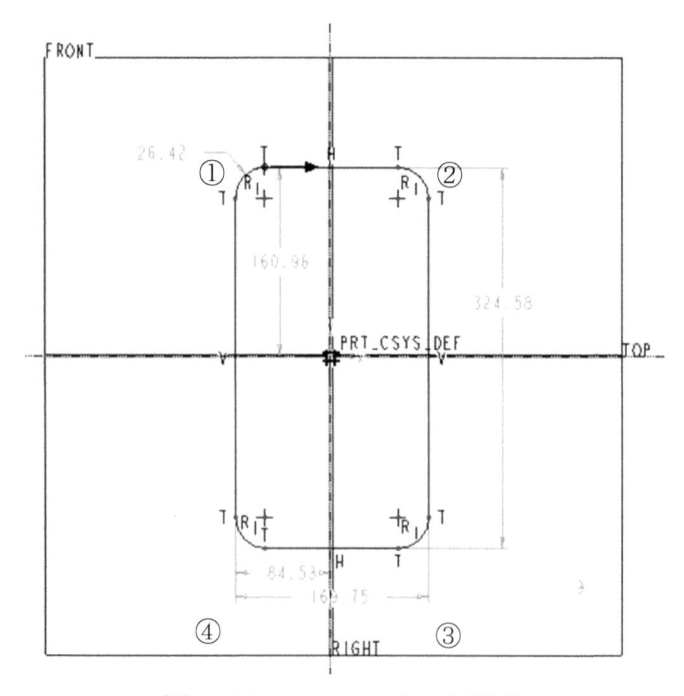

図 4.16　フィレットの対称化

※フィレットの拘束条件を付けたことで，長方形の上下左右対称がキャンセルされてしまう(フィレット作成により，対称の基準点であった頂点がなくなるため).

6.5 図形を再び上下左右対称にする

- スケッチャーツールの中の「同一長さ」アイコン の右向きの矢印をクリックし，「対称」アイコン を選択する
- 対称軸を選択し，対称にしたい点を 2 箇所クリックすることで対称形にできる．例えば，図 4.17 中の①→③の順にクリックすることで，②と③が線対称になる．
- この操作を水平中心線，及び垂直中心線に対して，それぞれ 1 回行う．

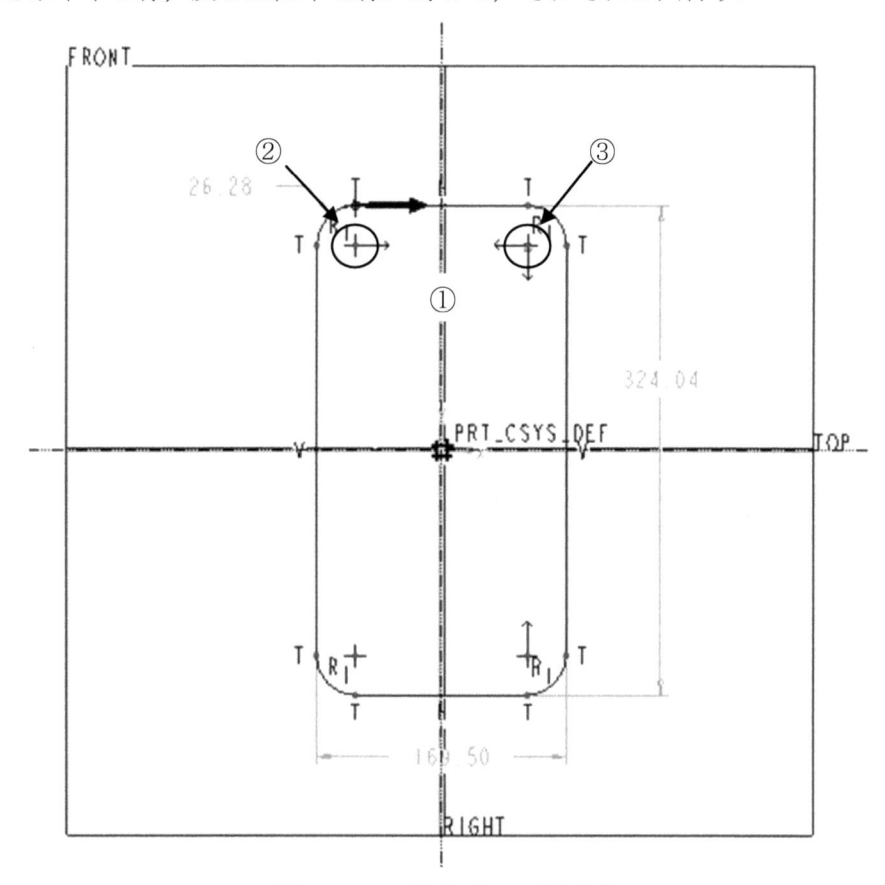

図 4.17 長方形の再対称化

6.6 寸法値の修正

表示されている図には，ダイナミックマネージャによって参考寸法が入っている．
今回は，この参考寸法を使い，次のようにして寸法値を修正する．

- 「矢印」アイコン をクリックする．
- 寸法値をダブルクリックすると，寸法値が赤くハイライトされる．
- メインウィンドウ上に数値入力用のウィンドウが開く．ここに新たな寸法値を入力する．すると，寸法値の変化に応じて図形も動的に再生する．寸法値は図 4.18 の通り．

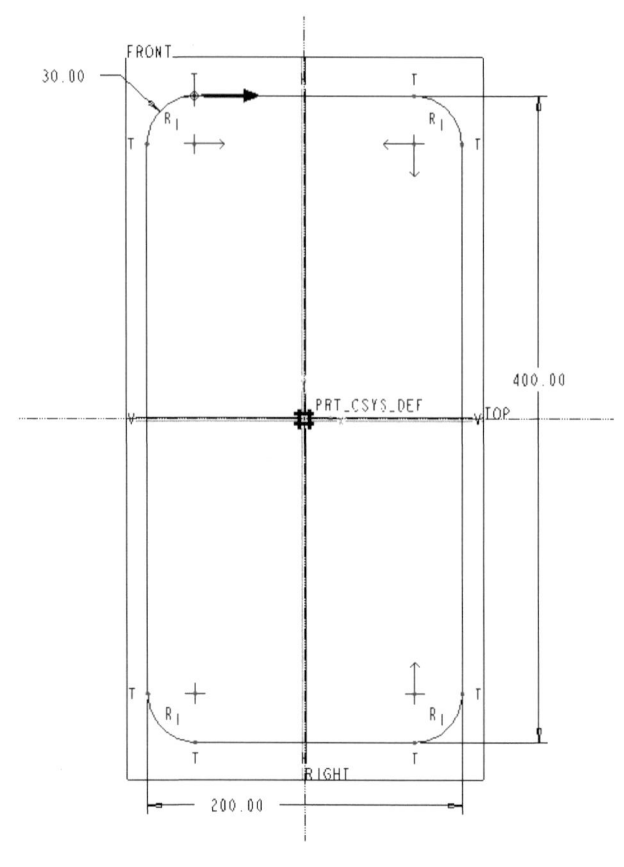

図 4.18　寸法の修正

6.7　軌道スケッチの終了

- 「スケッチ完了」アイコン ✓ をクリックする．すると画面が変化し，メニューマネージャが図 4.18 のようになる．
- この[属性]メニューでは，[内面なし]のままで 実行 ボタンをクリックする．画面は再びスケッチ画面になる．

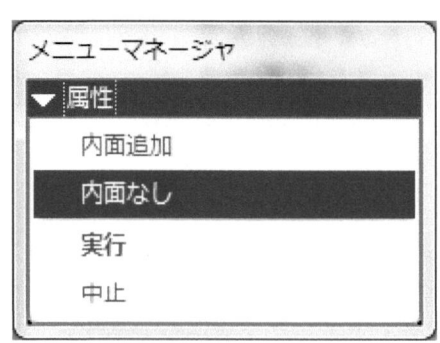

図 4.19　軌道スケッチ内側の肉付けの有無の選択

7. 断面スケッチの作図

　先ほど描いたのは，これから作図する断面の軌道である．先に述べたように，スイープは軌道スケッチと断面スケッチの2つを描く必要がある．

7.1　逆T字を描く

- スケッチャーツールの中の「直線」アイコン を選択する．

- 図 4.20 のような逆T字型のスケッチを描く．このとき，ダイナミックマネージャの機能を活かして描く（ダイナミックマネージャとは，作図時に，Creo Elements Pro 5.0 が製図者の意図を予測し，水平，垂直，対称，同等長さなどの拘束を自動的に付加する機能である．作図中の線の長さや角度が勝手に変化するのは，この機能が働いているからである）．

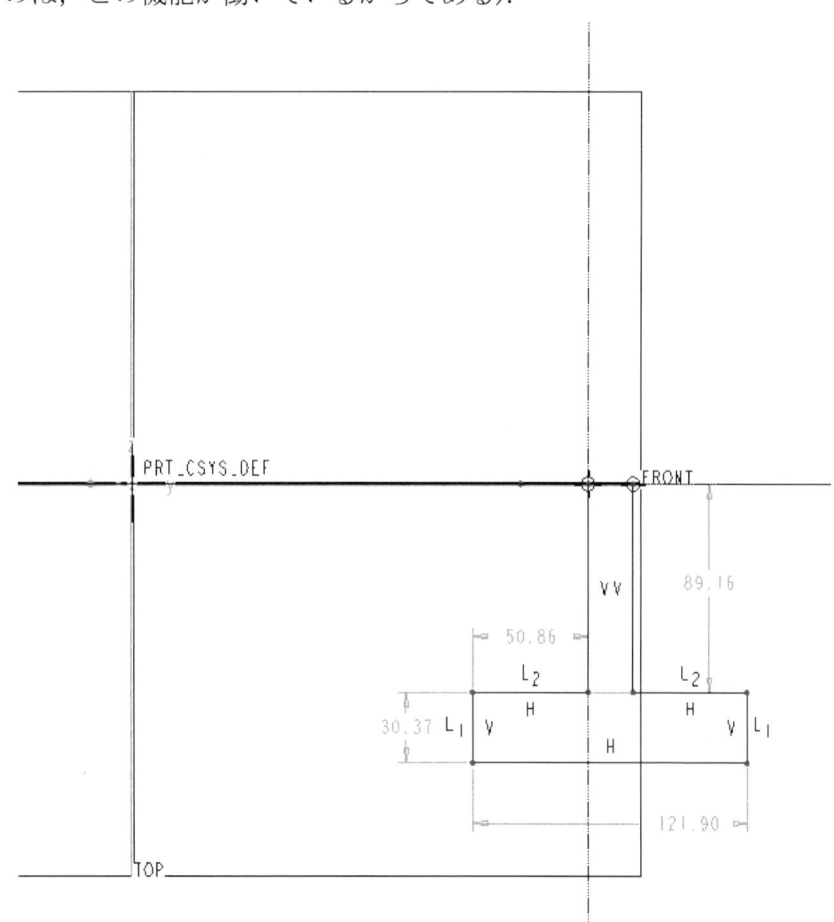

図 4.20　逆T字の描画

7.2　寸法値の修正

- 「矢印」アイコン を選択．軌道スケッチ(工程 6.6)のときと同様に，ダイナミックマネージャ機能によって記入されている参考寸法を修正することで，寸法値を入力する．寸法値は図 4.21 の通り．

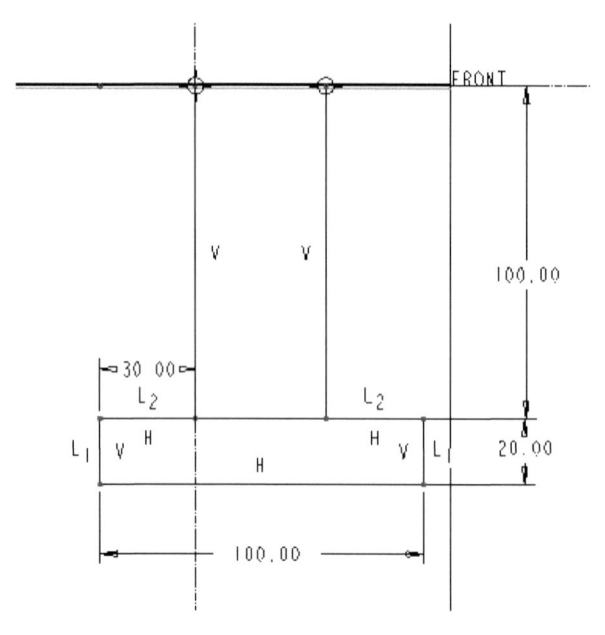

図 4.21　寸法値の修正

7.3　断面スケッチの終了

- 「スケッチ完了」アイコン ✓ をクリック．すると初期画面に戻る．

8. モデルの確認

- 「突起:スイープ」ウィンドウ(図 4.22)の プレビュー ボタンをクリックし，モデルを確認．

図 4.22　突起スイープウィンドウ

- 問題がなければ，OK ボタンをクリック．図 4.23 のようなモデルになる．

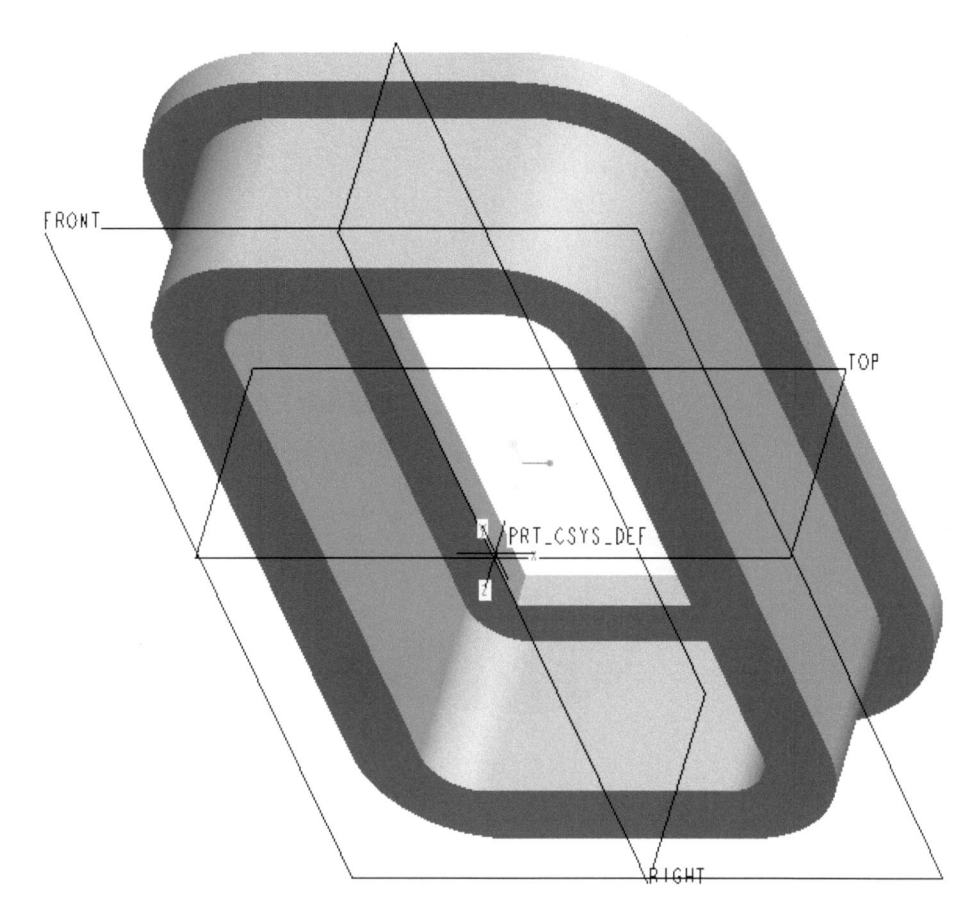

図 4.23　スイープにより作成したモデル

9. ファイルの保存

安全のため，この時点でファイルの保存を行う．名前はそのままでよい．

10. 中央突起フィーチャーの作成

スイープで作成したベースフィーチャーに突起フィーチャーを加える．スケッチ方法は今まで通り．スケッチ面，スケッチ方法に注意して作業を進めること．

10.1　突起フィーチャーを作成

- 「押し出しツール」アイコン を選択する．
- ダッシュボード上の配置ボタンをクリックした後，定義をクリックする．

10.2　スケッチ平面の選択

- スケッチ平面はモデル底面(図中の矢印の指す面)とし，参照としてデータム RIGHT 面をとり，回転方向は上面とする．また，スケッチビュー方向(黄色い矢印)はモデル内側を向くようにする．

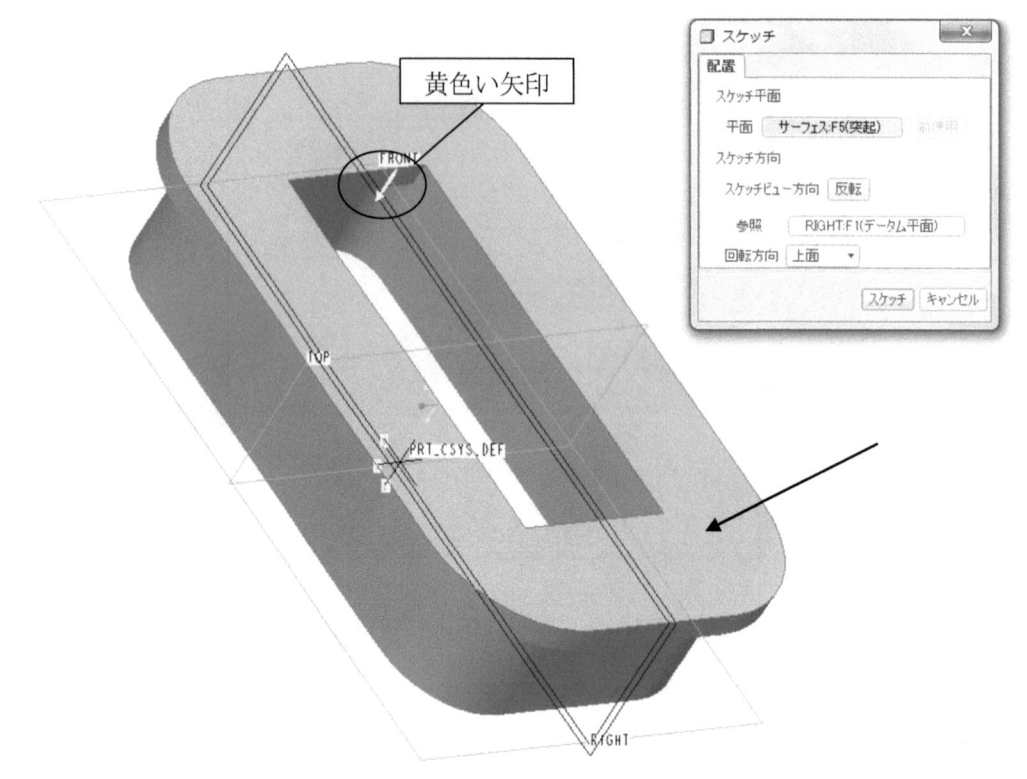

図 4.24 スケッチ平面の選択

- 設定が完了したら，スケッチボタンをクリック．スケッチ画面(図 4.25)に移行する．

10.3 表示形式の変更

- 画面上の方にある「ワイヤフレーム」アイコン ⊞ (一番左のアイコン)を押すと，モデルが線で表現される．

10.4 参照の選択

- 今回は参照を指定する必要がある．メニューバーの[スケッチ]の中の[参照]を選択する．そこで，図 4.25 の①，②の 2 本の直線をクリックする．そして，「参照」ウィンドウを閉じる．

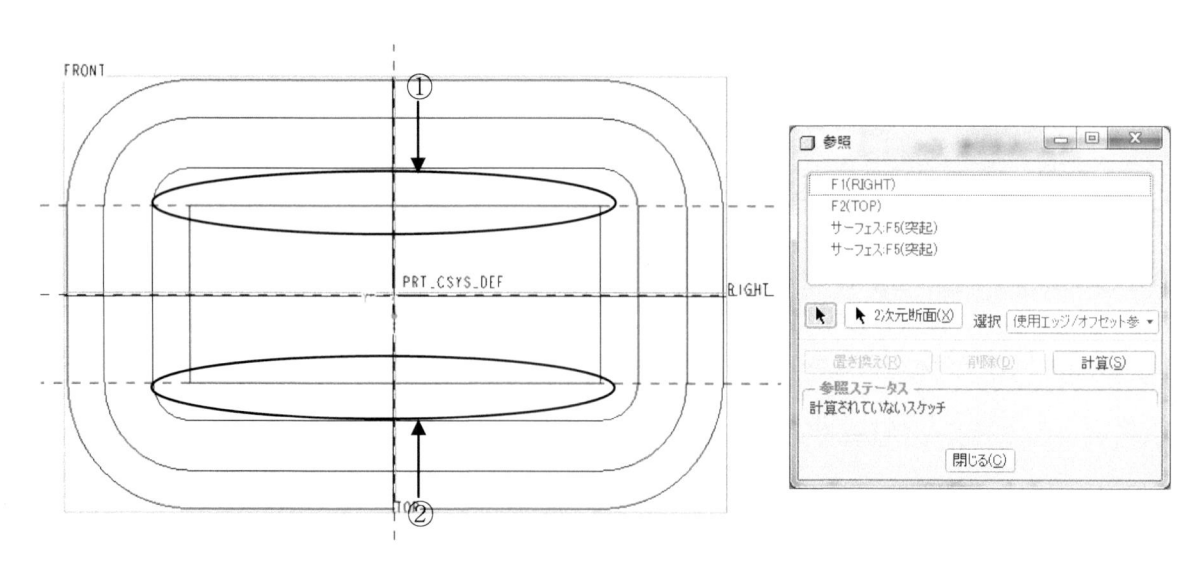

図 4.25 突起フィーチャーのスケッチ平面と参照の取り方

10.5 長方形を作成

- 「長方形」アイコン □ を使用し，図 4.26 のように，①と②を辺とした長方形を描く．

- 「矢印」アイコン を選択し，寸法値を修正する．

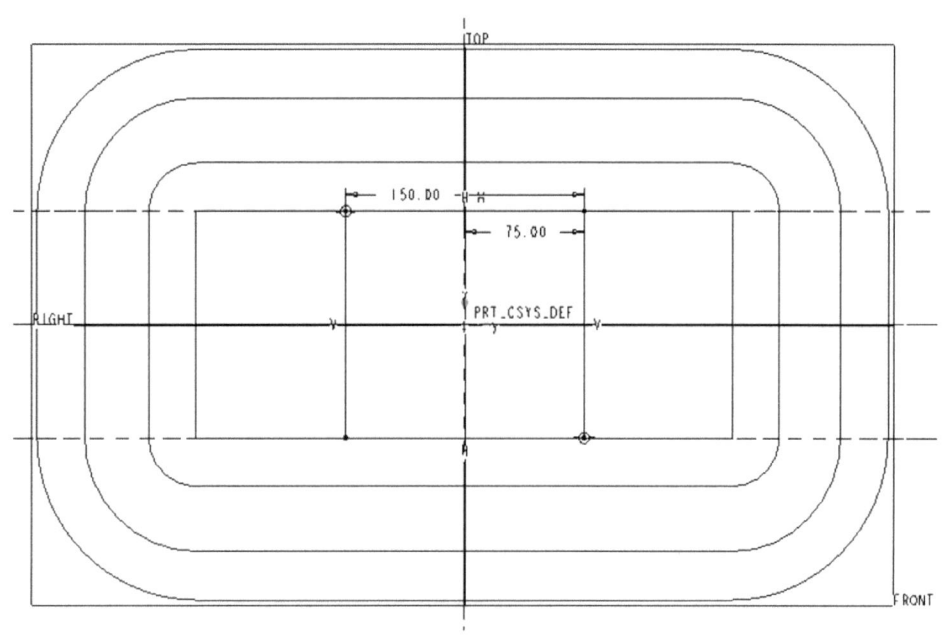

図 4.26　長方形の作図

10.6 スケッチの終了

- 「スケッチ完了」アイコン をクリックする．

10.7 表示形式を戻す

- 画面上の方にある「ソリッド」アイコン （一番右のアイコン）を押すと，モデルが面で表現される．

10.8 深さの入力

- ダッシュボード上で，押出しタイプが「ブラインド」 となっていることを確認し，深さを 20 とする(図 4.27 下図参照)．
- 押し出す向き(黄色い矢印)は，FRONT データム平面を向くようにする．矢印をクリックすることで向きを変えることができる．

11. モデルの確認

- 画面右上の「プレビュー」アイコン をクリックし，モデルを確認する．問題がなければ「フィーチャー完了」アイコン をクリックする．図 4.28 のようなモデルになる．

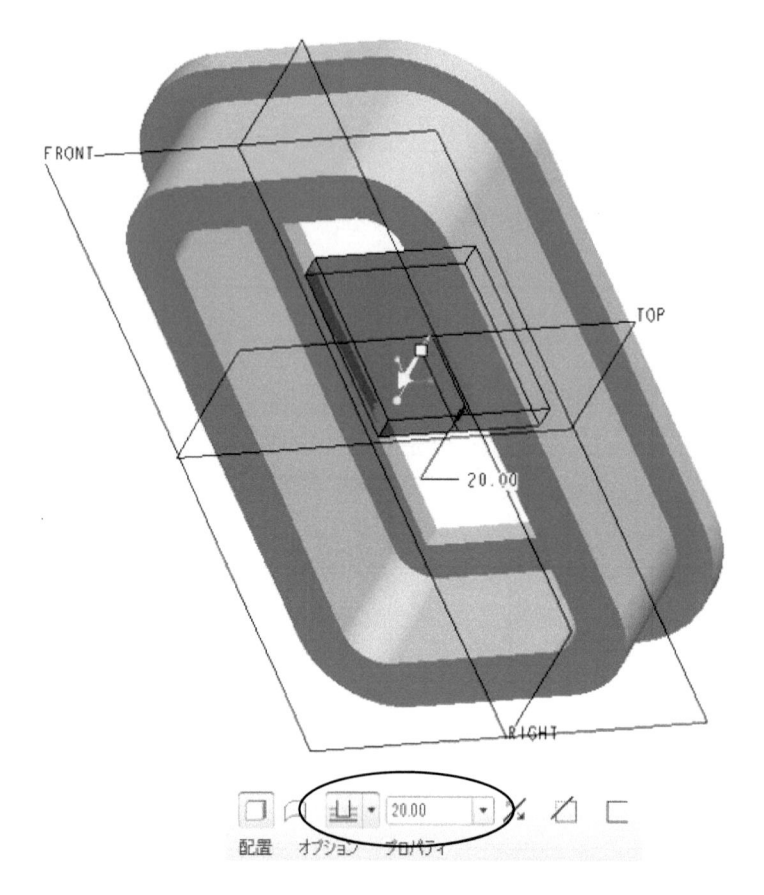

図 4.27　作業ウィンドウ(上)とダッシュボード(下)

図 4.28　中央の板状突起を追加したモデル

12. ファイルの保存

- 安全のため、ここでもファイルの保存を行っておくとよい．名前はそのままでよい．

13. 中央に穴フィーチャーを作成する

- 穴ツールアイコン をクリック．
- ダッシュボード上の配置パネルを開き，配置(穴を開ける面)としてモデル底面(図 4.29 右図の矢印が指す面)を選択する．穴のタイプは「直線」とする．
- オフセット参照として RIGHT データム平面と TOP データム平面を選択し，オフセットはいずれも 0 とする(このとき，複数選択なので Ctrl キーを押しながら選択すること)．
- 穴の直径は 20 とし，深さは「全貫通」 とする(図 4.29 参照)．

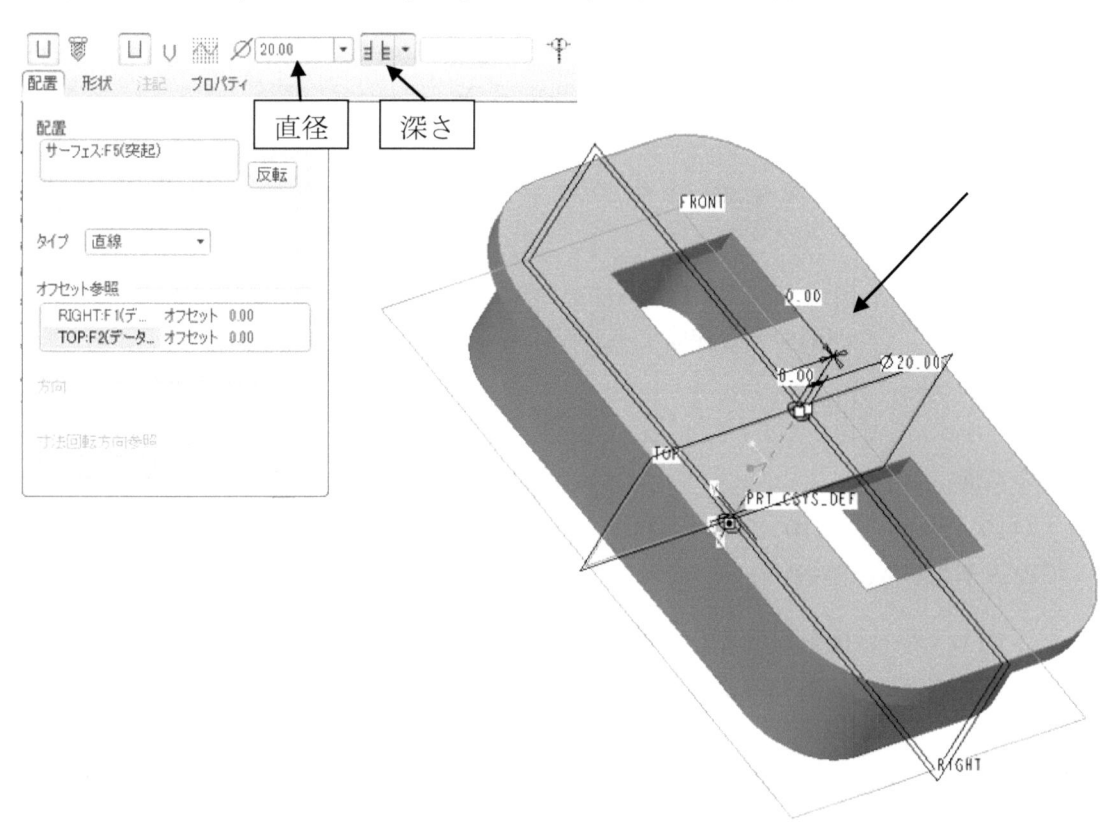

図 4.29 穴ツールのダッシュボード(左)と1次サーフェス(右)

- 以上の設定が終わったら再度配置パネルを開いてポップアップメニューを閉じる．
- 「プレビュー」アイコン をクリックしてモデルを確認し，問題なければ「フィーチャー完了」アイコン をクリック．モデル中央に穴が作成される．(図 4.30)

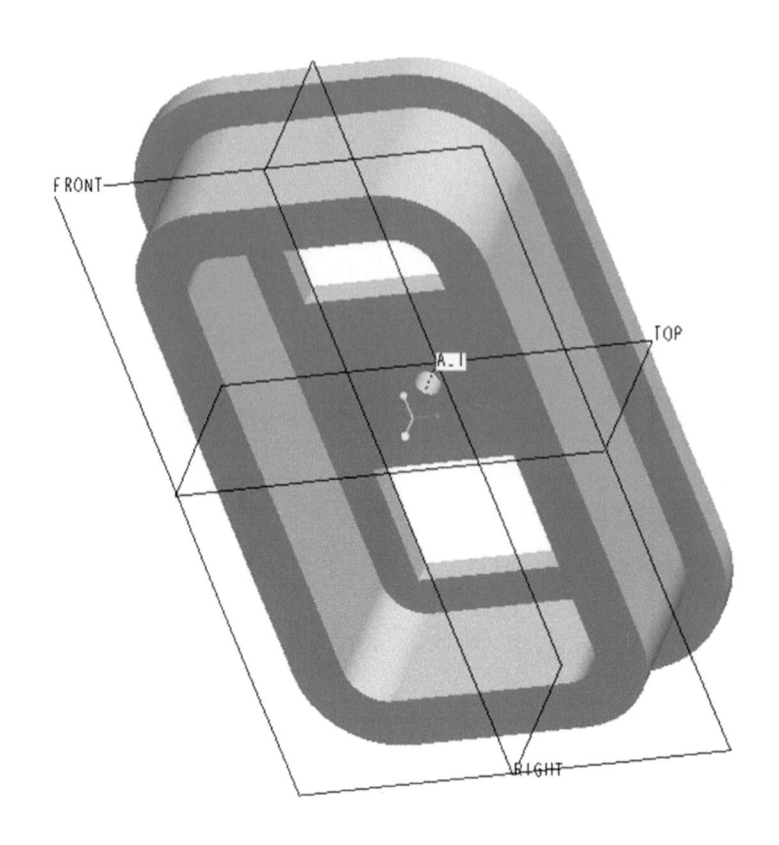

図 4.30　中央に穴フィーチャーを追加

14. 四隅の穴を作成する

次に前項と同様にして，四隅の穴を作成する．作成情報は以下の通りである．

　　穴のタイプ：直線

　　直径：20

　　深さ：全貫通

　　配置：(110, 200), (−110, 200), (110, −200), (−110, −200)… (RIGHT, 及び TOP データム平面からの距離)

なお，ここではパターン化を利用して穴フィーチャーを作成する．パターン化とは，あるフィーチャーのコピーを作ることである．ちなみに，コピー元となるフィーチャーのことをパターンリーダーと呼ぶ．パターン化は，

　　①パターンリーダーを(110, 200)の場所に作成

　　②コピーを3つ作成する

※パターン化は，参照のとり方によりオペレーションが異なる．今回は"寸法参照"によるパターン化を行う．寸法参照によるパターン化は，増分値と，その方向に作成する複製の数を指定することで作成する．

14.1　パターン化の複製元となる穴フィーチャーを作成する(パターンリーダーの作成)

・工程13と同様にして，(110, 200)の位置に穴フィーチャーを作成する(工程13において，RIGHTからのオフセットを110，TOPからのオフセットを200とすればよい)．

図 4.31 穴フィーチャーの作成

14.2 残りの3つを複製(パターン)によって作成する

- 今作成した穴フィーチャーをクリックし，赤くハイライトした状態で右クリック長押し．
- ポップアップメニューの中から[パターン化]を選択する．

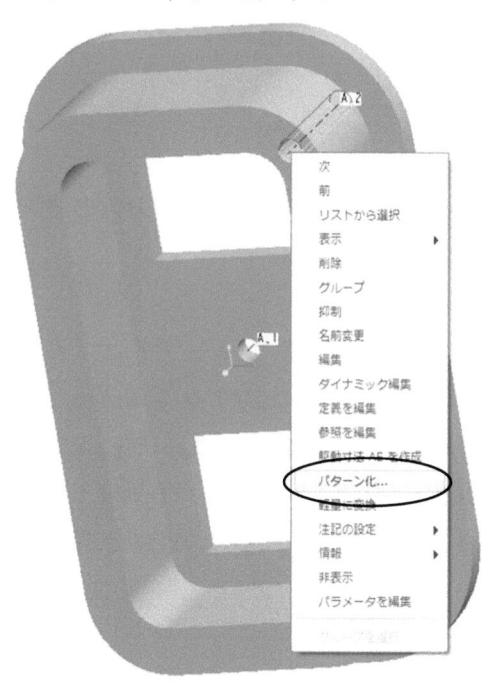

図 4.32 パターン化の選択

- ダッシュボード上の寸法ボタンをクリック．図4.33のような画面になる．
- メインウィンドウに移り，RIGHTデータム平面から穴の軸までの寸法値110(図4.33の①)をクリックする．次に寸法値を入力するウィンドウが出るので，そこに「−220」と入力する．
- ダッシュボード上に戻り，方向2の「ここをクリックし...」をクリック．

103

- メインウィンドウに移り，TOP データム平面から穴の軸までの寸法値 200(図 4.33 の②)をクリックする．寸法値を入力するウィンドウが出るので，今度は「−400」と入力する．

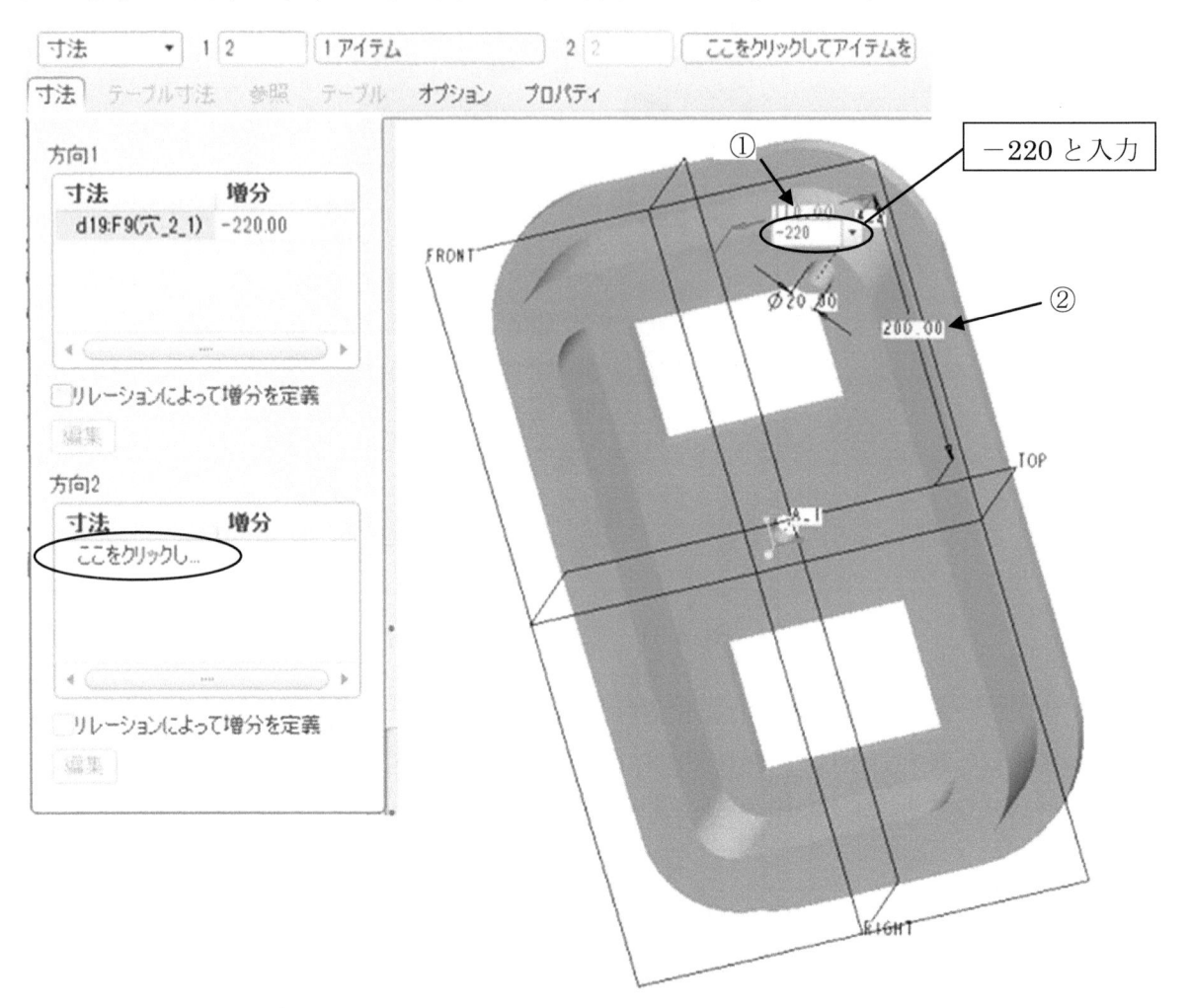

図 4.33　参照と増分値の選択

- ダッシュボードの寸法ボタンをクリックし，ポップアップメニューを閉じる．
- 図 4.34 の丸で囲った部分両方とも，2 と入力する(最初から 2 となっている場合もある)．

※これは，パターン化後に作成される，各方向のフィーチャーの数を設定する部分である．共に 2 と入力した場合，方向 1 にはパターン化後に穴が 2 つでき，方向 2 にはパターン化後に穴が 2 つできる．したがって，2×2=4 つの穴が作成される．文章のみでの理解は難しいので，入力する数字を 2，3 としてみるとよい．そうすると，方向 2 に黒い点が 2 つ増える．逆に，3，2 とすれば，方向 1 に黒い点が 2 つ増える．

図 4.34　ダッシュボードでのパターン化の設定

- 図 4.35 のように黒い点が 4 つ出る．これは複製の作成される場所を示している．

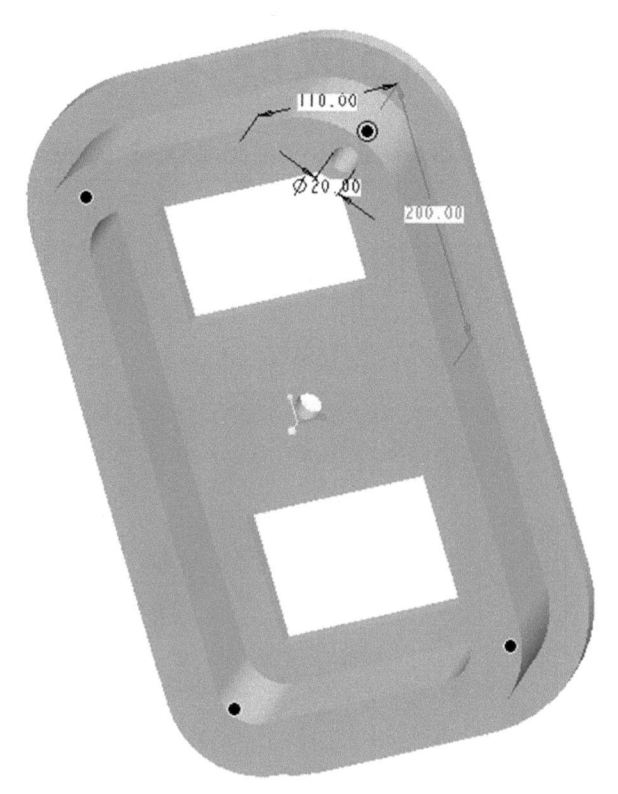

図 4.35 パターンの作成位置の確認

- 「フィーチャー完了」アイコン ✓ をクリック．図 4.36 のように，穴が 4 つに増えたモデルになる．

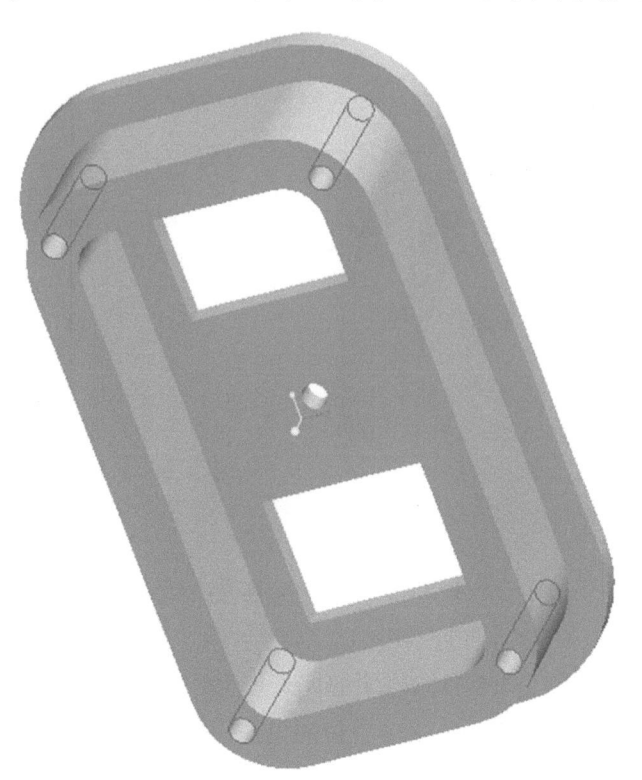

図 4.36 パターンが追加されたモデル

15. ファイルの保存

- 安全のため，ここでファイルの保存を行う．名前はそのまま．

Ⅲ．CAM 射出成形シミュレーション

課題4：PLASTIC Advisor を用いて射出成形シミュレーションをする．

　PLASTIC Advisor とは，プラスチック射出成形のシミュレーターである．これによって，射出成形品における一般的な問題(気泡の発生箇所・ウェルドラインの場所など)を解析することができる．結果によって，材料の変更をしたり，ゲートの位置を変えたりする．

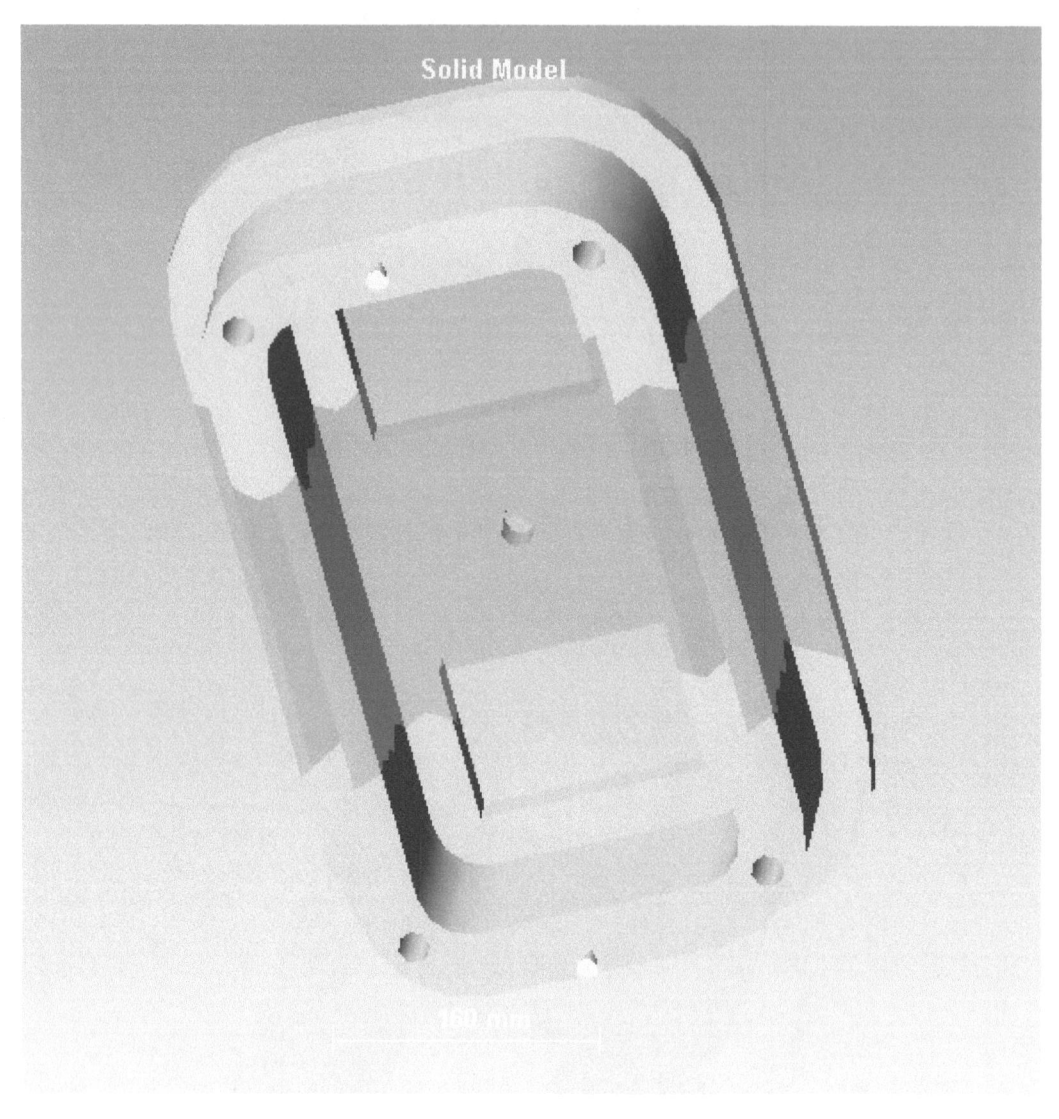

図 4.37　モデルの解析の結果

　課題3で作成したモデルをそのまま使う．まず解析アプリケーション PLASTIC Advisor を起動させる．メインウィンドウ上のメニュー[アプリケーション]の中から[Plastic Advisor]を選択する．
　メニューマネージャの[実行]をクリックする．すると，「PLASTIC Advisor」ウィンドウが立ち上がる．このとき，「警告」ウィンドウが出てくることがあるが，これは OK ボタンを押して閉じてよい．「選択」ウィンドウについても，OK ボタンを押すことにより閉じる．

　次にシミュレーションの手順を示す．大まかな流れは，

1. ゲートの位置を決める
2. 解析の設定をする
3. 解析を実行する
4. 解析結果を表示する

である．では，以下に操作方法について述べる．

1. ゲートの位置を選択する

- 「Polymer Injection Location」アイコン をクリック．
- メインウィンドウ内のモデルにおいて，ゲート点をクリックする．
- 黄色い円錐型の印が入る．これがゲート位置となる(図 4.38 参照).

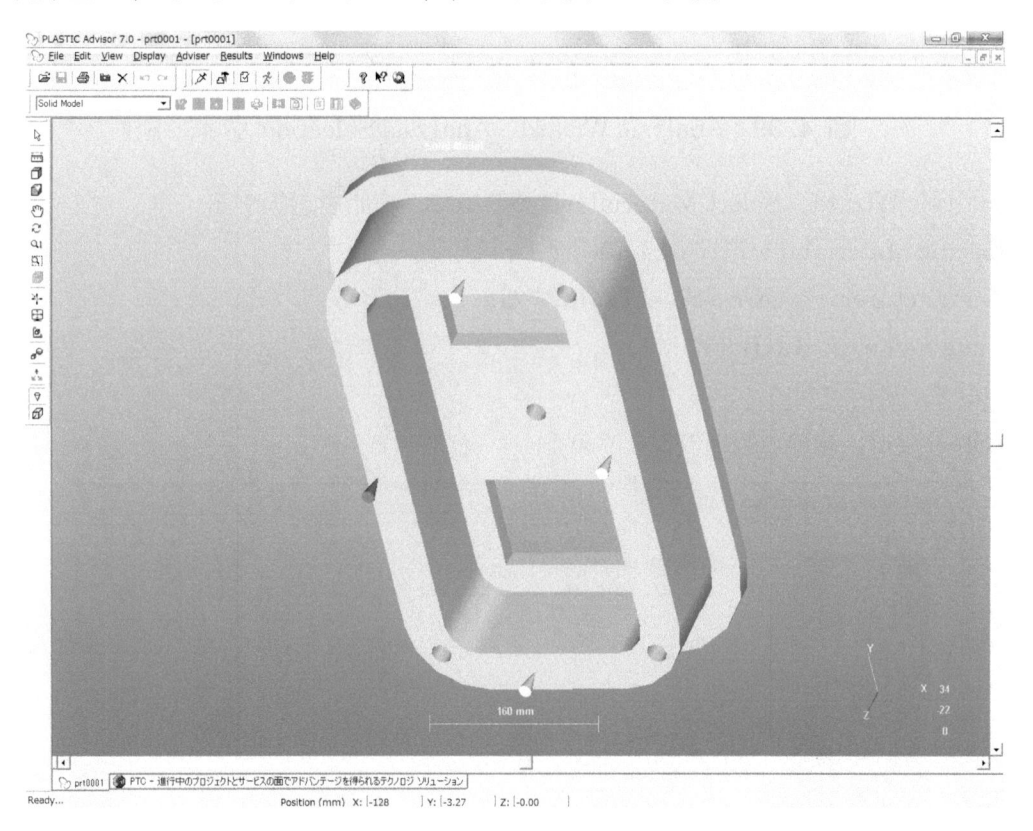

図 4.38 ゲート位置の選択

2. 解析の設定をする

- 「Analysis Wizard」アイコン をクリック．
- ＜Plastic Filling＞にチェックを入れて，次へボタンを押す(図 4.39 参照).

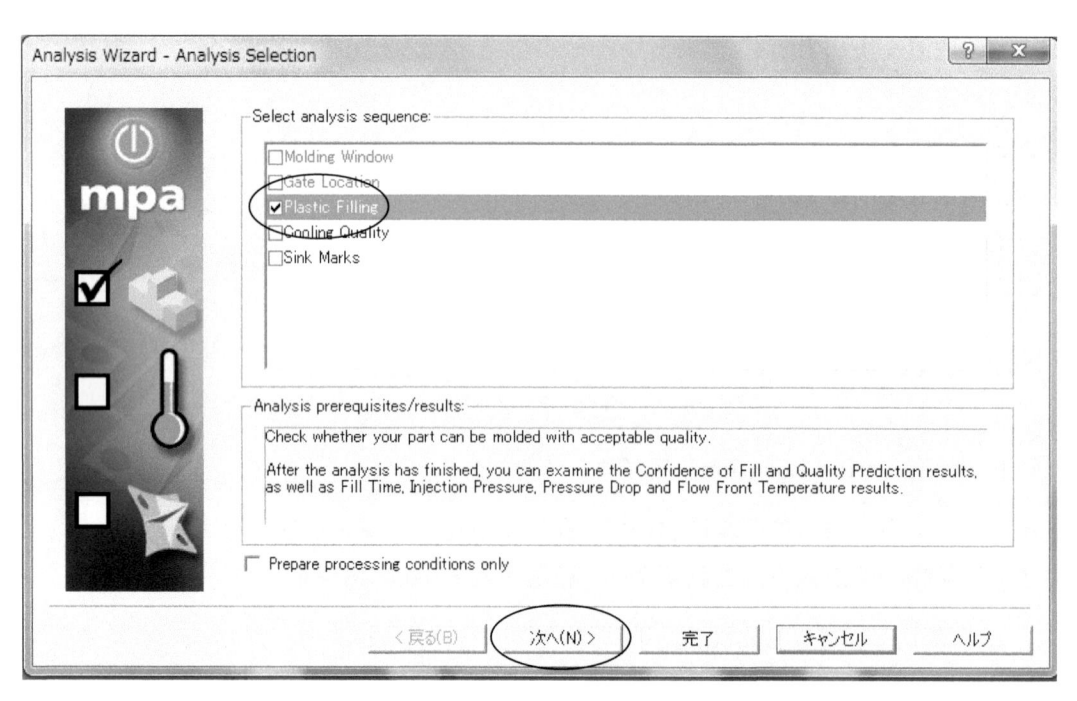

図 4.39　Analysis Wizard – Analysis Selection ウィンドウ

- 「Analysis Wizard – Select Material」に移るので，樹脂を選択する．
- ＜Specific Material＞を選択(図 4.40 参照)．
  ＜Manufacturer＞を[Kobe Steel Ltd]にする．
  ＜Trade name＞は[LNB-907]になる．その下のチェックは外す．
- 次へボタンを押す．

※Kobe Steel とは，㈱神戸製鋼のことである．

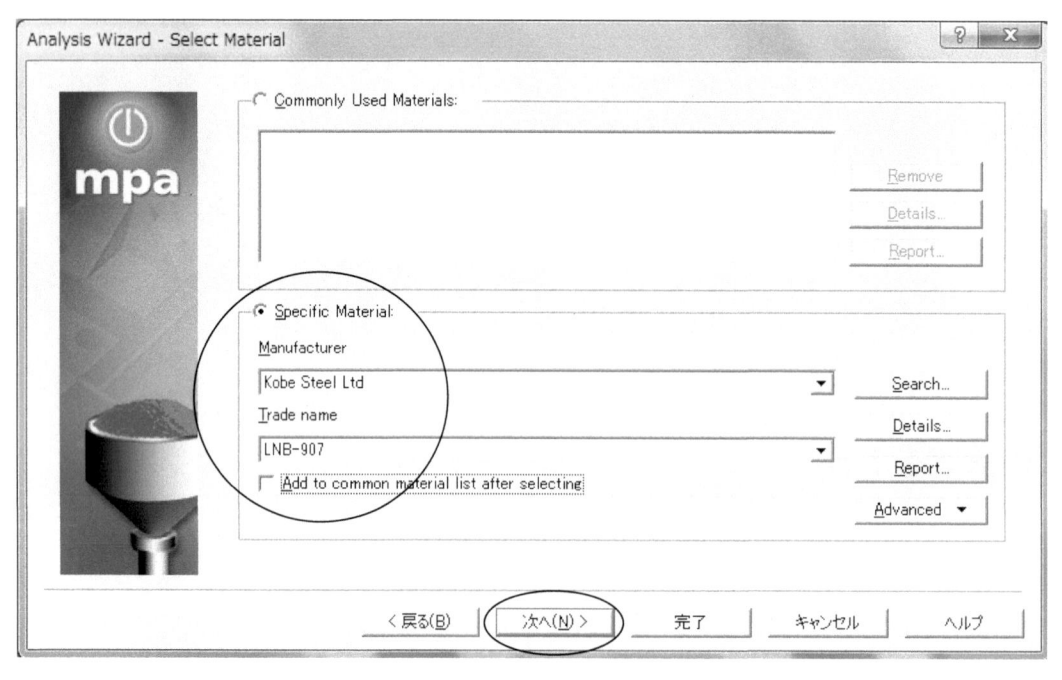

図 4.40　Analysis Wizard – Select Material ウィンドウ

- 「Analysis Wizard – Processing Conditions」に移る．
- ここでは，射出圧力や射出時の温度を設定できる．[ ]に下限，上限が示されているので注意する．

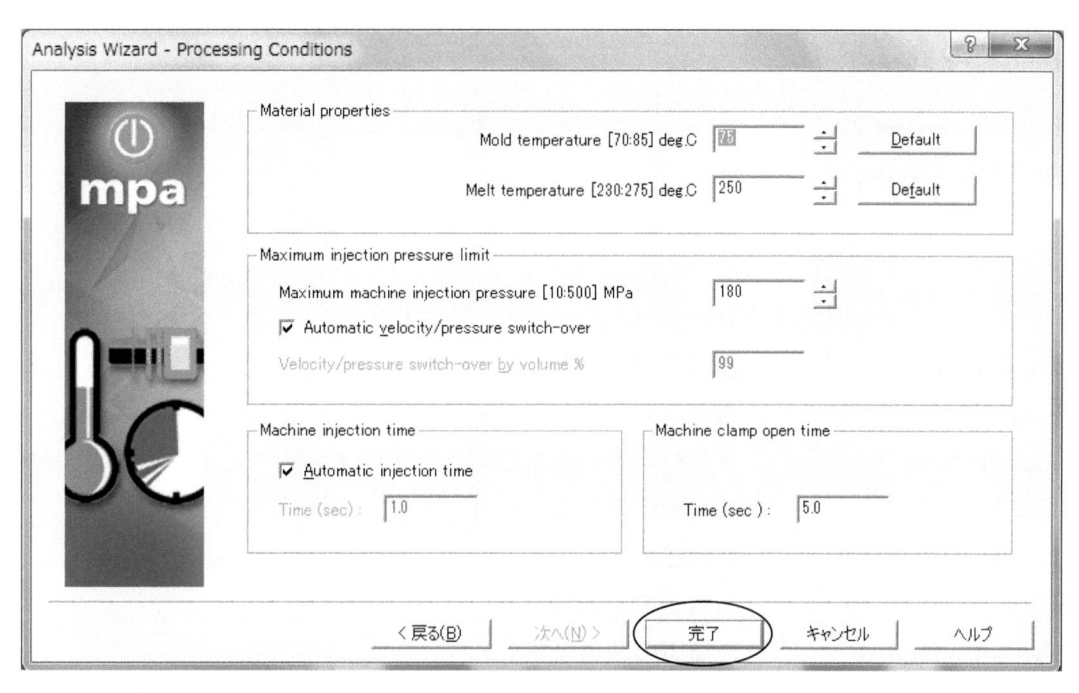

図 4.41　Analysis Wizard – Processing Conditions ウィンドウ

3. 解析開始(アニメーション表示)

- 最初は，何も変えずに 完了 ボタンを押す．
- 完了 ボタンを押すと解析が始まる．
- 結果(「Result Summary ウィンドウ」図 4.42)が表示されるまでは解析中なので，その様子を観察しておく．
- 結果が表示されたら，「Result Summary」ウィンドウの Close ボタンをクリックし，ウィンドウを閉じる．

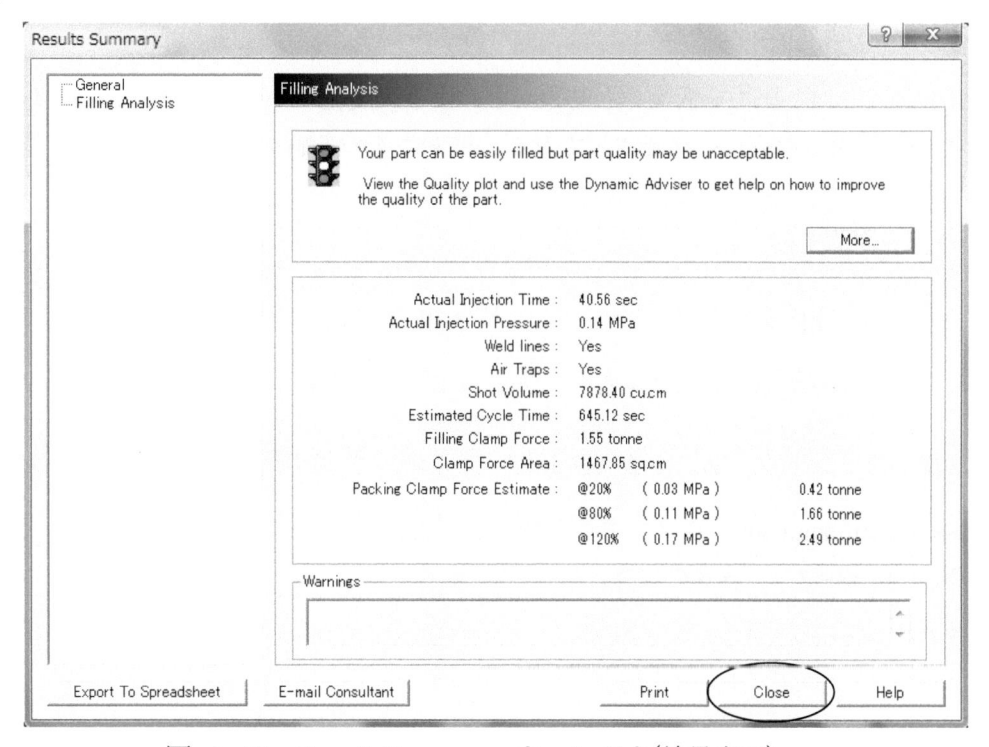

図 4.42　Result Summary ウィンドウ(結果表示)

109

4. 解析結果の表示

　解析が完了したので，結果についてさまざまな検討ができる．以下のメニューやアイコンを使って，結果について考察する．

● ウィンドウ左上のポップアップメニュー
　ポップアップメニュー［Result Types］を変えて結果を考察する
- Solid Model　　　　　：通常のソリッドモデル
- Glass Model　　　　　：透明なモデル
- Plastic Flow　　　　　：プラスチックの流れ（アニメーション表示）
- Fill Time　　　　　　：充填時間の予測
- Injection Pressure　　：射出圧力
- Flow Front Temp　　：充填時の表面温度
- Pressure Drop　　　　：充填時の圧力低下
- Skin Orientation　　　：樹脂の流れる方向
- Confidence of Fill　　：充填可能性
- Quality Prediction　　：充填の評価

● Weld line Locations アイコン

　ウェルドラインの位置予測

● Air Trap Locations アイコン
　気泡の位置予測

5. 射出成形の状態を変更する

　ゲートの位置や温度、圧力を変えると結果がどのように変化するか確認する．位置を変えた場合や，ゲート点を増やした場合をそれぞれ確認してみる．以下にその手順を示す．

5.1　ゲート点を削除する

- ウィンドウの左側にある「矢印」アイコン をクリック．
- 配置済みのゲート点をクリックすると，赤くハイライトする．
- その状態でウィンドウ上部にある「Delete」アイコン を押すか，Delete キーを押す．
- 「Unsaved Information」ウィンドウが開くが，これは いいえ ボタンをクリック．ゲート点が削除される（図 4.43 参照）．データの保存については後述．

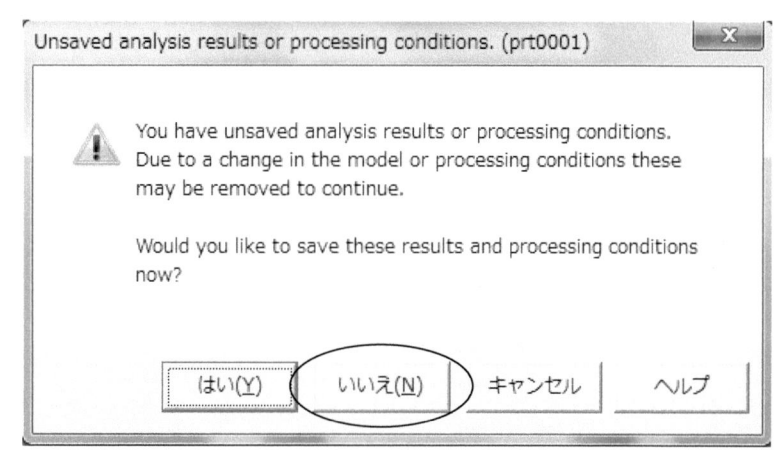

図 4.43　Unsaved Information ウィンドウ

- 同様にして他のゲート点を削除する．

5.2　新たなゲート点を作成する
- 新たなゲート点を作成する．手順は工程 1 と同様．

5.3　再び解析する
- 工程 2 以降と同様．

6. 結果を html ファイルにする

　Plastic Advisor は，結果を html 形式で出力することができる．以下に手順を示す．

- 「Generate Report」アイコン をクリック．
- Report Wizard が現れる．何も変えずに次へボタンをクリック(図 4.44 参照)．

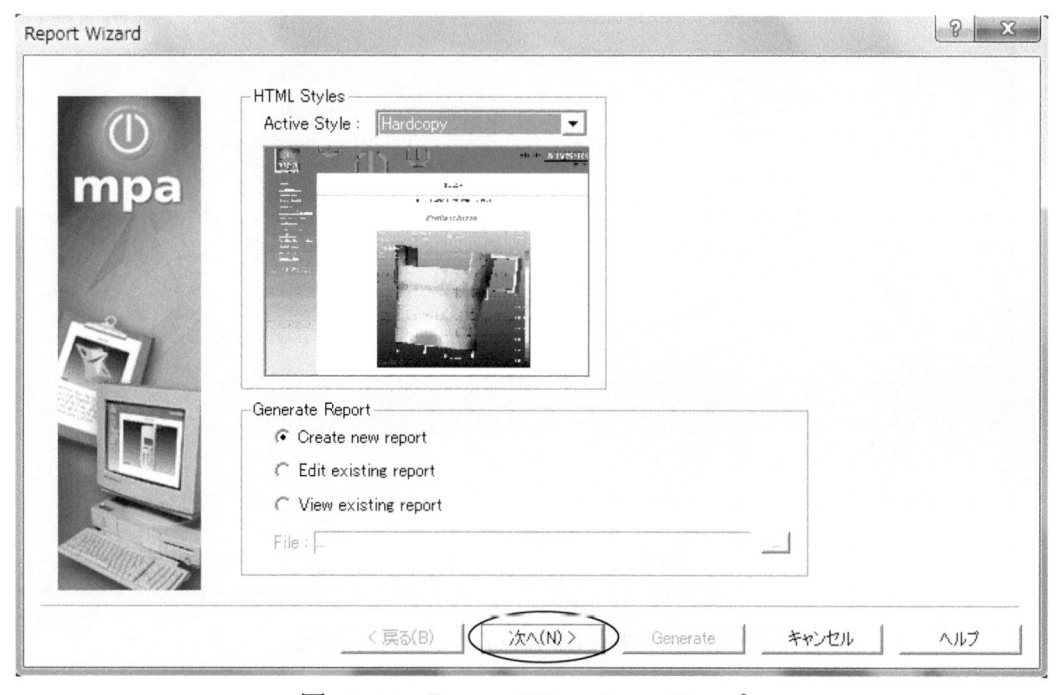

図 4.44　Report Wizard　ステップ 1

111

- 次ステップでは，タイトルや解析者の名前(自分の名前)などを入力し，次へボタンをクリック(図 4.45 参照)．入力は必須ではない．

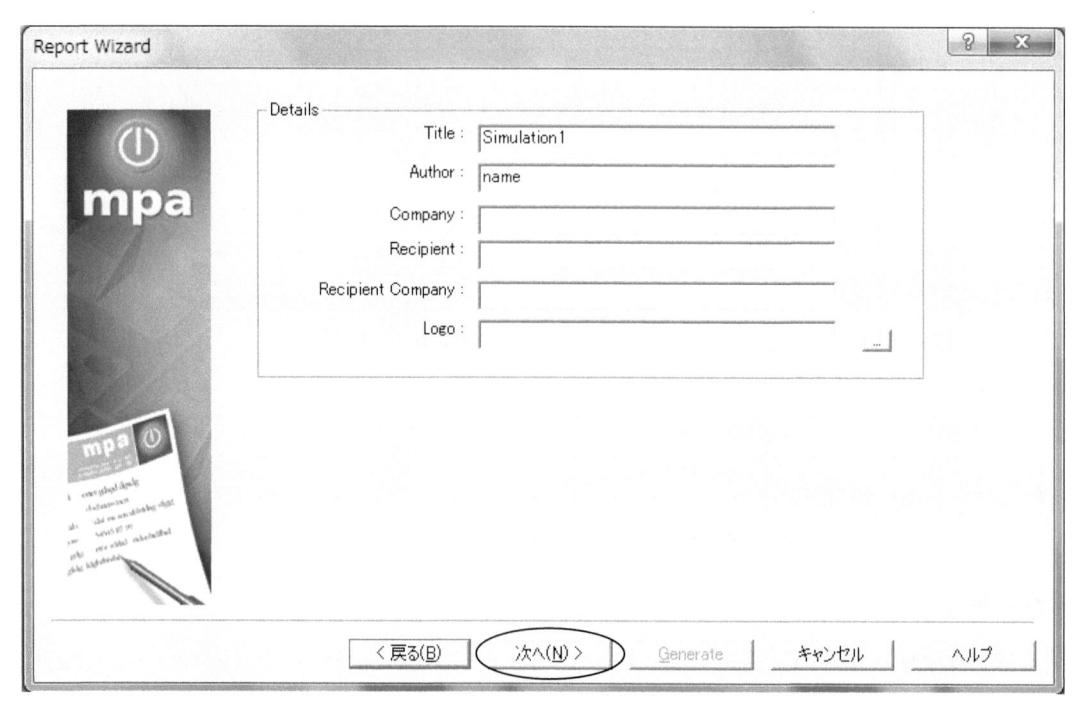

図 4.45 Report Wizard ステップ 2

- 更に次のステップでは，結果を選択する．不要な結果は Remove ボタンで削除して，図 4.46 にある 8 項目だけにして，次へボタンをクリック．

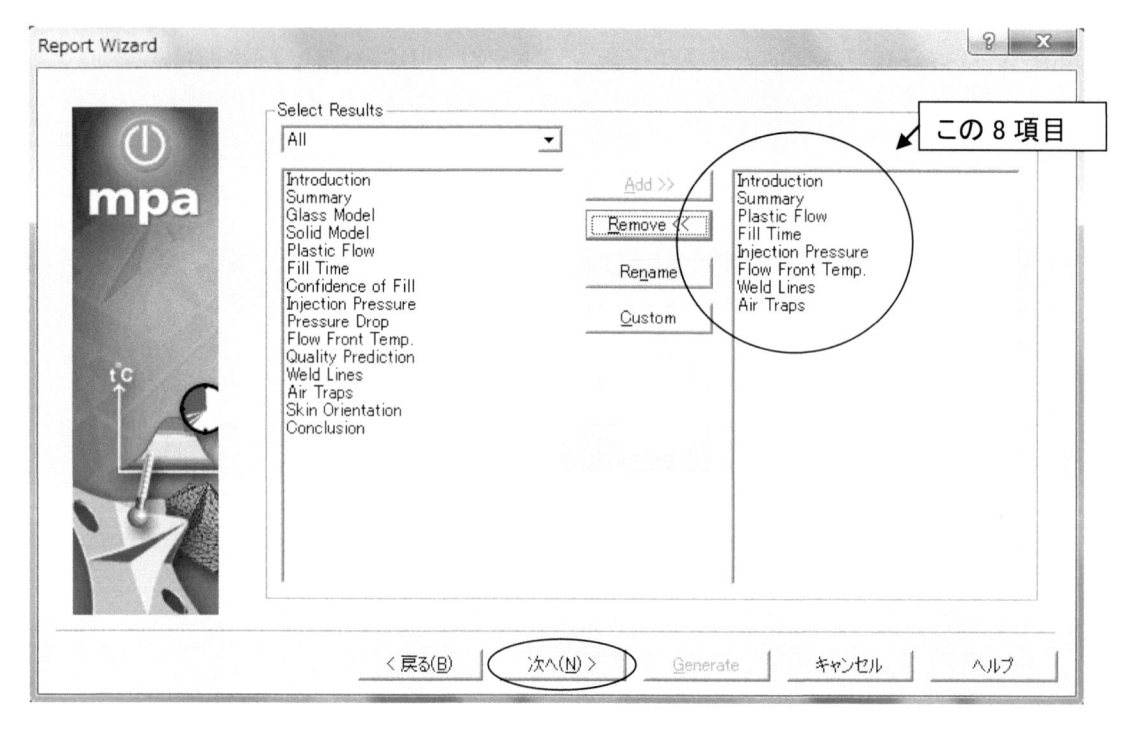

図 4.46 Report Wizard ステップ 3

- ここのステップでは，何も変えずに $\boxed{\text{Generate}}$ ボタンをクリック．

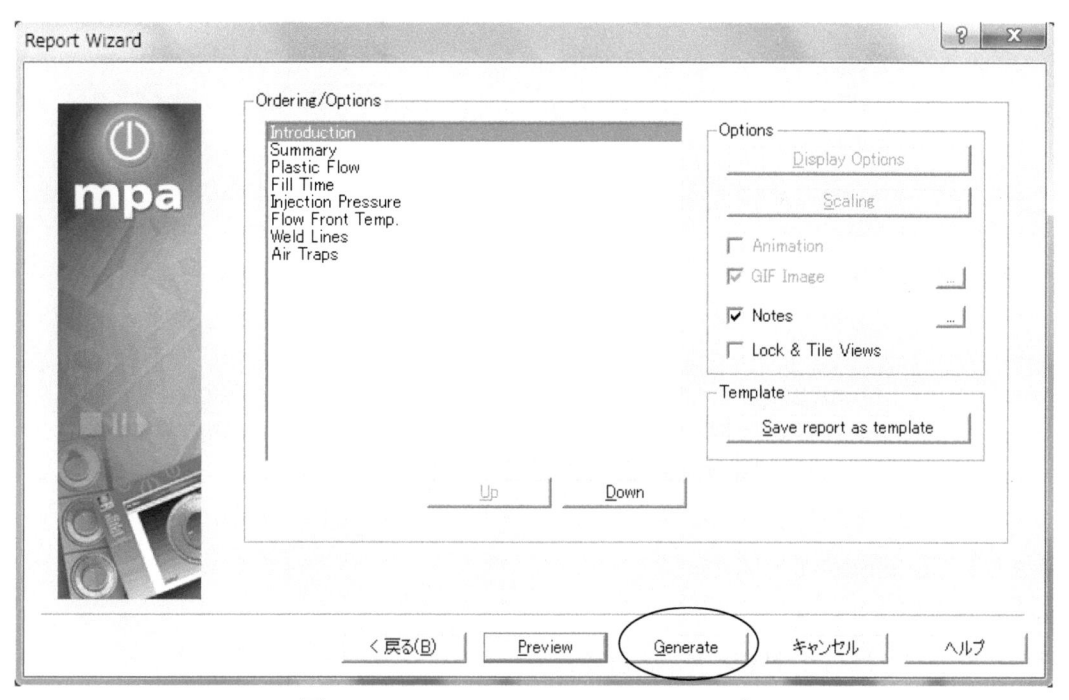

図 4.47　Report Wizard　ステップ 4

- ファイルの保存場所を指定するウィンドウが出る．図 4.48 の ▼ を押すと一覧が出てくるので，その中から monday を選択する（火曜日の人は tuesday を選択する）．

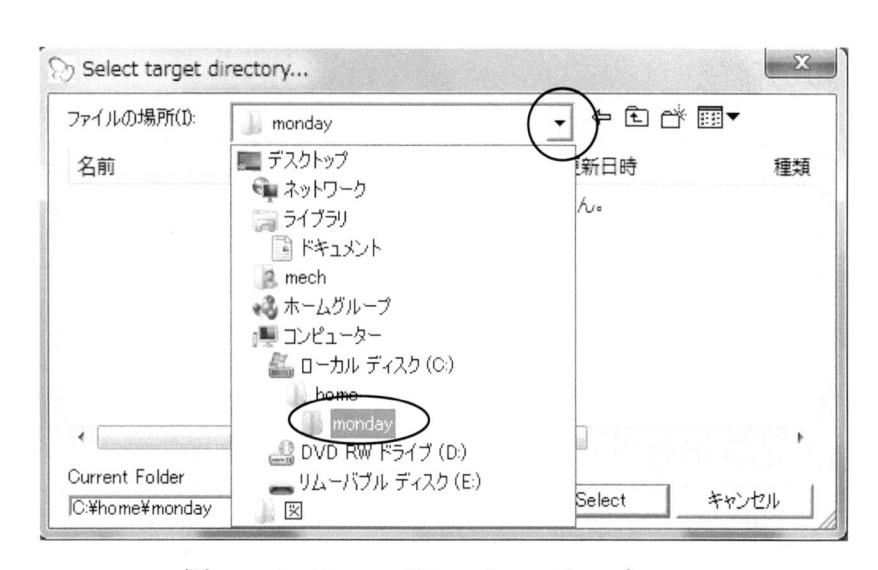

図 4.48　Report Wizard　ステップ 5

- 次に，図 4.49 の アイコン をクリックし，「Simulation1」と名前をつける．

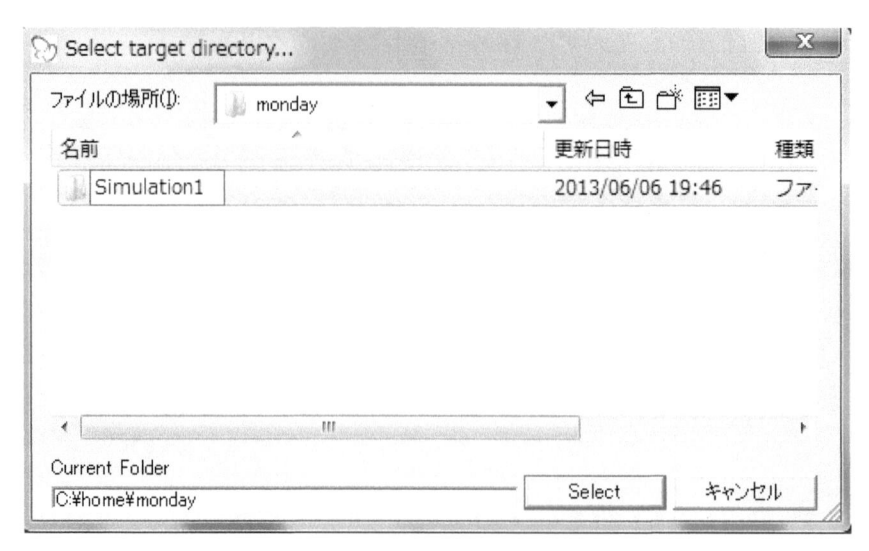

図 4.49　新規フォルダの作成

- 今作成した Simulation1 を開く．
- $\boxed{\text{Select}}$ ボタンをクリック．
- 計算が始まり，しばらくすると表示される．

※以降，条件を変えてシミュレーションを行い，結果を保存する際には「Simulation2, 3, …」という名前の新規フォルダを作成して，その中に保存すること．

7. できたファイルの確認

Home フォルダの中に自分で作成したファイルが存在するか確認をする．

8. メディアに結果を保存

工程 7 で確認した後，各自データをメディア(USB メモリ，CD−R など)に保存する．

9. PLASTIC Advisor の終了

アプリケーション PLASTIC Advisor を終了させる．確認ウィンドウが出るが，ここは$\boxed{\text{いいえ}}$ボタンをクリックして終了する．これで，Creo の画面に戻る．

10. Creo Elements Pro 5.0 の終了

Creo Elements Pro 5.0 を終了させる．確認ウィンドウは$\boxed{\text{いいえ}}$ボタンをクリックする．

5章 CAM

―NC加工プログラムの生成―

第4日目

I. CAM概論2

1. はじめに

工作機械を用いた加工では大抵 NC(数値制御)を利用する．そこで CAD 情報から NC 用プログラムの自動作成を本実験では行ない，作成されたプログラムの内容を確認してみる．

2. NCとは

NC はアメリカにおけるプロペラ形状検査の技師によって考え出された．当時，プロペラの製造は，勘で加工され，加工後に触針を手で動かす方法で形状検査を行なって誤差を計測し，しかる後にその誤差を修正して精度の高いプロペラを作成するという手順で行なわれていた．しかしながら，プロペラの形状を触針測定する作業は人手で行なうにはあまりにも面倒で忍耐のいる仕事であった．そこで，測定検査の自動化が目論見られたわけである．それは触針をモータで移動させて計測を行なうという方法で，移動の方向や速さはコントローラで制御するという概念であった．この概念に対して、触針の先を工具に交換してみたらというアイデアが生まれた．今まで人手と勘に頼って作っていたプロペラが、自動加工できるのではないかというアイデアである．これが，そもそもの NC の発案であった．したがって，NC は開発当初からプロペラのような3次元形状の加工を対象としていた．

さて、制御対象を機械的な位置とか速度にとった場合のフィードバック制御をサーボ機構というが，1948年にアメリカのサーボ機構研究所で NC 工作機械の開発が始まり，1952年には一号機が MIT で完成された．その10年後には，図5.1に示すような5軸制御マシニングセンタが宇宙航空機分野の部品加工のために開発され、現在は航空機産業をはじめ、金型産業など様々な機械産業で5軸機が活用されている．

さて，NC 工作機械では主軸(切削速度を得るための運動を与える軸)，送り軸(加工領域を広げるための運動を与える軸)に対して，同図のサーボ機構を使う．検出器にはロータリエンコーダなどの回転検出器を用い，機械本体とテーブルの摺動面には滑り案内(油膜圧力による支持)やリニアガイド(転がるローラ等による支持)の用いられることが多い．テーブルは，同図に示すような，ネジとナットの間にボールを挿入して，両者間のガタを極力無くしたボールネジが用いられていたが、最近は，超伝導で有名なリニアモータが使用された工作機械が使われる場合も多くなってきた．また，図5.1の直交する主軸，送り軸(シリアルメカニズム工作機械と呼ばれる)ではなく，逆六角錐の稜線に対してサーボ機構が配置され、最下点に主軸(プラットフォーム)が支持されたパラレルリンク工作機械が自動車の量産加工ラインなどで実稼動するようになっている．本実験では図5.1の構成にあるような標準的な工作機械を対象とした NC 用プログラムを，CADCAM ソフトを用いて自動作成する．しかしながら，実際の工作機械は必ずしも同図と同一の構成ではない場合がある．また同一構成である場合でも細部が異なり，その結果，質量や加減速度が違ってくるので発生する慣性力が異なり，そのために CADCAM ソフトで自動作成した NC 用プログラムでは実工作機械の最大能力(精度や生産性)を発揮できない場合がある．そこで，多くの工作機械では自動作成した NC 用プログラム(あるいはその代替プログラム，章末の注に記載の STL データなど)をポストプロセスとして，あるいは実加工時にプログラムを先読みして，使用される工作機械に最適な NC データ(および運動制御データ)に変換することがなされる．

プログラムの説明に入る．まず，座標系について最低限知っておくべきことを記す．図5.2には図5.1に示

した工作機械の3軸座標系を掲げた．座標系は右手系であり，テーブルの左右を X 軸，コラム前後を Y 軸，主軸ヘッドの上下を Z 軸とする．この座標系のもとで NC 用のプログラムが作成される．CADCAM ソフトでは部品座標系で加工に必要な工具先端位置と工具軸の向き(CL データ)が計算される．次いでポストプロセスで，それが図 5.1，5.2 に示される機械系の直交 3 軸と回転 2 軸(A,C)で表現される G コードプログラム(NC データ)に変換される．したがって，NC 用のプログラムでは工具(カッター)の動かし方を中心に考えることになり，部品座標系，機械座標系，など，いろいろな座標原点が用いられる．その中で，機械のドックとリミットスイッチによって決定される固定点があり，多くの場合この固定点は，X 軸はマイナス端，Y，Z 軸はプラス端に設定されるが，これを機械座標系の機械原点と呼ぶ．CAD 図面で用いた部品座標系の原点とは異なり，機械操作上注意が必要となる座標系の原点である．

　産業用 CAM システムは当初図 5.3 に示す 3 軸加工を対象としていたが，その後，3＋2 軸，そして同時 5 軸加工へと進歩してきた，本実験では 3 軸加工を対象とするが，3＋2 軸加工，同時 5 軸加工の利点についてここで簡単に触れる．3＋2 軸加工の 3 軸加工に対する利点は，加工物の段取り替えが減らせること，図 5.4 に示すように，深い立ち壁の加工時に工具長の短縮(振動抑制に役立つ)が行えること，ボールエンドミル加工時に工具の(切削速度が 0 とならない)最適な角度部分が使えること，などが挙げられる．同時 5 軸加工の利点は，前者に加え，(3＋2 軸加工の欠点である)ひとつの面内で工具姿勢を変えた時に生じる加工段差[*]が生じないように，図 5.3 に示すように加工物に対する工具姿勢をなめらかに変化できること，テーブルや取り付け具との衝突(干渉)防止のための自由度が，加工中でも動的に姿勢を変えることができるので広がること，などである．（* ボールエンドミルのボール部分は完全な真球には作れない．使用中に工具摩耗が生じる．）

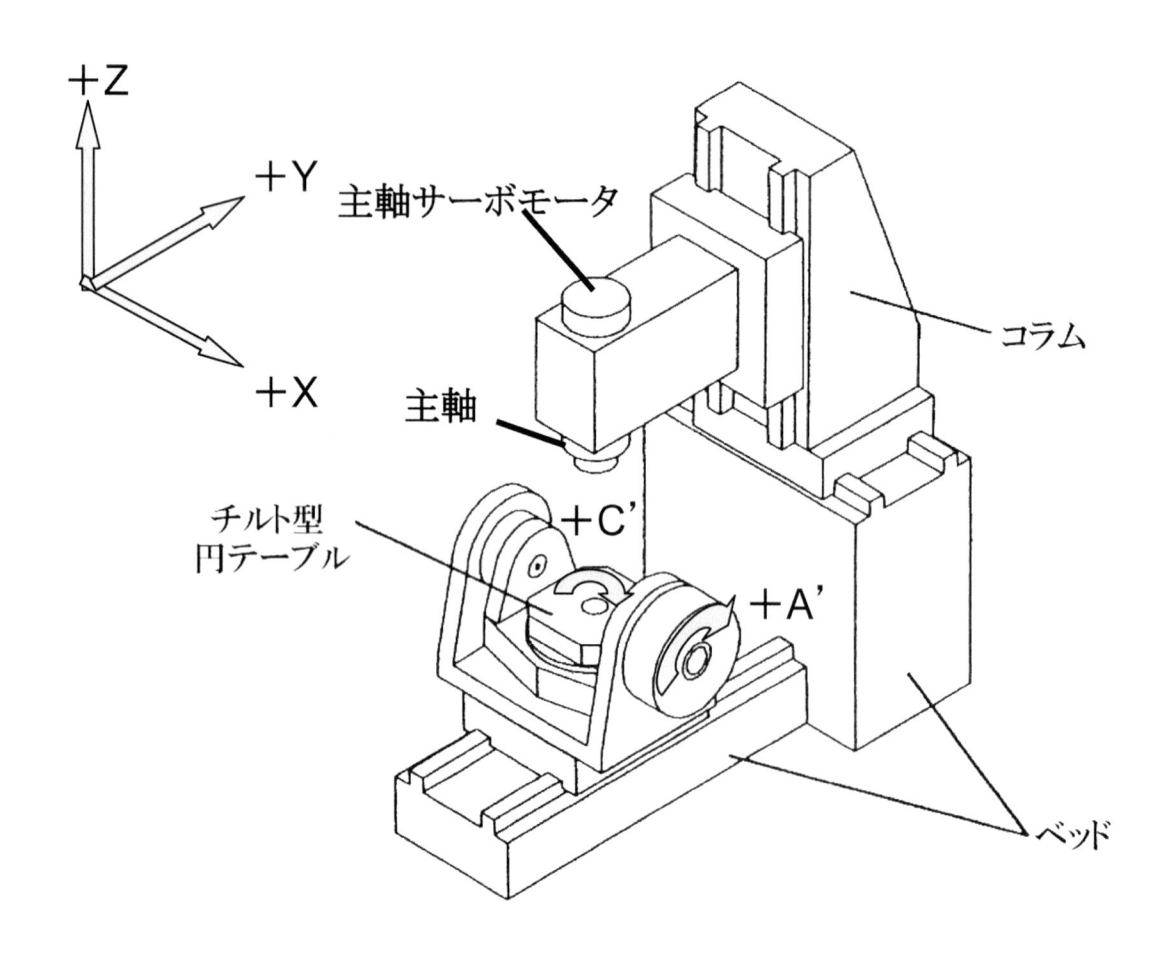

図 5.1　NC 工作機械の送り機構

機械原点はドックと
リミットスイッチによって
決定される固定点.
X軸は－端, Y軸及びZ軸は
＋端に設定されている

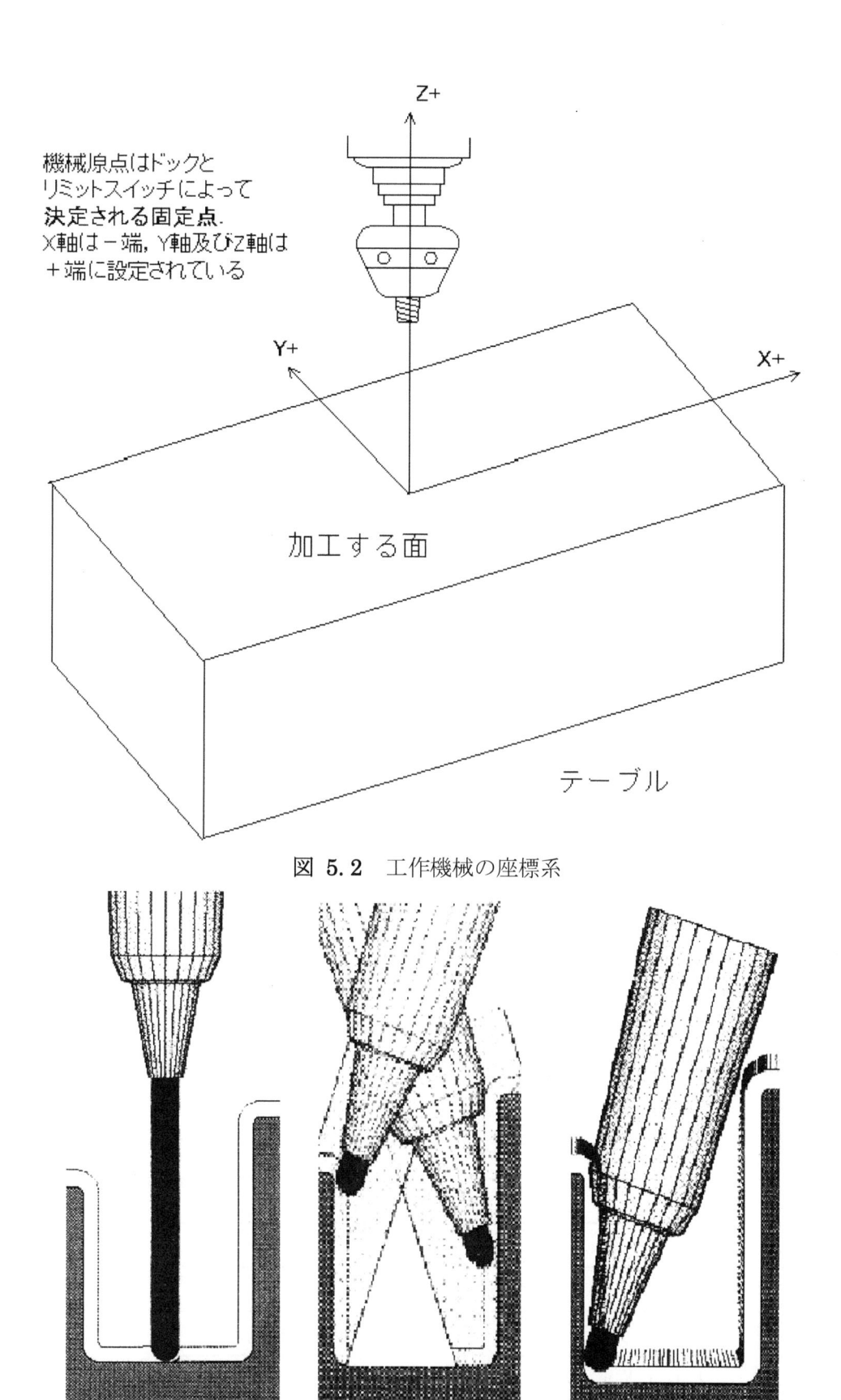

図 5.2　工作機械の座標系

図 5.3　3軸, 3+2軸, 同時5軸加工の比較

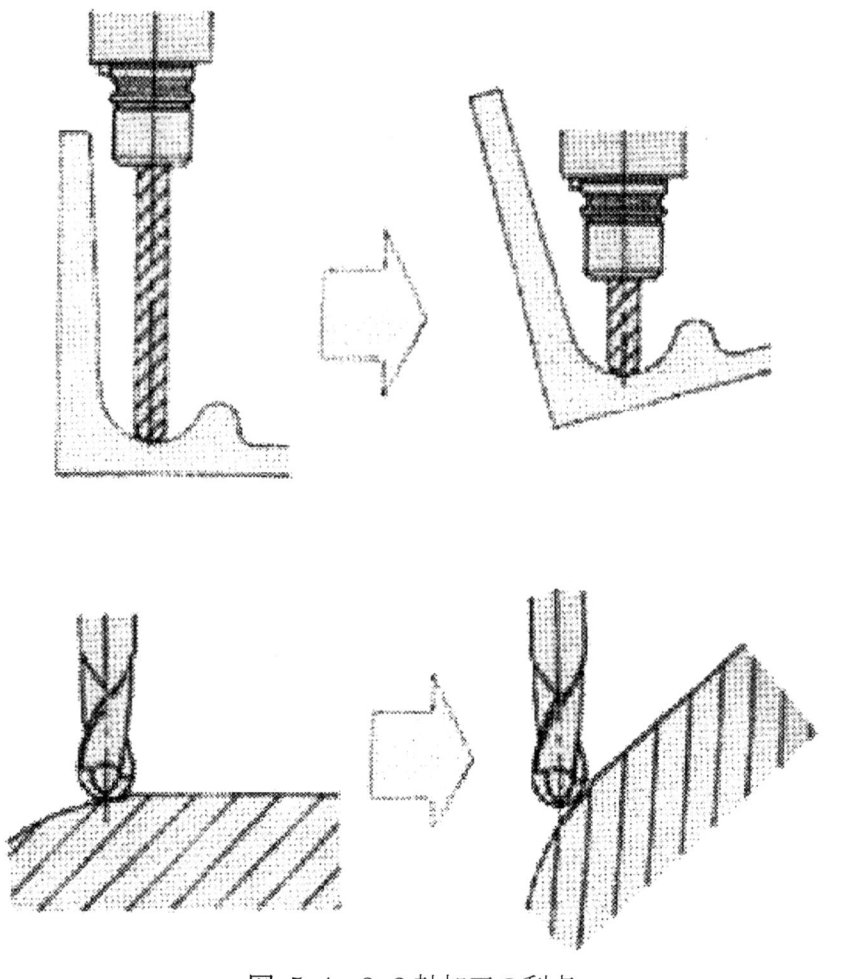

図 5.4 3+2軸加工の利点

3. プログラムの形式

Gコードプログラム(NCデータ)は幾つかの指令によって構成される．その1指令の単位をブロックと呼んでいる．ブロックの終わりはセミコロン(;)である．ブロックを構成する要素はアドレスとそれに続く何桁かの数値であり，アドレスはアルファベット(A～Z)の1文字である．本実験で使われるアドレスとその意味を表5.1に示す．

表5.1 アドレス

O	プログラム番号
N	シーケンス番号
G	準備機能：動作のモード
X, Y, Z	ディメンジョン：座標軸の移動指令
I, J, K	ディメンジョン：円弧の中心座標
F	送り速度 (mm/min)
S	主軸回転数 (rpm)
T	工具番号の指定
M	補助機能：ON／OFF制御の指定

NCは幾つかのプログラムを同時にメモリに登録することができる．そこでメモリ内でプログラムを区別するためにプログラム番号をアドレスO(オー番号という)で指定するようになっている．したがって，プログラムはO番号から始まる．通常，O番号がない場合にはメモリ登録時にアラームとなる．図5.6にプログラム例を示す．ただし，O番号とセミコロンは煩雑なため省略した．

O番号の次のブロックからはシーケンス番号をプログラムの目印のために付けることができる．図5.6はシーケンス番号が省略された場合である．

シーケンス番号の後ろに続くGは表5.1に掲げたように準備機能(G機能とかGコードとか呼ばれる)である．GコードはGのアドレスに続く2桁の数値によって，そのブロックの命令がどのような意味を持つかを指定するものである．実験に出てくるGコードを表5.2に示す．Gコードの内容の詳細については後述する．

表5.2 Gコード

G00	位置決め（早送り）
G01	直線補間（直線切削）
G02	円弧補間／時計回り（円弧切削 CW）
G03	同上／反時計回り（円弧切削 CCW）
G54	ワーク座標系設定

Gコード以外に補助機能と呼ばれるものがある．補助機能には，表5.1に示されたMコード，主軸回転数の指定(S)コード，工具番号の指定(T)コードなどが含まれる．

MコードとはNC装置のプログラムの読み込みと工作機械のスイッチ動作を制御するコマンド(シーケンスプログラムに指令を与える命令)である．実験に出てくるコードを表5.3に示す．実験では出てこないが，たとえば，M12は無人運転で作業が終わったときに電源を落とす命令であり，M30は繰返し生産のときにプログラムの先頭に戻すときに使われる命令である．これらは，NC工作機械に適した作業を行なう場合に便利なコマンドとなっている．

表5.3 Mコード

M03	主軸正転（主軸モータ ON）
M05	主軸停止（主軸モータ OFF）
M06	工具交換
M08	切削液 ON
M09	切削液 OFF
M30	リセット＆リワインド（先頭に戻る）

なお，Sコードは，主軸回転数の指定であり，S＿で指定され，＿部にはrpm単位の回転数が入る．Tコードは，工具番号の指定であり，T＿で指定され，＿部にはマガジンのポット番号が入る．

4. プログラムの構成

NC用のプログラムは，次の2つの部分から構成される．

1) 部品形状に基づいた工具の運動経路情報
2) 工具の運動経路に属する加工技術的な情報

前者 1)は実験で用いるソリッドモデルから算出される．算出の際に，工具補正が行われる．加工に使用される工具は太さや長さが様々に異なるので，工具ごとに工具の中心が通る軌道は図5.5の実線とは異なり，工具補正された軌道を通過すべきである．太さや長さの補正値をCAD/CAMシステムに教え，自動的に工具ごとの実際の工具中心の軌道計算を行わせる必要がある．なお，早送りで各送り軸モータの最高速度を用いるタイプの工作機械の場合，早送りの軌道が同図に示すように直線とはならないので注意したい．

たとえば，図5.7-1において円形状Aを半径Rの工具で切削する場合，工具中心の通過する軌道はAから半径Rだけ離れたBでなければならない．このように工具をある距離だけ離すことをオフセットするという．したがって，BはAからRだけオフセットした軌道である．この軌道を作り出す機能を工具補正機能という．ボールエンドミルの場合は，ボール部分が真球だと仮定できるとき図5.7-2に示すような近似オフセット軌道を求める簡便な手法が知られている．

オフセットする場合，図5.8に示すように，工具の進行方向に対して左側にオフセットする場合と，右側にオフセットする場合が出てくる．どちらも同じではないかと思われるが，左側にオフセットする場合はダウンカットと呼ばれ，右側にオフセットする場合はアップカットと呼ばれるように両者は区別される．アップカットとは，スコップで土を放り上げるように，工具の刃が上を向いた切削であり，ダウンカットとは，ショベルカーがショベルで山を取り崩すような，工具の刃が下を向いた切削であるが，この違いは，切削における振動励起・仕上げ面性状に影響を及ぼす．通常は工具持ちが良いダウンカットが使用されるが，仕上げ面精度が問題になる場合にはアップカットが用いられる．ボールエンドミルを使用する場合，工具経路の設計時に考慮されると良い．

さて，図5.9に示すような2辺を切削する場合，直線切削G01を2ブロックで指定するが，X方向に進行する1ブロック目では工具は点Aで止まり，Y方向に進行する2ブロック目では点Bから切削が開始することになってしまう．そこでA-B間を連続的に加工するため，たとえば点Pを経由するような円弧切削の軌道を工具補正機能は生成する必要がある．実験に用いたCAD/CAMシステムではこれらの工具補正を自動的に行なう．ところが，先述したように実際の工作機械は機械ごとに加減速度が異なる．図5.9のAからBに進む場合，X方向の進行を減速してPに至るが，Pで停止すると生産性が下がるのでPで停止するのではなく連続的にY方向への進行を加速する方法が良い．ただし，この加減速の開始位置がA点前やB点後になってしまうと角が鈍化す(だれ)る．CAD/CAMシステムでは、実際の工作機械ごとに最適な運動制御となるようなNCデータは計算できない．そこで、各工作機械はNCデータを数ブロック分だけ先読みをして最適な運動制御データを機械自身で再計算するようになっている．この機能は自由曲面加工の際に威力を発揮する．

後者 2)の加工技術的な情報には次の①～⑤に挙げたものがあり，これらの情報は経験的に決められる．以下、本実験で指定する順序に近づけた形で簡単に説明する．

① 運動平面の指定：切削座標系，リトラクト（平面工作物から離れた安全な位置で工具が運動する平面に平行な面）などを決めること．
② 加工開始点の指定：工具の初期位置（開始点）などを決めること．
③ 工具（ツール）の指定：工具直径と工具長さ（工具チャックから下の長さ），工具材種，切れ刃形状などを決めること（コーナー半径を工具半径に等しくするとボールエンドミルとなる．工具摩耗による後退量を加味すると工具摩耗の補正機能となる）．
④ 運動方向の指定：NC シーケンス（工具経路；走査線方式，スパイラル方式，等高線方式など），アップカット／ダウンカットなどを決めること．
⑤ 加工条件の指定：工具（T コード番号）ごとにパラメータを決めること．パラメータには，切削送り（送り速度），ステップ深さ（切り込み量），ステップオーバー（ピックフィード量），スピンドル回転速度（主軸回転数），クリアランス距離（早送りを止めて，切削送りに切り替える，工作物表面からの距離）などを決めること．

なお，工具交換は M06 で実行されるが，実際の工具交換は自動工具交換装置（ATC）によって行われる．ATC は主軸についている工具を，T コードで指定された番号のマガジンについている工具と自動的に交換する．その工具交換の前後には次のような一連の動作指定があるので，これをプログラム構成の一例として示す．

1) 工具交換＆工具番号の指定　　M06　T__；　下線部にポット番号を入れる
2) 主軸回転＆回転数指定　　　　M03　S__；　下線部に回転数を入れる
3) 位置決め（早送り）＆切削液 ON　G00　M08；　ただし，クーラントが必要な場合

以下，加工プログラムが続く．

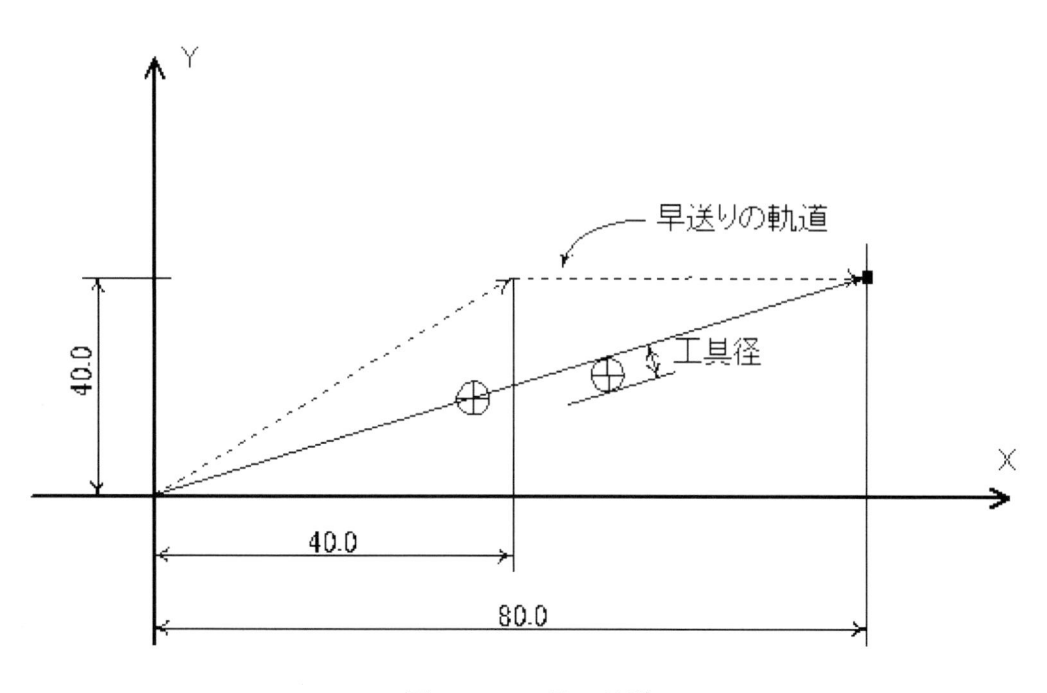

図 5.5　工具の軌道

```
%
G98G80G90G49G17
M6T1
M3S500
M8
G0X-200.Y-300.
G43Z10.H1
Z20.
X92.5Y-.838
Z1.
G1Z-20.F20.
Y.838
G2X89.5256Y0.I-22.5J74.162
G1X82.09Y.9809
G2X70.Y0.I-12.09J74.0191
X82.09Y-.9809I0.J-75.
G1X89.5256Y0.
G2X92.5Y-.838I-19.5256J-75G1X102.5
Y15.8392
G2X70.Y7.5I-32.5J59.1608
G1X-70.
Y0.
G2X-82.09Y.9809I0.J75.
G1X-89.5256Y0.
G2X-92.5Y.838I19.5256J75.
G1Y-.838
G2X-89.5256Y0.I22.5J-74.162
G1X-82.09Y-.9809
G2X-70.Y0.I12.09J-74.0191
G1Y7.5
G2X-102.5Y15.8392I0.J67.5
G1Y-15.8392
G2X-70.Y-7.5I32.5J-59.1608
G1X70.
G2X102.5Y-15.8392I0.J-67.5

途中略
G2X-103.5876Y-203.5876I0.J47.5
G1X-96.5165Y-196.5165
G2X-107.5Y-107.I26.5165J26.5165
G1Y170.
G2X-70.Y207.5I37.5J0.
G1X70.
G2X107.5Y170.I0.J-37.5
G1Y-170.
G2X70.Y-207.5I-37.5J0.
G1X-70.
G2X96.5165Y-196.5165I0.J37.5
G1X-107.1231Y-207.1231
G3X-70.Y-222.5I37.1231J37.1231
G1X70.
G3X122.5Y-170.I0.J52.5
G1Y170.
G3X70.Y222.5I-52.5J0.
G1X-70.
G3X-122.5Y170.I0.J-52.5
G1X-132.5
Y-170.
G3X-70.Y-232.5I62.5J0.
G1X70.
G3X132.5Y-170.I0.J62.5
G1Y170.
G3X70.Y232.5I-62.5J0.
G1X-70.
G3X-132.5Y170.I0.J-62.5
G1Z20.
M9
M5
M30
%
```

図 5.6 NCプログラムの例

5. 各コマンドの説明

5.1　G00 位置決め

　　G00　X__Y__Z__の指令により指定された軸は各軸とも早送り速度で移動し，位置決めが行われる．下線__部分には数値（最小入力単位の整数倍）が入る．数値には小数点（単位は mm）が使われる．小数点がある場合とない場合とでは，単位が異なるので注意が必要である．

　　　X1　　⇒　　X　0.001 mm（最小入力単位が 0.001 mm の場合）

　　　X1.　⇒　　X　1 mm

　　なお，続く指令が同じ場合には指令 G__を省略することができる．すなわち G コードが省略された部分にはそれ以前に指定された指令が継承される．

5.2　G01 直線切削

　　G01　X__Y__Z__F__の指令により直線切削が行われる．このとき，工具は直線上を F で指定された送り速度で動く．たとえば，G01 X80. Y40. F200 という指令では図 5.6 の実線上を工具中心が 200 mm/min で移動する．しかし，通常，X-Y 平面上の実線は工具の切削点が通過すべき軌道，すなわち加工品の完成幾何形状であるべき場合が多い．Z 座標は実験の工具では刃先先端が通過すべき軌道であるが，工具の中心が通る軌道は図 5.6 の実線とは異なり，工具補正された軌道である．自由曲面は本 G01 指令が大量に続く．すなわち，自由曲面を構成する曲線を多数の短い直線で近似するわけである．

5.3　G02 円弧切削

　　G02　X__Y__I__J__F__の指令は，X-Y 平面の円弧に沿った時計回りの切削である．このとき，X,Y は終点の位置座標が指定され，I, J は始点（現在位置）から円弧の中心までの符号付きの距離（I は X 方向，J は Y 方向）が指定されている．たとえば，図 5.7-1 に示すように第 4 象限（50., -50.）に中心のある半径 100 mm の一円を点 S (120.711, -120.711) から切り始める場合，G02　I-70.711 J70.711；と指令される．このとき，終点は始点と同じなので省略される．一般に省略された部分はそれ以前に指定された指令が継承されるので，終点には始点の座標が入っており，この場合，完全な一円となる．送り速度 F もその前に指定された送り速度が入っている．なお，G03 を用いた場合は反時計回りの切削となる．

　　自由曲面を近似する短い直線 2 本が作るコーナー部や自由曲面を近似する STL データの 2 つの三角形のなす辺を，本指令を用いた円弧で滑らかに結ぶ近似法がある．滑らかな自由曲面を加工する簡便な手法であるが，当初のコーナーとなる点を通過しない面になることには注意が必要である．

5.4　G54 ワーク座標系

　　NC 用のプログラムの原点は，加工品に対して適当な位置に CAD/CAM 内で指定する．たとえば，X,Y 座標の原点は加工品の中央であり，Z 座標の原点は加工品の上側表面に取られることが多い．

　　しかしながら，工作機械上の固定点である機械原点は各座標軸の端にあるので，機械原点とプログラム原点との差をオフセットしなければならない．

　　G コードにはこれを指定する指令がある．同指令により，ワーク原点オフセット量としてあらかじめ設定されていた量だけ，原点を機械原点から移動できる．図 5.10 に示すようにプログラム原点を機械

原点からX方向100.0 mm, Y方向に−100.0 mmの位置に設定したい場合，まず，ワーク原点オフセット量№01として同量をデータ入力しておく．ついで，NCプログラム中の実加工を開始する以前のブロックに，たとえばG54の場合にはG54を入れておく．そして，工作物を同位置にプログラム原点が来るようにテーブル上に把持する．

工作物を正確にテーブル上に把持することが困難な場合には，把持した後に正確なプログラム原点位置を指定できるように再度オフセット可能な機能（ローカル座標系G52）や工作機械に用意された工具補正機能（Z方向移動）などを利用する．これらは計測を行い，実値に慣れておくことが必要である．

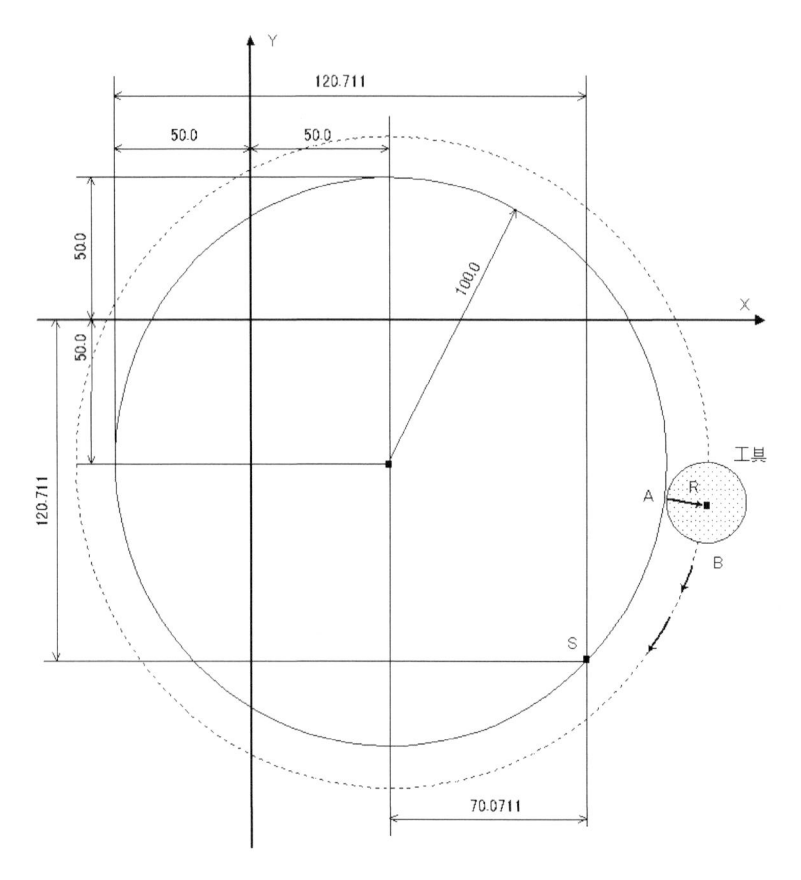

図 5.7-1　工具のオフセット

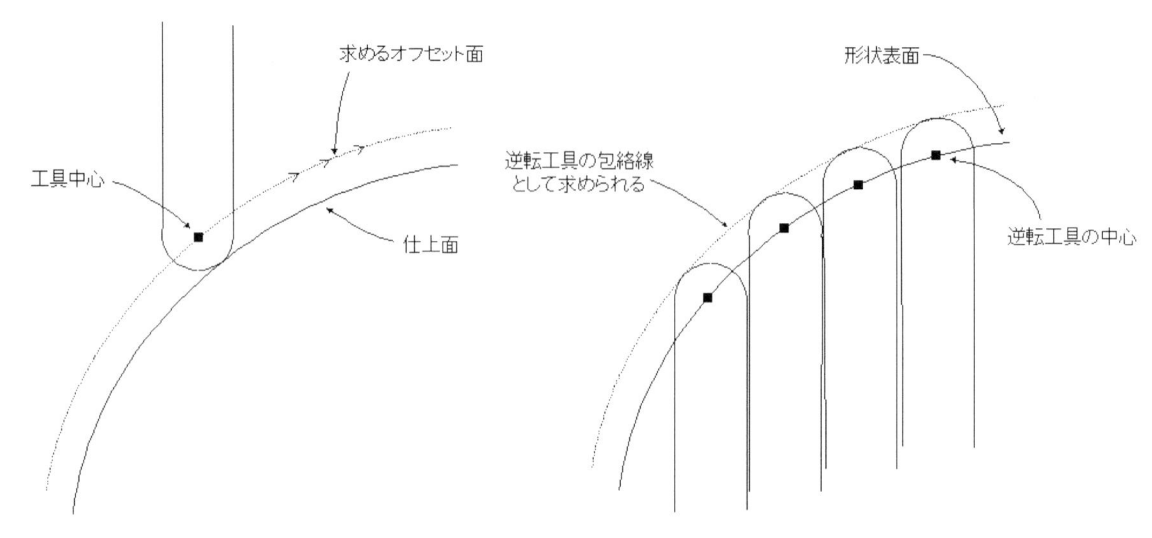

図 5.7-2　ボールエンドミルの工具補正

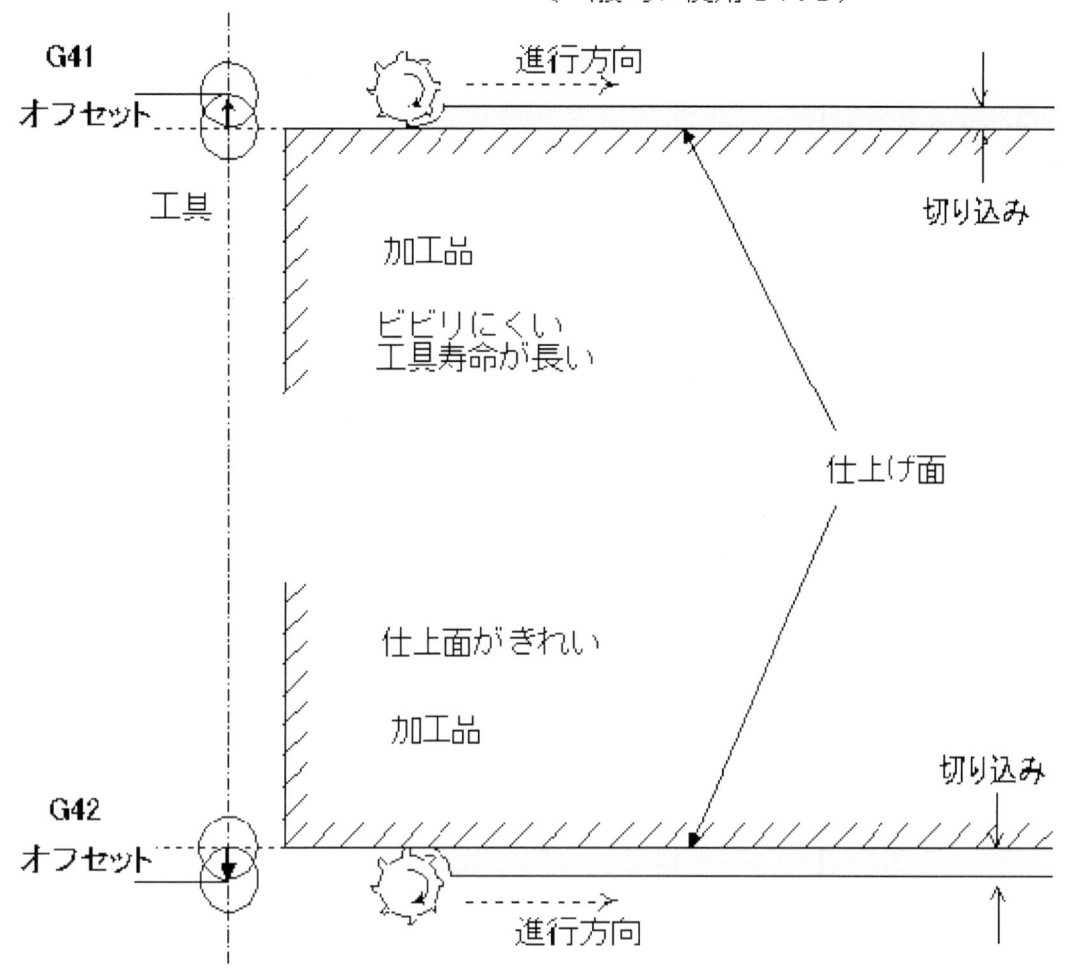

図 5.8　ダウンカットとアップカット

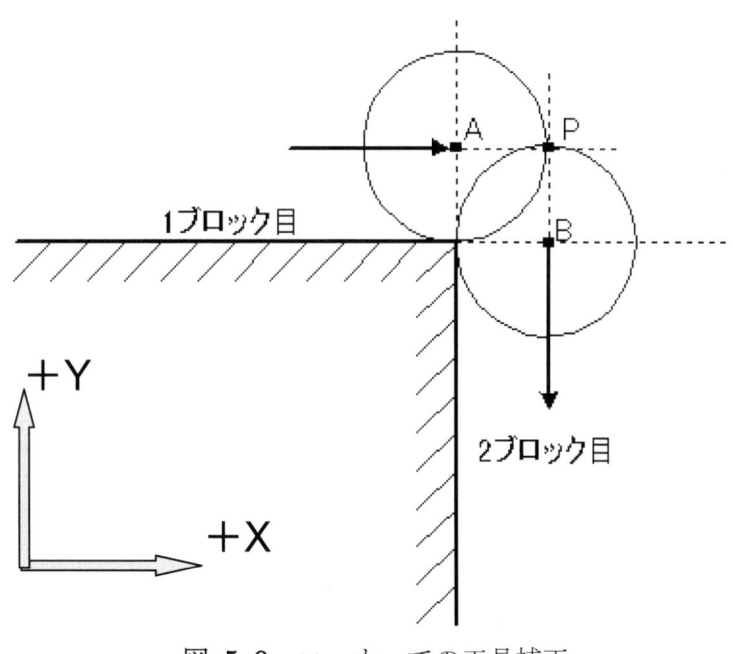

図 5.9　コーナーでの工具補正

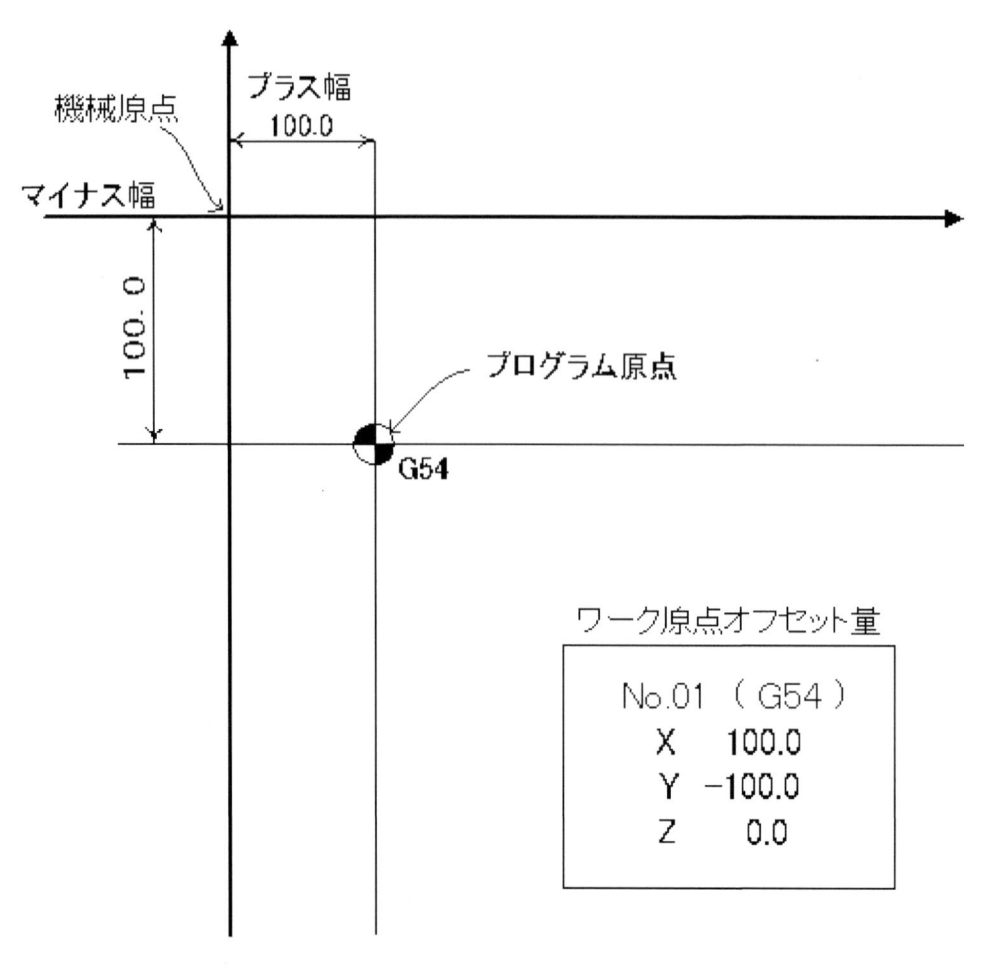

図 5.10　プログラム原点の設定

注）STLデータ；SLA CAD（3D Systems 社）用の 3D ソリッドモデルデータ、図 5.11 のような三角形の面法線ベクトルと 3 つの頂点の座標値から成るデータを連ねた三角形群のフォーマットである．物体の表面を表す三角形メッシュを表現する際に広く使用されている．

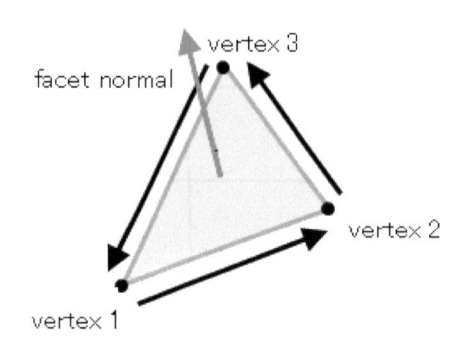

図 5.11　STL データ

Ⅱ．CAM ワークピース作成

課題 5 ： ワークピースの作成．

課題 7 で加工データの生成を行うが，そのためには素形材を表すワークピースのモデルと目標の製品形状を表す参照モデルが必要である．加工する製品は，第 3 日目でシミュレーションを行った射出成形のための金型である．

課題 5 でワークピースを作り，課題 6 で参照モデルを作る．

ここでは，課題 7 で使うワークピース(素形材を表すモデル)を作成する．
作成する形状は，200×400×600 の直方体である．

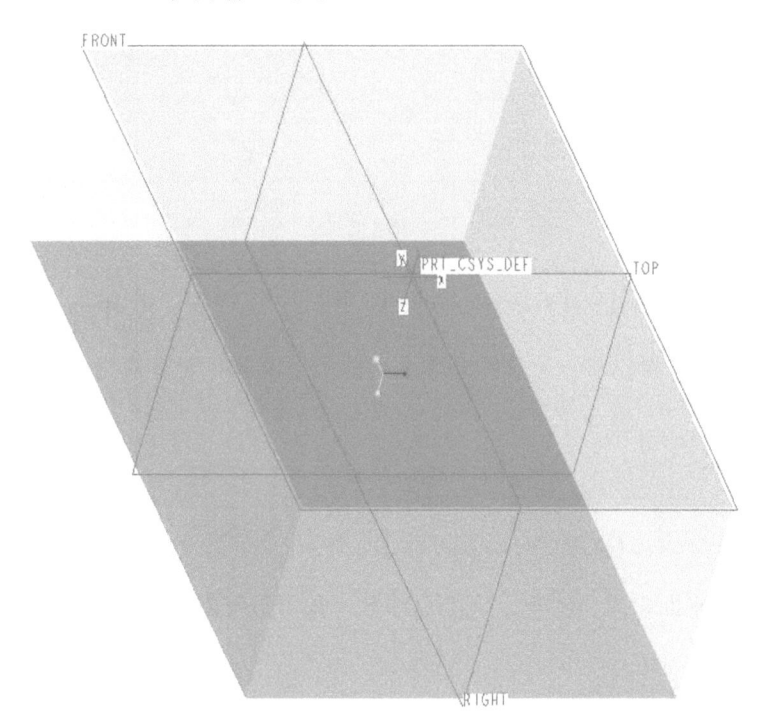

図 5.12 作成する素形材のモデル

1. はじめに

- Creo Elements Pro 5.0 を起動．

2. ワーキングディレクトリの設定

- 課題 1 と同様の手順でワーキングディレクトリを設定する．

3. 新規ファイルの作成

モデルを保存するための新規ファイルを作成する．

- プルダウンメニュー[ファイル] → [新規]を選択する．
- 図 2.9 に示す「新規」ウィンドウで「部品」を選択する．
- ファイル名（授業で指示される）を入力し，OKボタンを押す．
  （　　　　　　　　　）←名前を記入

129

4. データ平面の確認

- 課題1と同様の手順でウィンドウにデータ平面が出るのを確認する．

5. ベースフィーチャーの作成

- 「押し出しツール」アイコン をクリックし，押し出しフィーチャーを，スケッチ平面を[FRONT]として作成する．
- スケッチ画面に切り替わるが，「参照」ウィンドウで参照がデフォルトで定義済みなので，そのまま スケッチ ボタンを押す．

6. スケッチの開始

6.1 水平な中心線を描く

- 「中心線」アイコン （直線アイコンリスト 中の右から2番目）を選択する．
- TOPデータ平面の点（オレンジの点線と一致する位置）を2点クリックする．

6.2 垂直な中心線を描く

- 「中心線」アイコン （直線アイコンリスト 中の右から2番目）を選択する．
- RIGHTデータ平面の点（オレンジの点線と一致する位置）を2点クリックする．

6.3 長方形を描く

- 「長方形」アイコン （長方形アイコンリスト 中の1番左）を選択する．
- 水平中心線と垂直中心線を基準に上下左右対称の長方形を描く．

6.4 上下，左右対称の位置に長方形を配置する（中心線基準に上下，左右対称に描いていない場合）

- 「拘束」アイコン を選択する．
- 「拘束」ウィンドウが開くので，そのメニューの中の「左右対称」アイコン （一番左，一番下）を選択する．
- まず，6.1で作成した中心線をクリックする．
- 次に，その中心線をはさむようにして，上下の線分をクリックする．（スケッチ平面状に，中心線に向かうように2つの矢印が現れる．）
- 同様にして，左右も対称にする．

7. 寸法値の配置，修正

標準寸法配置アイコン ↔ （寸法配置アイコンリスト中の一番左）と寸法修正アイコン を使用して，図 5.13 のように寸法を TOP 方向「400」，RIGHT 方向「600」に修正する．

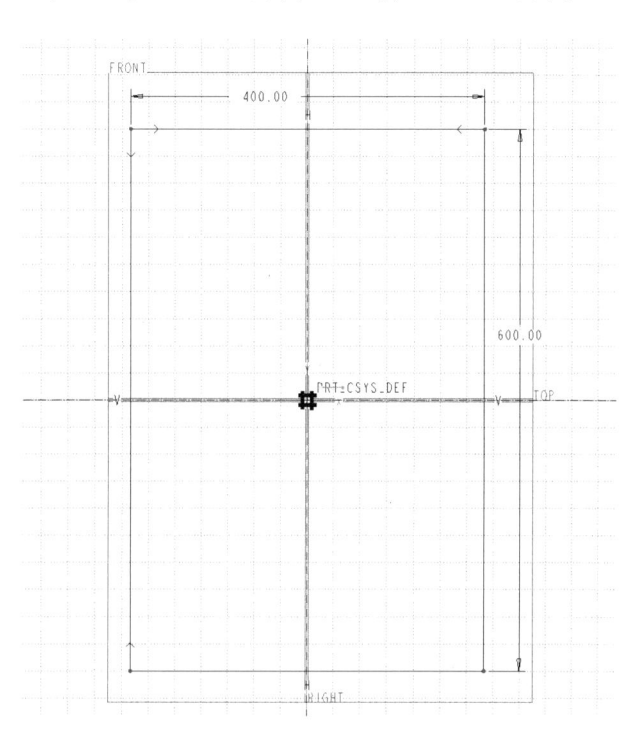

図 5.13　寸法配置，修正終了図

8. 断面スケッチの終了

- スケッチ終了アイコン ✓ （一番下のアイコン）をクリックする．

うまくスケッチが完成していると，メインウィンドウのモデルが図 5.14 のようになる．
これで，ベースフィーチャを定義するための断面の作図が終了した．
※うまくいかなくて警告がでた場合は，実験担当者を呼ぶ．

9. 深さの入力

- ダッシュボードで押し出しタイプにブラインド（深さ指定）を選択し，深さ「200」を入力する．

10. モデルの確認

- ダッシュボードの「検証モード」 をクリックし，モデルが正しくできているか確認する．

- 問題がなければ，「フィーチャー完了」アイコン をクリックする．

- 図 5.15 のようなモデルが完成する．

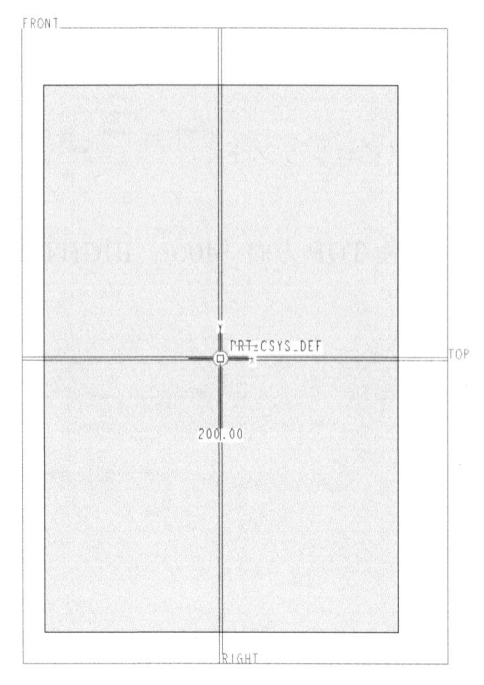

図 5.14 断面スケッチ終了

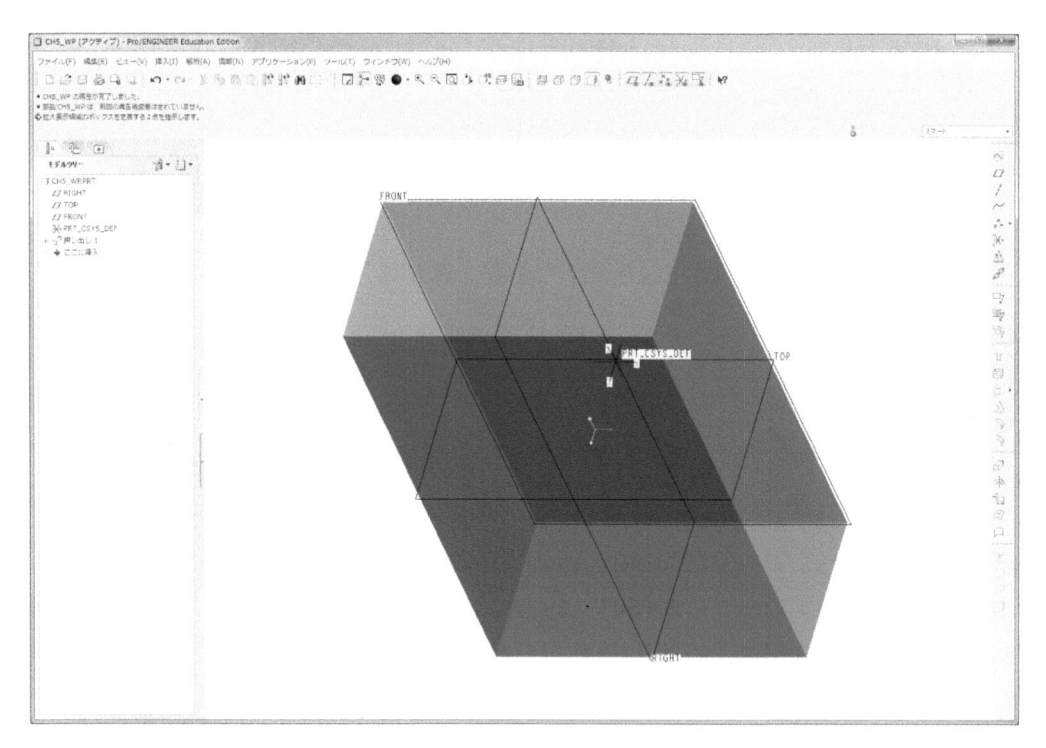

図 5.15 ベースフィーチャーの完成

11. ファイルの保存

- プルダウンメニュー[ファイル]の中の[保存]を選択する．
- 「オブジェクトを保存」ウィンドウが出てくるので，名前を変えずにそのまま OK ボタンを押す．

Ⅲ．CAM 参照モデル作成

> 課題6 ： 参照モデルを作成する．

ここでは，課題7で使う参照モデル（加工する製品形状）を作成する．

前述したように，製品形状は射出成形のための金型である．

金型は大量生産に用いるので，工程が増えることはコスト増につながる．つまり，最初から穴をあけるための突起をつけて金型モデルを作成するのが普通である．しかし，樹脂の流れが悪くなる等の問題があれば，後工程で穴あけをすることになる．また，非常に精度のよい穴が必要な場合は，後工程で工作機械での穴あけを当初から計画する．このように，製品の仕様や人件費によって，金型の作り方は変化する．

今回は，後の実験を簡単化するため，また，課題7での解析結果をわかりやすくするために，それらの突起フィーチャーを取り除くことにする．つまり，後工程で穴を開ける場合を想定して，金型モデルを作成することにする．

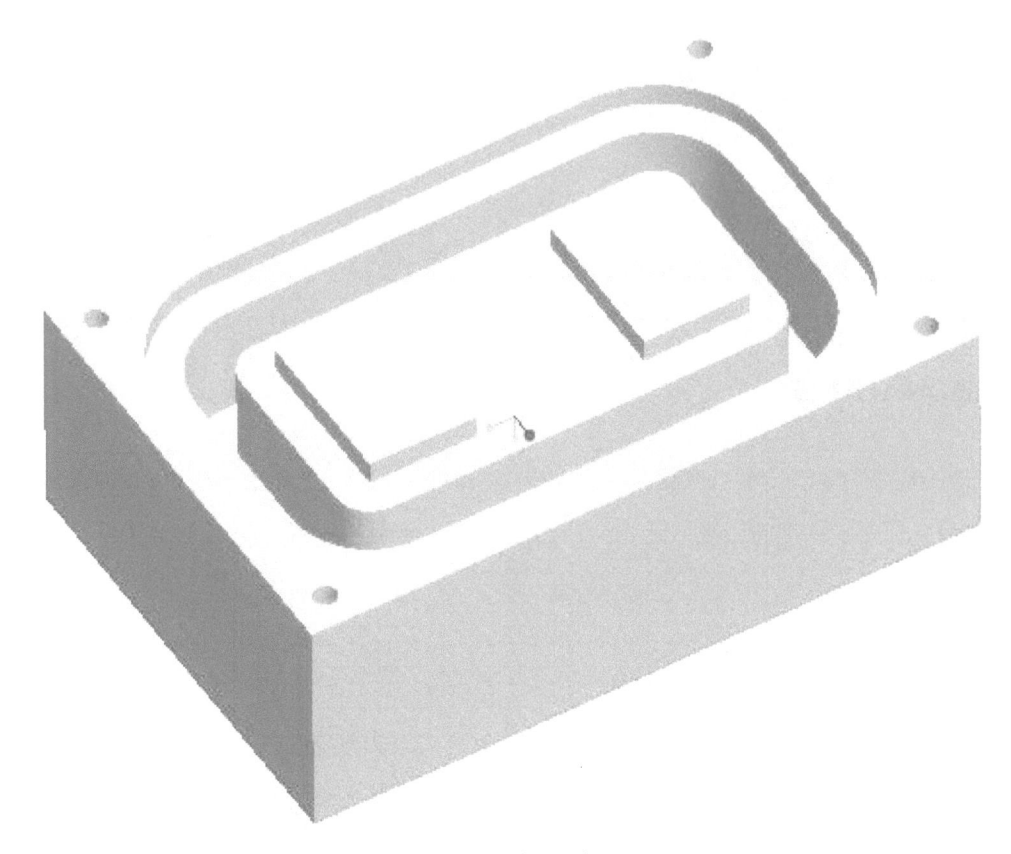

図 5.16 完成モデル

なお，このテキストには，金型作成の方法として，二つ紹介してある．"ゼロから新しく金型を作る方法"と，"以前に作成したモデルを利用して金型を作る方法"である．後者では課題7で説明するアセンブリを応用するため，慣れない方は前者で作成するとよい．

○新しくモデルを作る方法

1. 新規ファイルの作成

- 名前をつける．
  (　　　　　　　　　　)←名前を記入

2. データム平面の確認

- 課題1と同様の手順でウィンドウにデータム平面が出るのを確認する．

3. ベースフィーチャーの作成

- 「押し出しツール」アイコン をクリックし，押し出しフィーチャーを，スケッチ平面を[FRONT]として作成する．
- スケッチ画面に切り替わるが，「参照」ウィンドウで参照がデフォルトで定義済みなので，そのまま スケッチ ボタンを押す．

4. スケッチの開始

4.1　水平な中心線を描く

- 「中心線」アイコン （直線アイコンリスト 中の右から2番目）を選択する．
- TOPデータム平面の点（オレンジの点線と一致する位置）を2点クリックする．

4.2　垂直な中心線を描く

- 「中心線」アイコン （直線アイコンリスト 中の右から2番目）を選択する．
- RIGHTデータム平面の点（オレンジの点線と一致する位置）を2点クリックする．

4.3　長方形を描く

- 「長方形」アイコン を選択する．
- 水平中心線と垂直中心線を基準に上下左右対称の長方形を描く．

4.4　上下，左右対称の位置に長方形を配置する（中心線基準に上下，左右対称に描いていない場合）

- 「拘束」アイコン を選択する．
- 「拘束」ウィンドウが開くので，そのメニューの中の「左右対称」アイコン （一番左，一番下）を選択する．
- まず，4.1で作成した中心線をクリックする．

- 次に，その中心線をはさむようにして，上下の線分をクリックする．（スケッチ平面状に，中心線に向かうように2つの矢印が現れる.）
- 同様にして，左右も対称にする．

5. 寸法値の配置，修正

寸法配置アイコン と寸法修正アイコン を使用して，図 5.17 のように寸法を TOP 方向「400」，RIGHT 方向「600」に修正する．

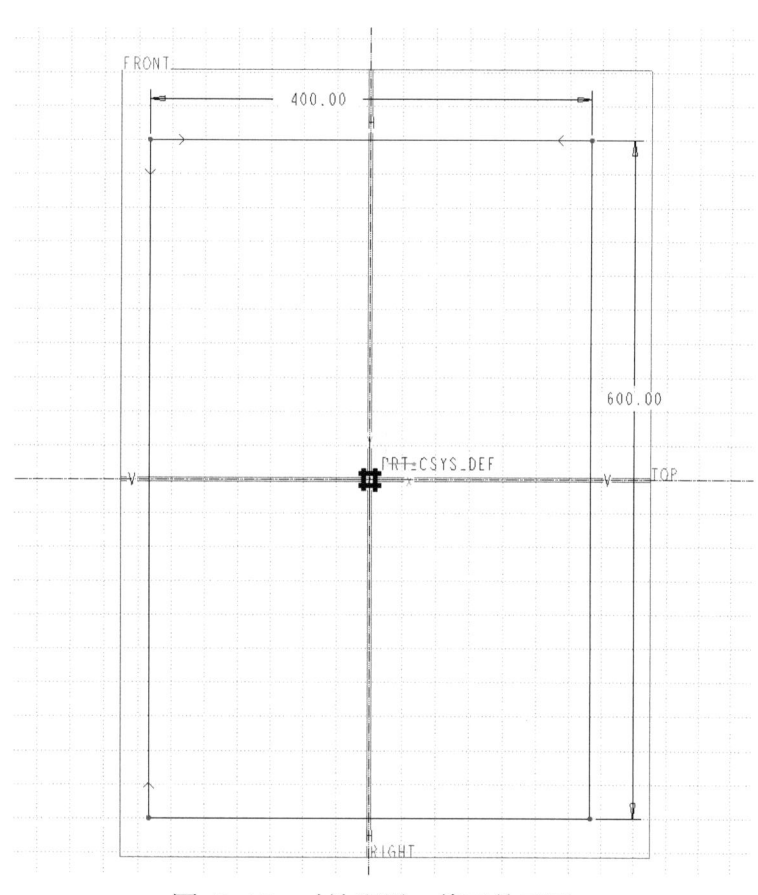

図 5.17　寸法配置，修正終了図

6. 断面スケッチの終了

- スケッチ終了アイコン をクリックする．

うまくスケッチが完成していると，メインウィンドウのモデルが図5.18のようになる．

これで，ベースフィーチャーを定義するための断面の作図が終了した．

※うまくいかなくて警告がでた場合は，実験担当者を呼ぶ．

7. 深さの入力

- ダッシュボードで押し出しタイプにブラインド（深さ指定）を選択し，深さ「200」を入力する．

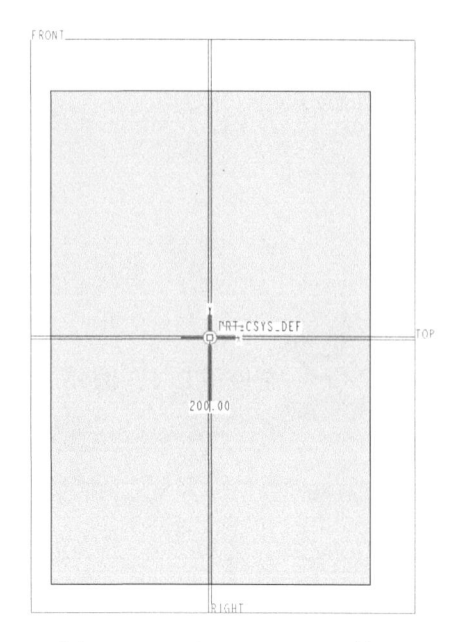

図 5.18　断面スケッチ終了

8. モデルの確認

- ダッシュボードの「メガネ」アイコン（「検証モード」アイコン）をクリックし，モデルが正しくできているか確認する．
- 問題がなければ，「フィーチャー完了」アイコンをクリックする．
- 図 5.19 のようなモデルが完成する．

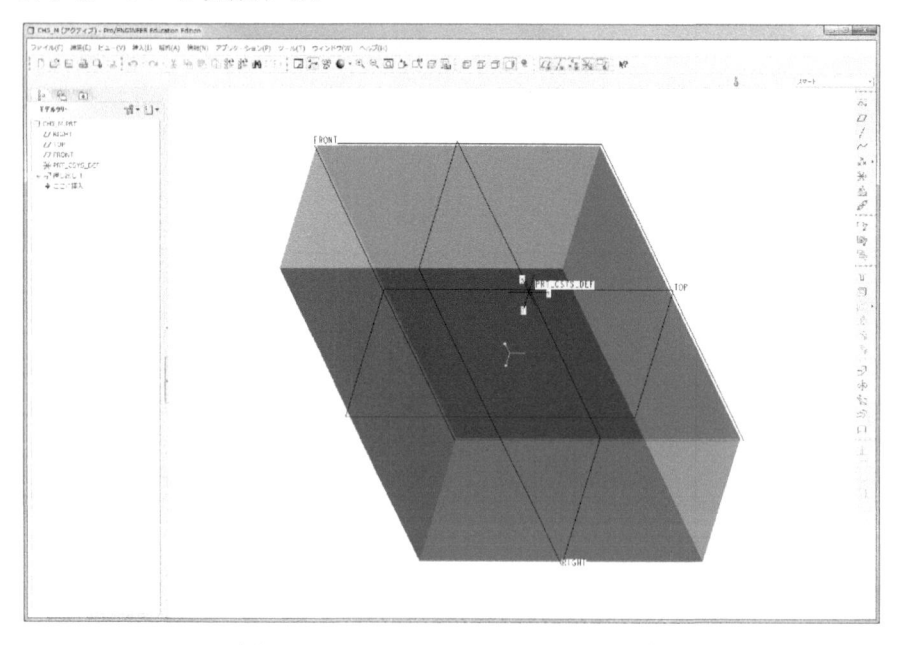

図 5.19　ベースフィーチャの完成

9. ファイルの保存

- プルダウンメニュー[ファイル]の中の[保存]を選択する．
- 「オブジェクトを保存」ウィンドウが出てくるので，名前を変えずにそのまま OK ボタンを押す．

10. カットフィーチャーの作成

作った直方体に溝を作成する．溝は，溝の断面とそれが移動する軌道を指定して作成する．工程 10 で軌道を，工程 11 で断面を定義する．

- プルダウンメニュー[挿入]の中の[スイープ]→[カット]を選択する．
- 現れた「メニューマネージャ」ウィンドウの「軌道スケッチ」を選択する．
- スケッチ平面の選択に移るので，メインウィンドウのデータム平面[FRONT]をクリックする．
- スケッチ平面を見る方向を示す赤い矢印が出たのを確認し，内側に向くように（図 5.20）設定して「OK」をクリックする．

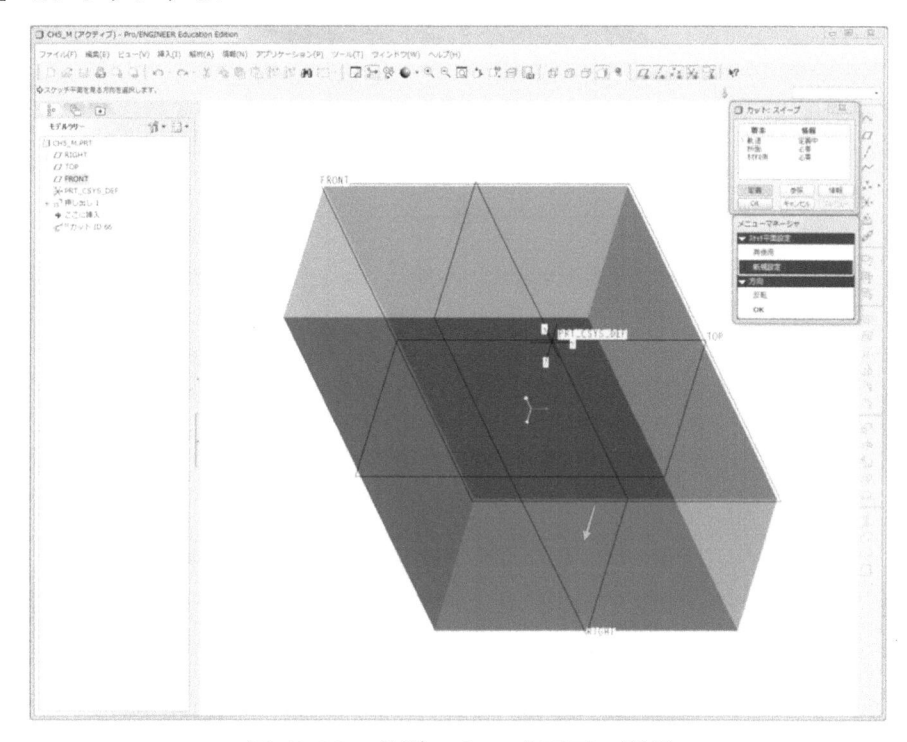

図 5.20 軌道スケッチ平面の選択

- 「メニューマネージャ」ウィンドウの「スケッチビュー」メニューでは，[上面]を選択し，メインウィンドウのデータム平面[TOP]を選択する．

11. 軌道スケッチ（作図）の開始

作成する溝の断面が移動する軌道を描く．

11.1　水平な中心線を描く

- 「中心線」アイコン（直線アイコンリスト中の右から 2 番目）を選択する．
- TOP データム平面の点（オレンジの点線と一致する位置）を 2 点クリックする．

11.2　垂直な中心線を描く

- 「中心線」アイコン（直線アイコンリスト中の右から 2 番目）を選択する．
- FRONT データム平面の点（オレンジの点線と一致する位置）を 2 点クリックする．

11.3 長方形を描く

- 「長方形」アイコン ▢ を選択する．
- 水平中心線と垂直中心線を基準に，向かい合う矢印を確認して上下左右対称の長方形を描く．

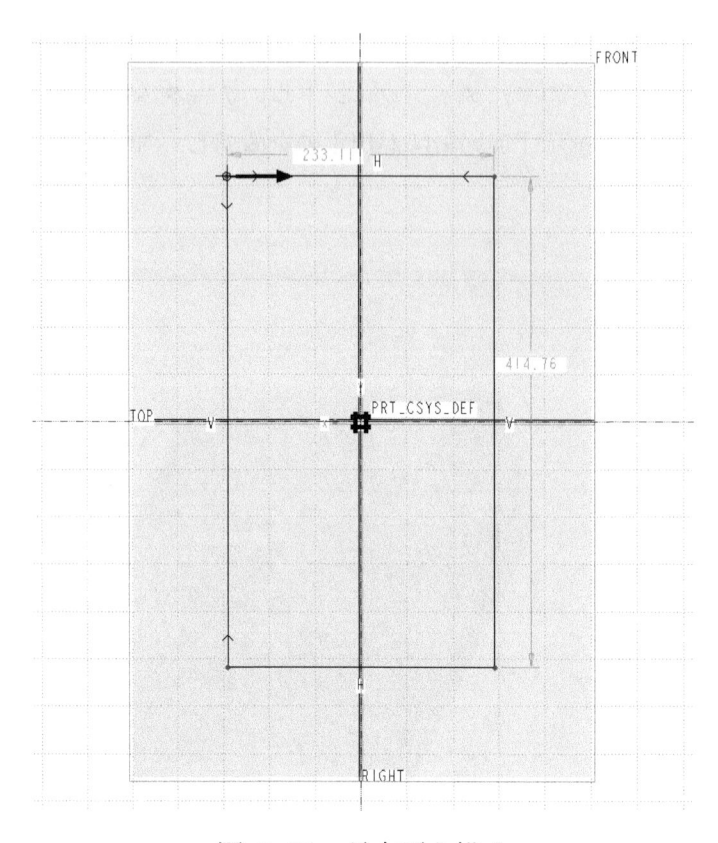

図 5.21 長方形を描く

11.4 四隅にフィレットをつける

- 「円形フィレット」アイコン （フィレットアイコンリスト 中の右）を選択する．
- フィレットをつける 2 線を順にクリックする．

11.5 フィレットの半径を同一にする

- 「拘束」アイコン を選択する．
- その中の「同一拘束」アイコン ＝ （一番下で，真ん中）を選択する．
- 4 つの円弧をクリックして，すべての円弧の半径が同一になるようにする．

11.6 上下，左右対称の位置に長方形を配置する（中心線基準に上下，左右対称に描いていない場合）

- 「拘束」アイコン を選択する．
- その中の対称アイコン （一番下で，左）を選択する．
- 中心線と各円弧の中心をクリックし，長方形の位置を，中心線に対して上下左右対称にする．

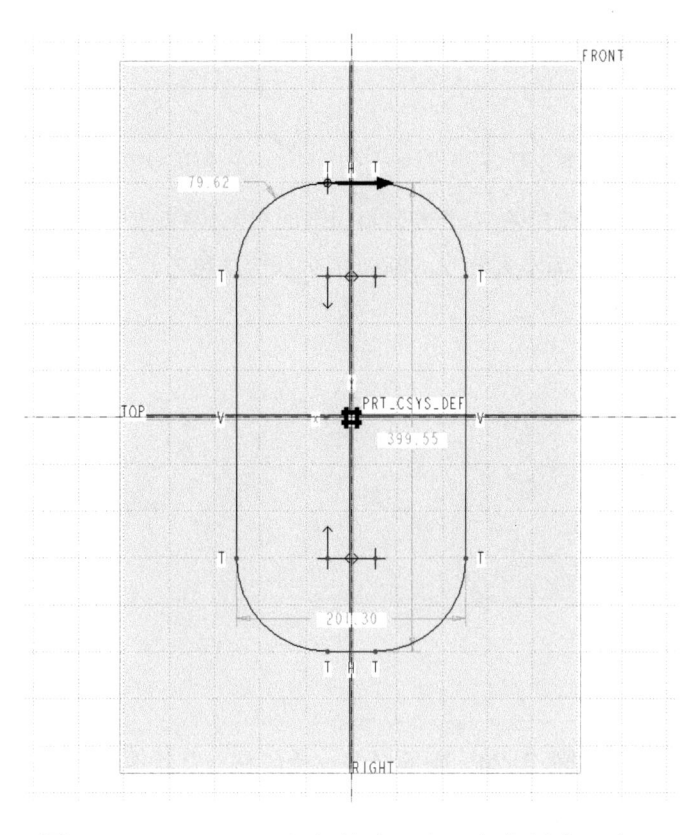

図 5.22 フィレットを付けて上下左右対称にする

11.7 寸法値を配置, 修正する

・図 5.23 のように, 寸法値を配置, 修正する.

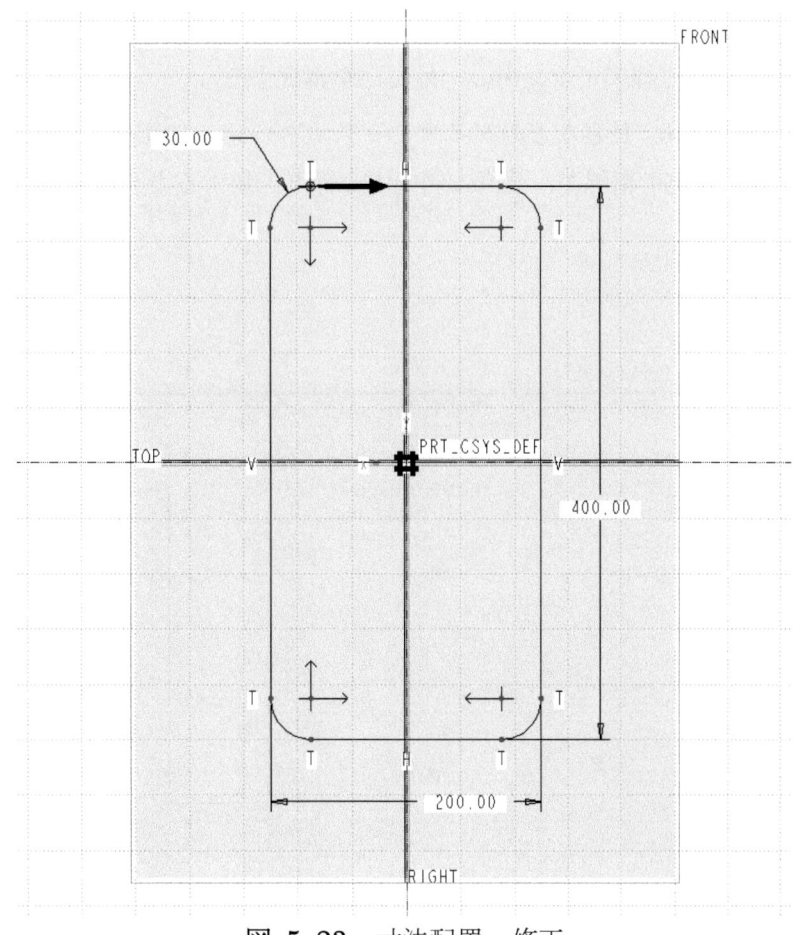

図 5.23 寸法配置, 修正

11.8 軌道スケッチを終了する．

- 断面継続アイコン（一番下；チェックマーク）✓をクリックする．
- メニューマネージャ「属性」メニューでは，[内面なし]のままで[実行]をクリックする．
- 図5.24のようにスケッチ面が変わり，断面スケッチに移る．

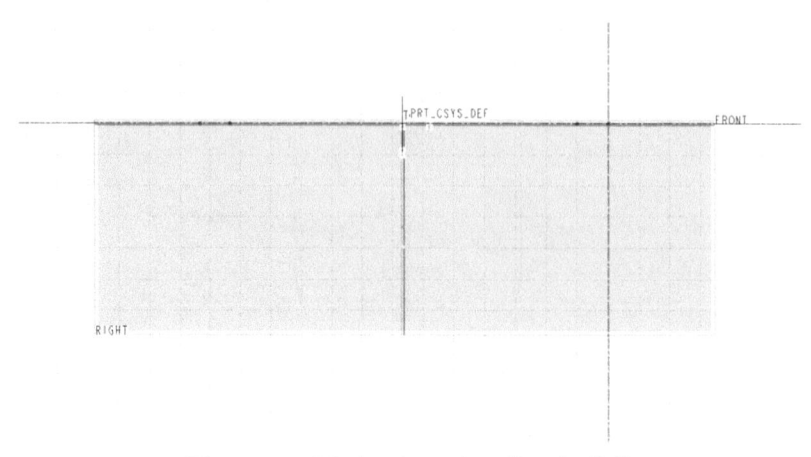

図 5.24 断面スケッチに移った状態

12. 断面スケッチの開始

メインウィンドウ右側のアイコンを使用する．

12.1 T字を描く

- 直線アイコン ╲ （直線アイコン中の一番左）を選択する．
- 水平，垂直，対称，同一長さなどのダイナミックマネージャの機能を生かして断面を描く．
- このとき，T字の左側の縦線が，垂直方向の中心線と一致するように描く．（図5.25参照）

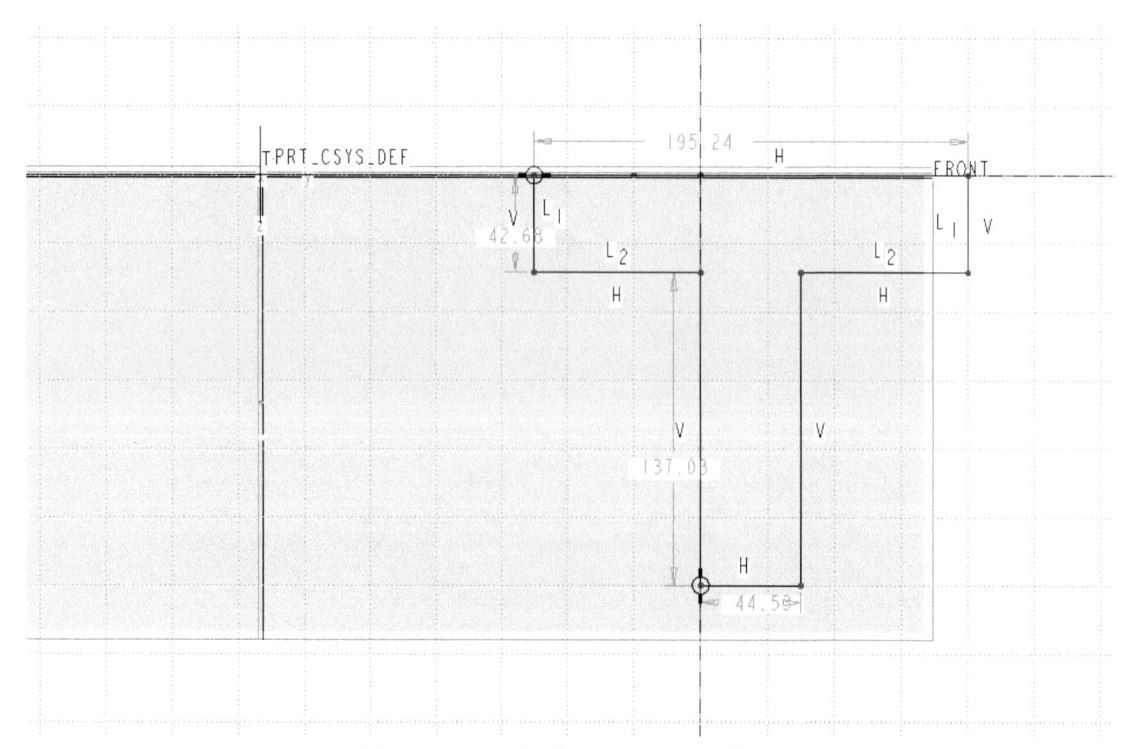

図 5.25 T字型のスケッチを描く

12.2 寸法値を修正する

- 図 5.26 のように寸法値を修正する.

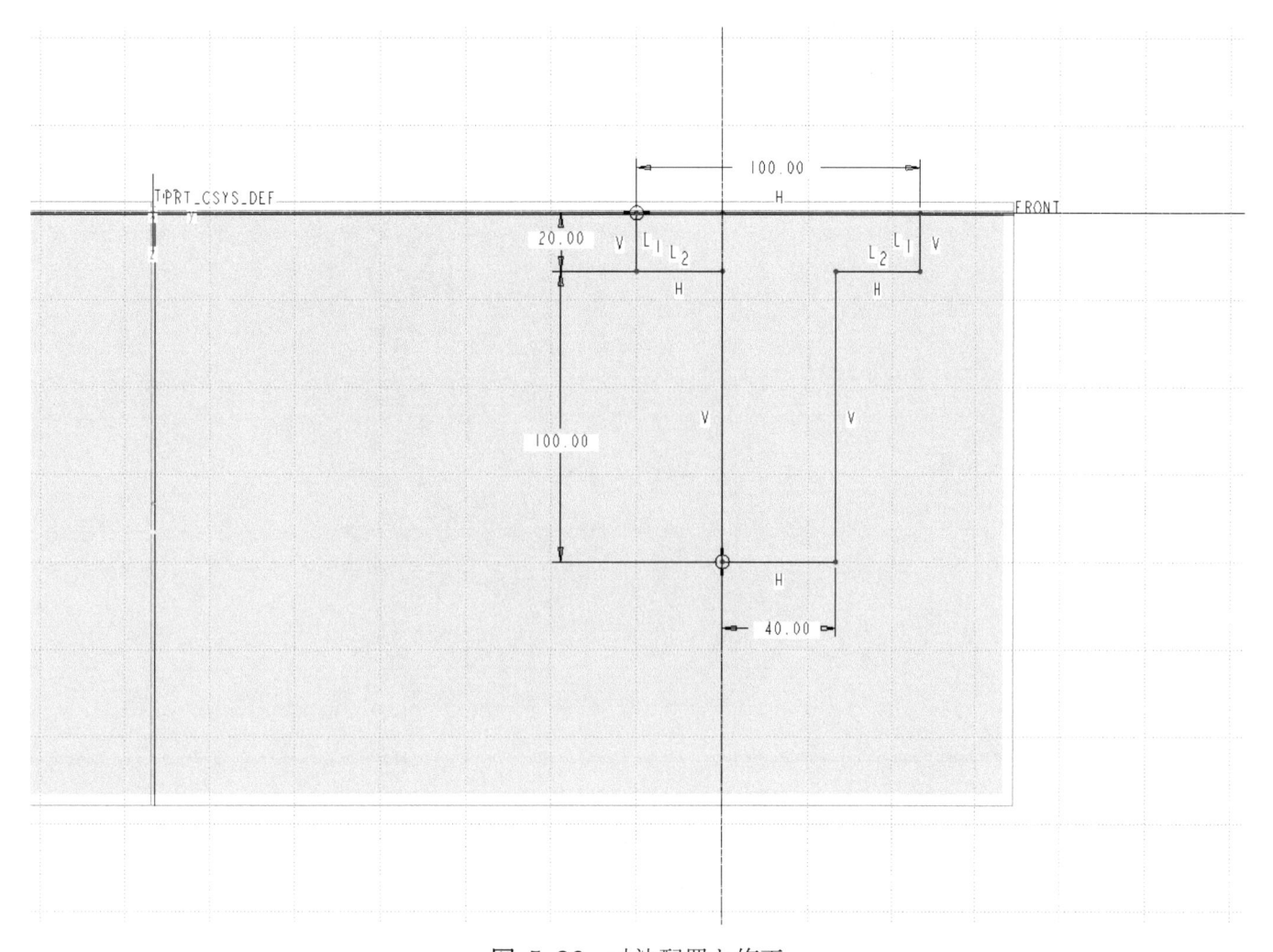

図 5.26 寸法配置と修正

12.3 断面スケッチを終了する

- 断面継続アイコン ✓ をクリックする.
- 現れたメニューマネージャの「方向」メニューは,そのままで[OK]をクリックする.

13. モデルの確認

- 「カット:スイープ」ウィンドウの,[プレビュー]ボタンをクリックする.
- 問題がないか確認し,なければ OK ボタンをクリックする.

14. ファイルの保存

安全確保のため,ここで一旦ファイルの保存を行う.

- プルダウンメニュー[ファイル]の中の[保存]を選択する.
- 「オブジェクトを保存」ウィンドウが出てくるので,名前を変えずにそのまま OK ボタンを押す.

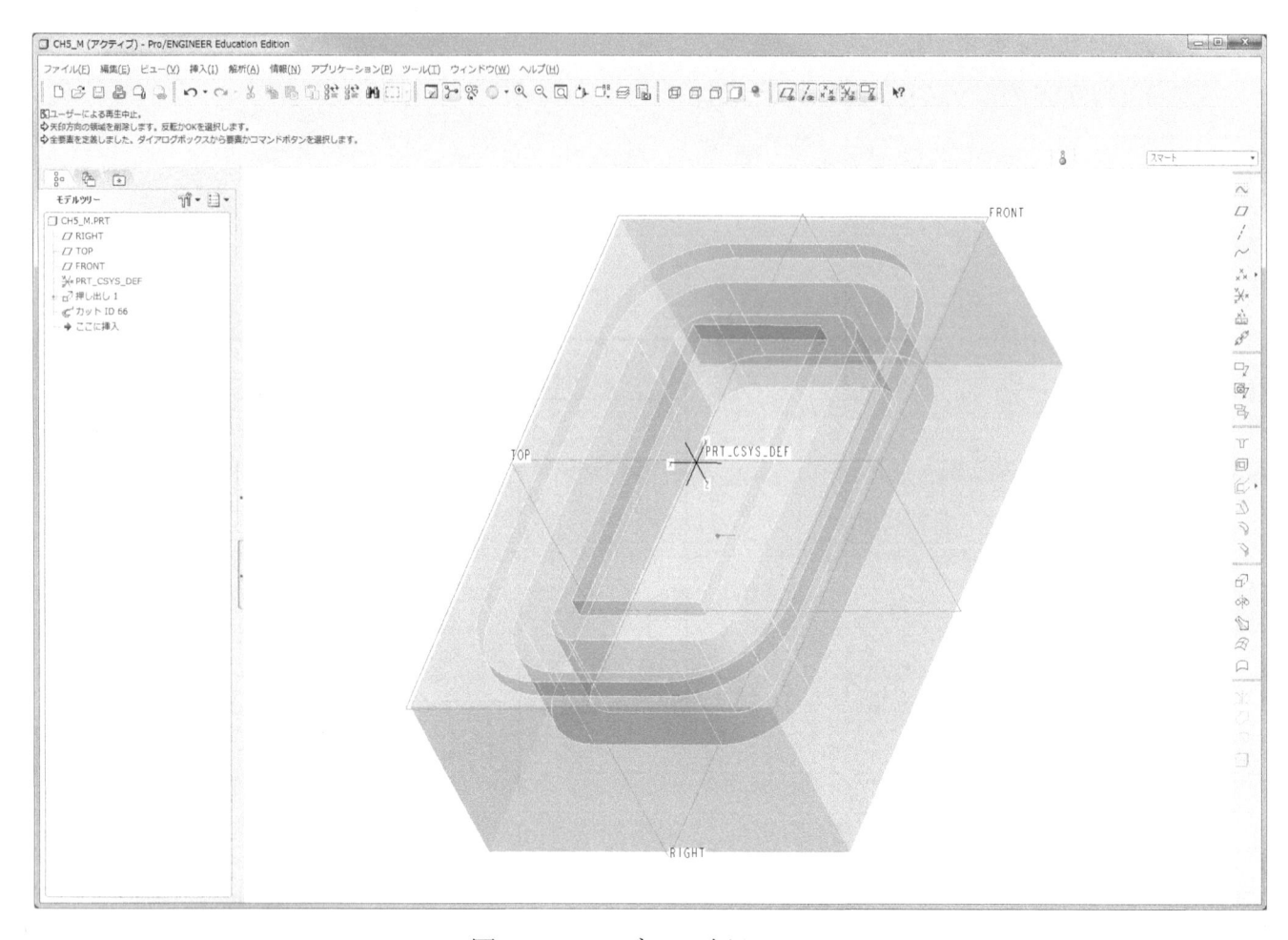

図 5.27　モデルの確認

15. 中央のカットフィーチャーを作成する

15.1　スケッチ平面の決定

※この工程はいつもと少し要領が異なるので注意して作業を進める

- 「押し出し」アイコン を選択する．

- ダッシュボードの「材料を除去」アイコン をクリックする．

- ダッシュボードの「配置」ボタンをクリックし，スライドパネルの「定義」ボタンをクリックする．

- 「スケッチ」ウィンドウが開くので，スケッチ平面をモデルの上面（図 5.27 で見えている面），参照を[TOP]データム平面，回転方向を[上面]とし，スケッチボタンをクリックする．

- 図 5.28 のようなスケッチ画面に変わる．

15.2　水平な中心線を描く

- 「中心線」アイコン （直線アイコン中の一番右のもの）を選択する．

- TOP データム平面の点（オレンジの点線と一致する位置）を 2 点クリックする．

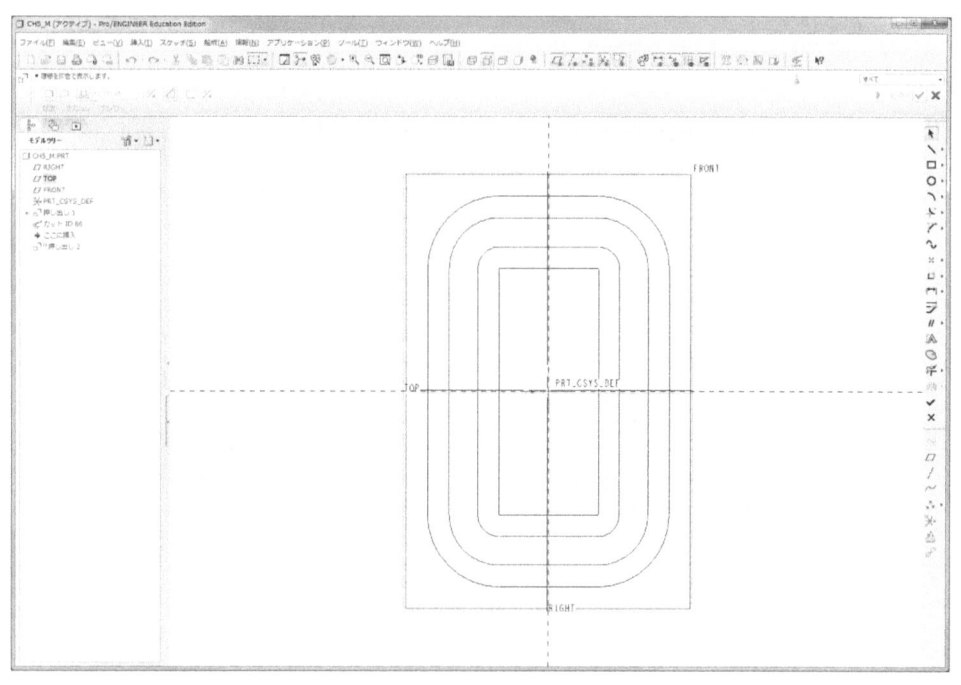

図 5.28 スケッチ画面

15.3 参照する平面を選択する

- プルダウンメニュー[スケッチ]の中の[参照]を選択する．
- 参照平面を，図 5.29 のように①，②の2直線（破線）をクリックして指定する．（余計な参照平面が定義されている場合は，選択して削除する．）
- 指定し終わったら，「閉じる」ボタンを押して，「参照」ウィンドウを閉じる．

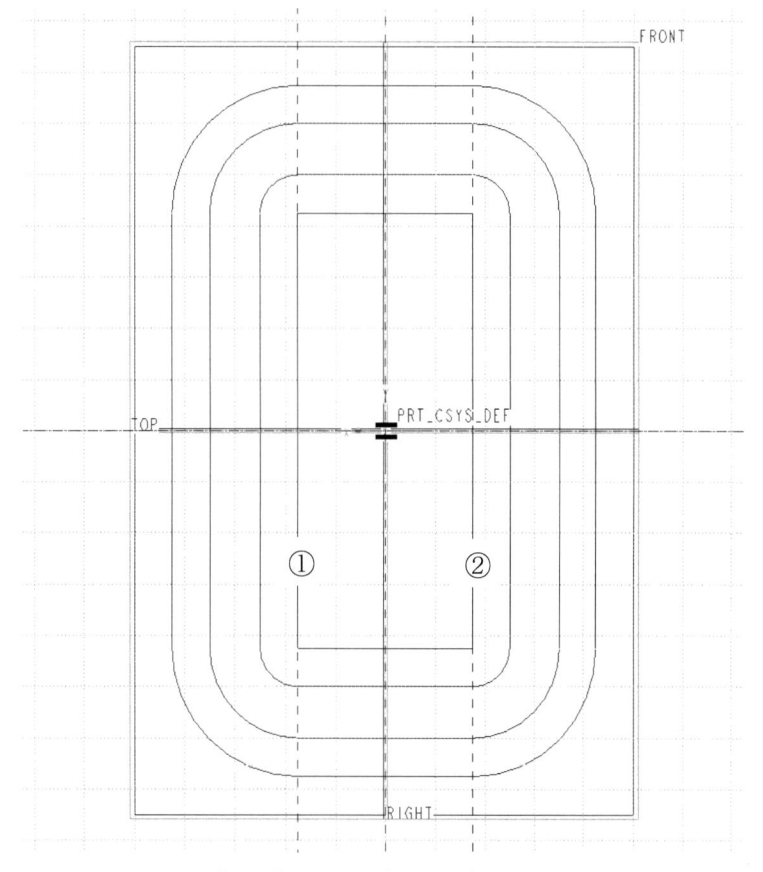

図 5.29 ①，②の各直線（破線）をクリック

15.4 中央に長方形を描く

- 長方形アイコンを選択し，TOP 平面に対称かつ内側の長方形に接するように描く．（図 5.30 参照）
- 図 5.30 のように寸法値を RIGHT 方向「150」に修正する．

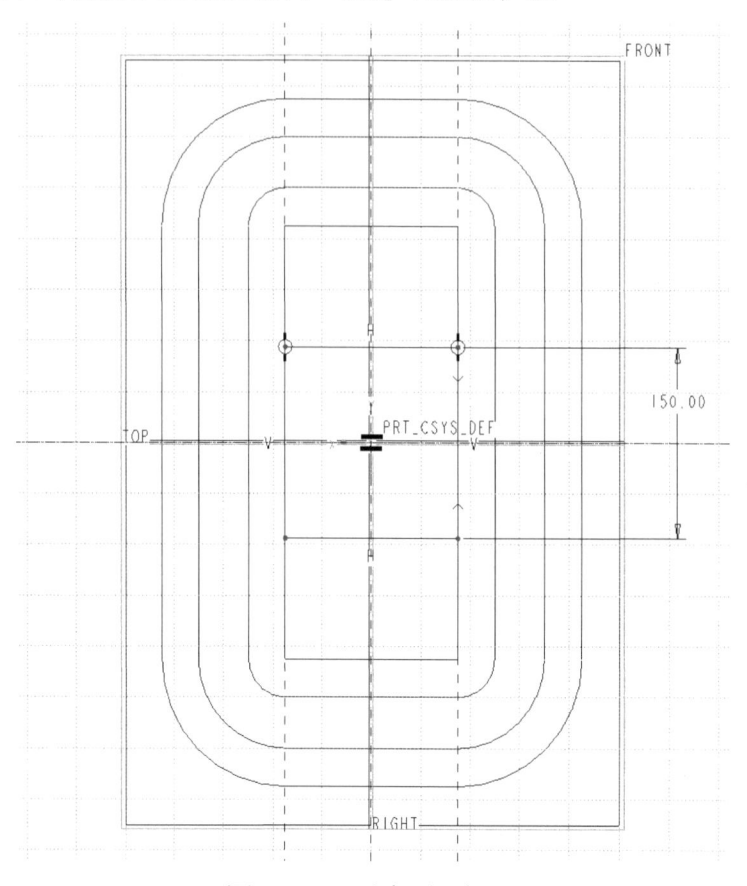

図 5.30　長方形を描く

15.5 スケッチを終了する

- 断面継続アイコン ✓ をクリックする．

15.6 深さを入力する

- ダッシュボードで押し出しタイプにブラインド（深さ指定）を選択し，深さ「20」を入力する．

16. モデルの確認

- ダッシュボードの「検証モード」アイコン ✓👓 をクリックし，モデルが正しくできているか確認する．
- 問題がなければ，「フィーチャー完了」アイコン ✓ をクリックする．
- 図 5.31 のようなモデルが完成する．

17. ファイルの保存

- ここでファイルを保存する．

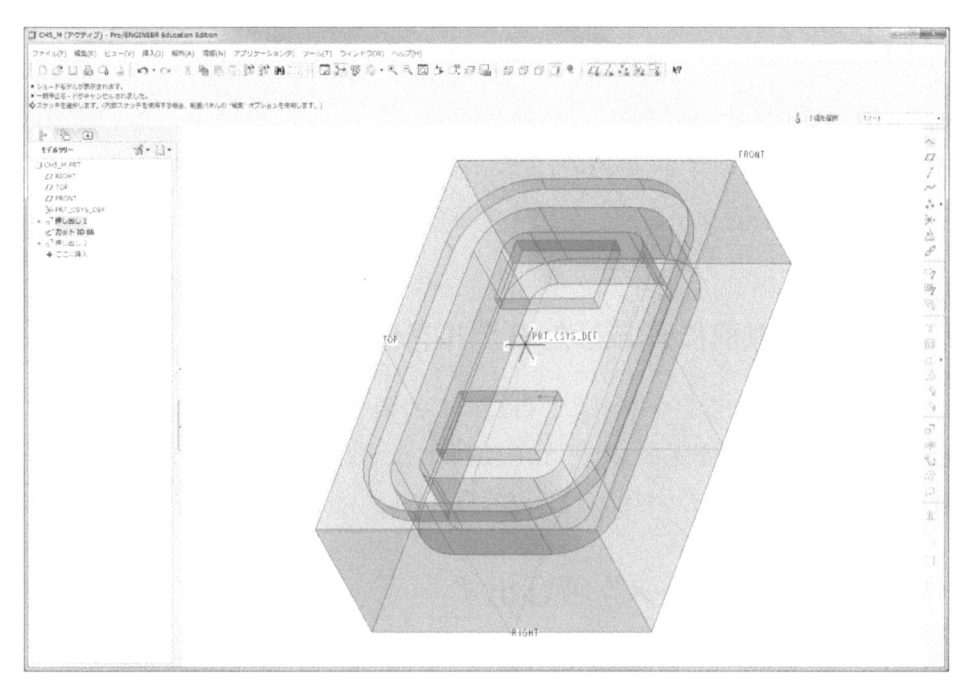

図 5.31　モデルの確認

18. 四隅に穴フィーチャーを作成する

金型をあわせるための穴を作成する．
作成方法は，以前作成したときと同じ．（課題 3 の行程 14 を参照）

18.1　穴フィーチャーを一つ作成する
穴タイプ：直線穴
直径：20
深さ：40
配置：(170, 270) ← (RIGHT, TOP)

18.2　残り 3 つを複製（パターン）によって作成する

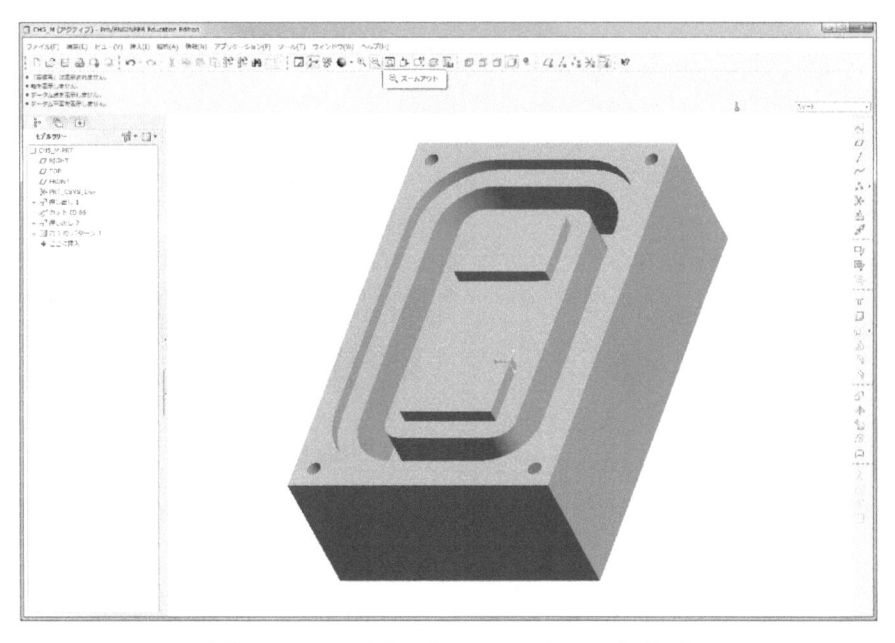

図 5.32　四隅の穴フィーチャーを作成

145

19. ファイルの保存

ここでファイルを保存する.
- プルダウンメニュー[ファイル]の中の[保存]を選択する.
- 「オブジェクトを保存」ウィンドウが出てくるので，名前を変えずにそのまま OK ボタンを押す

〇以前に作成したモデルを使う方法（応用）

はじめにワークピースと同形の立体を作成する．再び同じものを作成するのは面倒なので，課題5で作成したワークピースを呼び出し，コピーを保存し，それを使用する．また，課題3で作成したモデルも同様な作業でコピーし，前者モデルから後者モデルを引いて，金型を作る．以下に，この手順の詳細を示す．

1. 課題5で作成したワークピースを呼び出す

- プルダウンメニュー[ファイル]の中から，[オープン]を選択し，作成したワークピースを選択する.

2. コピーを作成して保存する.

- プルダウンメニュー[ファイル]の中から，[コピーを保存]を選択する.
- 新しい名前をつけて，現在のワーキングディレクトリに保存する．（名前は授業で指示される.）
 （　　　　　　　　　　　）←名前を記入

3. ワークピースを閉じる

- コピーが完了したので，ワークピースを閉じる.

4. 課題3で作成した参照モデルを呼び出す

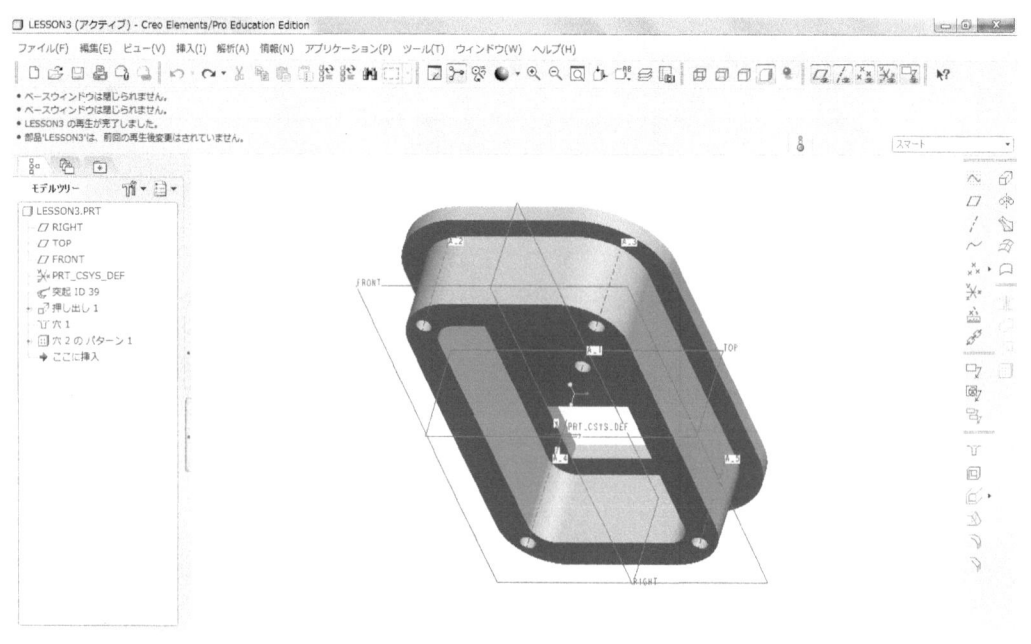

図 5.33　モデルの呼び出し

5. 穴フィーチャーの削除

5.1 中央の穴の削除

- メインウィンドウの，中央の穴の位置にカーソルを合わせる．
- 穴がハイライトしたら，クリックして選択し，右クリックで[削除]を選択する．
- 削除ウィンドウが開くので，[OK]ボタンをクリックする．
- 中央の穴が削除される．

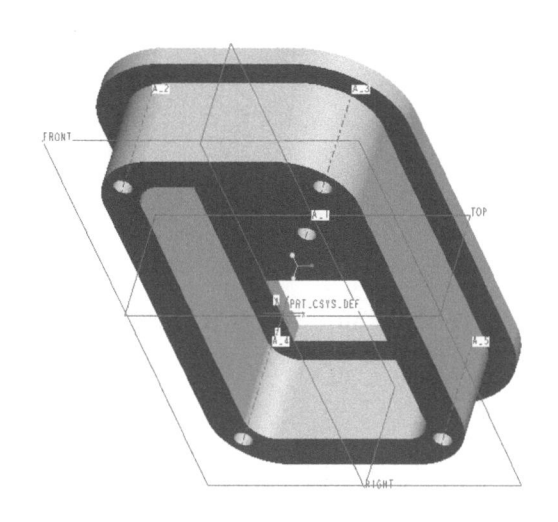

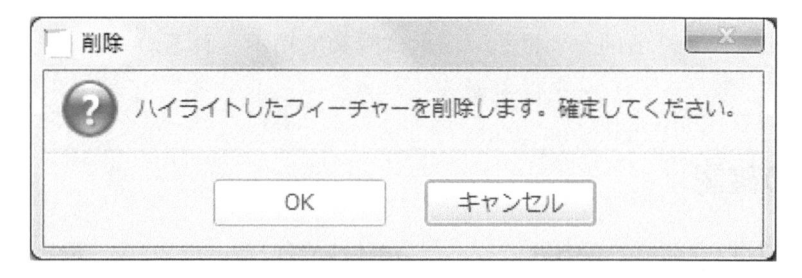

図 5.34　中央の穴の削除

5.2 四隅の穴の削除

- メインウィンドウの，四隅の穴のうちの一つ（どれでもよい）にカーソルを合わせる．
- 四隅の穴がハイライトしたら，クリックして選択し，右クリックで[削除]を選択する．
- 削除ウィンドウが開くので，[OK]ボタンをクリックする．
- 四隅の穴が削除される．

6. コピーを作成して保存する．

- プルダウンメニュー[ファイル]から，[コピーを保存]を選択する．
- 新しい名前をつけて，現在のワーキングディレクトリに保存する．（名前は授業で指示される．）
  　　（　　　　　　　　　　　　　）←名前を記入

7. 参照モデルを閉じる

- コピーが完了したので，参照モデルを閉じる．

147

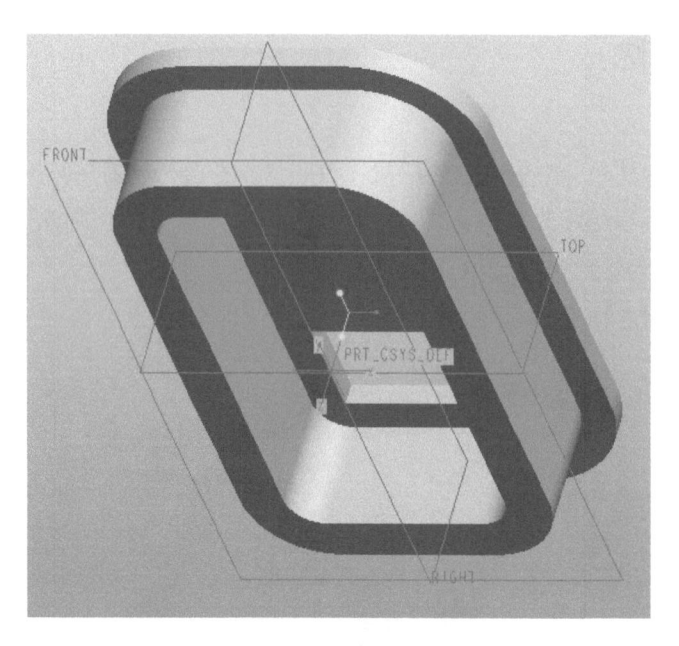

図 5.35　四隅の穴の削除

8. 新規ファイルの作成（注意）

- プルダウンメニュー[ファイル]から，[新規]を選択する．
- 「新規」ウィンドウの中の「タイプ」で，[アセンブリ]にチェックを入れる．
- その他はそのままにし，名前をつける（名前は授業で指示される．）
  （　　　　　　　　　　　）←名前を記入

9. データム平面の確認

TOP，FRONT，RIGHT の前に，"ASM"という語が付いている．これが，アセンブリの共通座標系であるデータム平面となる．

10. ワークピースの呼び出し

行程3まででコピーしたワークピースを呼び出し，「アセンブリのデータム平面」と「呼び出したワークピースのデータム平面」を合わせる．（本来なら，向きや位置を厳密に考えて拘束しなければならないが，今回はとりあえず固定されている状態であればよい．行程13において"完全な拘束"となっていれば固定されているといえる．）

- プルダウンメニュー[挿入]から，[構成部品]を選択し，タイプを[アセンブリ]にする．
- 「開く」ウィンドウが開くので，課題5で作成したワークピースのファイルを選択し，開くボタンをクリックする．
- ワークピースがメインウィンドウに呼び出される．

11. ワークピースのデータム平面とアセンブリのデータム平面を整列させる

11.1　[TOP]データム平面を整列させる

- ダッシュボードの配置ボタンをクリックし，「拘束タイプ」の欄の「▼」アイコンをクリックし

- て，[整列]を選択する．
- メインウィンドウ上で，ワークピースの[TOP]データム平面をクリックする．
- 次に，NC アセンブリの[ASM_TOP]データム平面をクリックする．
- これで，ワークピースの[TOP]データム平面と NC アセンブリの[ASM_TOP]データム平面が整列した．

11.2　[FRONT]データム平面を整列させる

- 「配置」ウィンドウの，「⇨新規拘束」をクリックし，「拘束タイプ」の欄の，「▼」アイコンをクリックし[整列]を選択する．
- メインウィンドウ上で，ワークピースの[FRONT]データム平面をクリックする．
- 次に，NC アセンブリの[ASM_FRONT]データム平面をクリックする．
- これで，ワークピースの[FRONT]データム平面と参照モデルの[ASM_FRONT]データム平面が整列した．

11.3　[RIGHT]データム平面を整列させる

- 「配置」ウィンドウの，「⇨新規拘束」をクリックし，「拘束タイプ」の欄の，「▼」アイコンをクリックし[整列]を選択する．
- メインウィンドウ上で，ワークピースの[RIGHT]データム平面をクリックする．
- 次に，NC アセンブリの[ASM_RIGHT]データム平面をクリックする．
- これで，ワークピースの[RIGHT]データム平面と NC アセンブリの[NC_ASM_RIGHT]データム平面が整列した．
- ダッシュボードの「ステータス」が「完全な拘束」になっていることを確認する．
- 問題がなければ，「フィーチャー完了」アイコン ✓ をクリックする．

12. 参照モデルの呼び出し

行程 7 までコピーした参照モデルを呼び出し，ワークピースのデータム平面と一致させる．

- (右の欄)の「構成部品をアセンブリに追加」アイコン をクリックする．
- 「開く」ウィンドウが開くので，コピーした参照モデルを選択し，開くボタンをクリックする．

13. ワークピースのデータム平面と参照モデルのデータム平面を整列させる

13.1　[TOP]データム平面を整列させる

- ダッシュボードの配置ボタンをクリックし，「拘束タイプ」の欄の「▼」アイコンをクリックして，[整列]を選択する．
- メインウィンドウ上で，ワークピースの[TOP]データム平面をクリックする．
- 次に，NC アセンブリの[ASM_TOP]データム平面をクリックする．
- このとき「オフセット」欄が「一致」になっていることを確認する．
- これで，ワークピースの[TOP]データム平面と NC アセンブリの[ASM_TOP]データム平面が整列した．

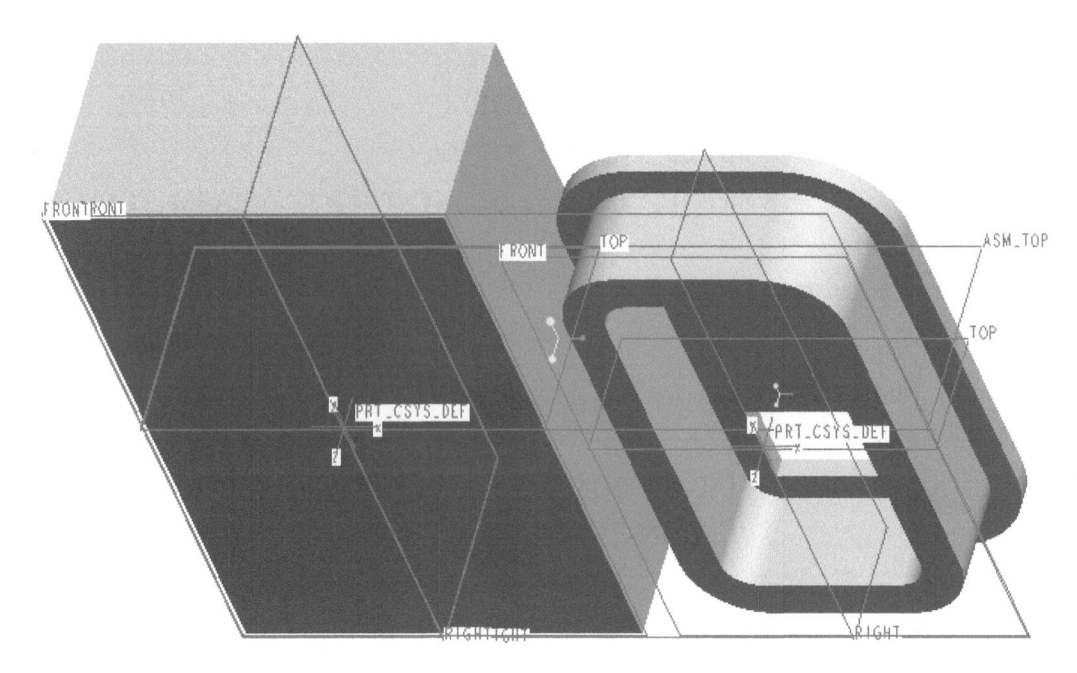

図 5.36 参照モデルを呼び出した状態

13.2 [FRONT]データム平面を整列させる

- 「配置」ウィンドウの,「⇨新規拘束」をクリックし,「拘束タイプ」の欄の,「▼」アイコンをクリックし[整列]を選択する.
- メインウィンドウ上で, ワークピースの[FRONT]データム平面をクリックする.
- 次に, NC アセンブリの[ASM_FRONT]データム平面をクリックする.
- 「オフセット」の欄を「オフセット」にし, 120 を入力する.
- これで, ワークピースの[FRONT]データム平面と参照モデルの[ASM_FRONT]データム平面が整列した.

13.3 [RIGHT]データム平面を整列させる

- 「配置」ウィンドウの,「⇨新規拘束」をクリックし,「拘束タイプ」の欄の,「▼」アイコンをクリックし[整列]を選択する.
- メインウィンドウ上で, ワークピースの[RIGHT]データム平面をクリックする.
- 次に, NC アセンブリの[ASM_RIGHT]データム平面をクリックする.
- これで,ワークピースの[RIGHT]データム平面と NC アセンブリの[ASM_RIGHT]データム平面が整列した.
- このとき「オフセット」欄が「一致」になっていることを確認する.
- ダッシュボードの「ステータス」が「完全な拘束」になっていることを確認する.
- 問題がなければ,「フィーチャー完了」アイコン をクリックする.

14. カットアウトの実行

重ね合わせた 2 つのモデルの重複した部分をカットアウト（引き算）することで, ワークピース内に型を作成する.

- プルダウンメニュー[編集]から[構成部品の操作]を選択する.

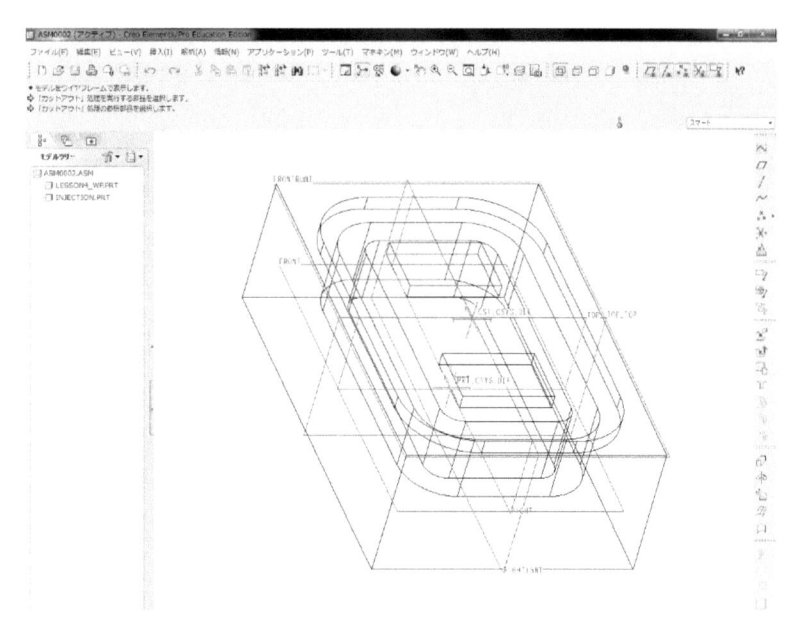

図 5.37 ワークピースと参照モデルを整列させた状態

- 「構成部品」メニューマネージャが出るので，その中から「カットアウト」を選択する．
- 図 5.38 のように左側モデルツリーのワークピースのモデルをクリックする．
- ワークピースがハイライトするので，「選択」ウィンドウの OK ボタンをクリックする．
- 図 5.39 のように左側モデルツリーの参照モデルをクリックし，モデルがハイライトしたら「選択」ウィンドウの OK ボタンをクリックする．
- メニューマネージャが「オプション」に切り替わるので，「参照」が選択された状態で，「実行」をクリックするとカットアウトが実行される．
- 「フィーチャーのアソシエティビティをもつ配置を使用しますか？」とメッセージが表示されるので，「はい」を選択する．

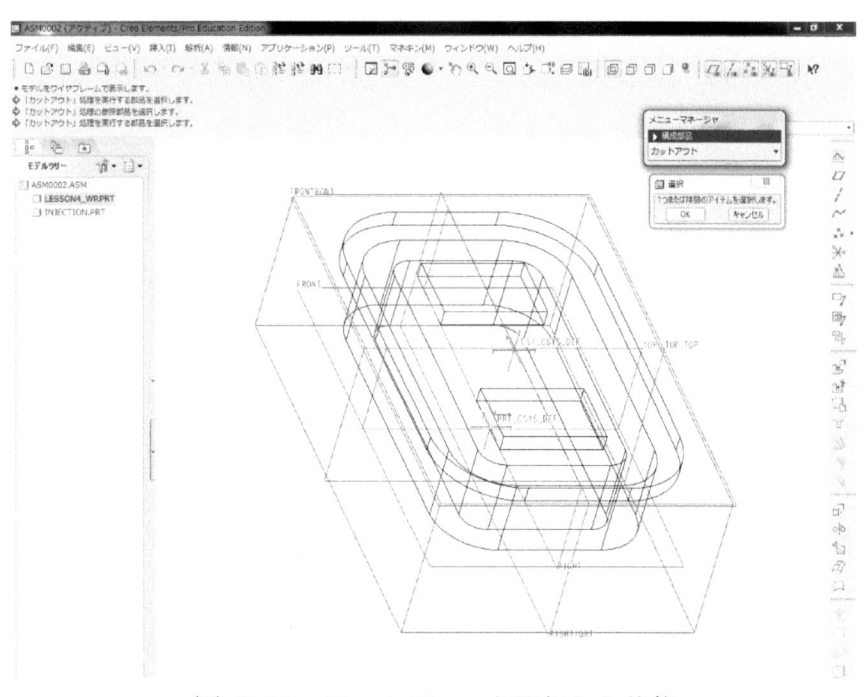

図 5.38 ワークピースを選択した状態

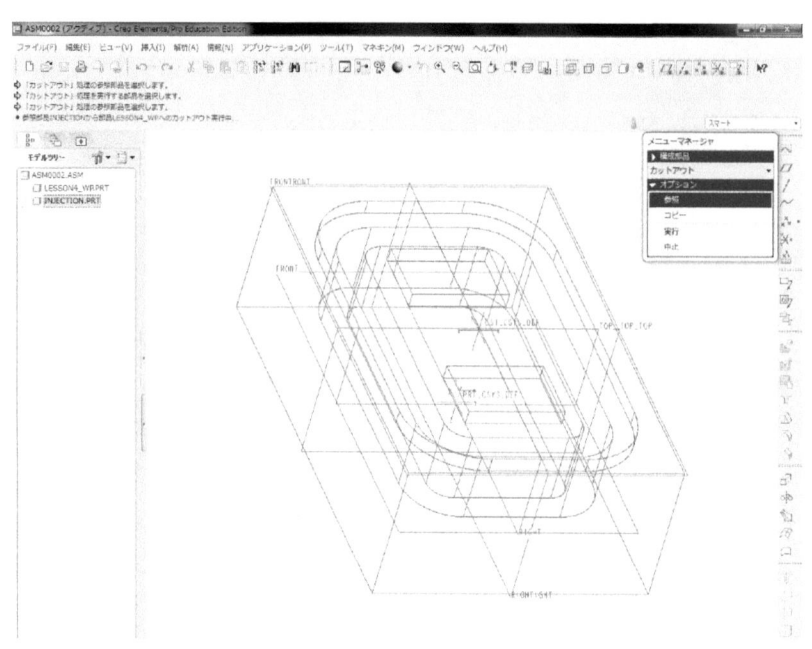

図 5.39　参照モデルを選択した状態

- しかし，ここでメインウィンドウを見てもワークピースが削られた様子が見えない．そこで図 5.40 のように左側モデルツリーのワークピースを右クリックし，[オープン]を選択する．

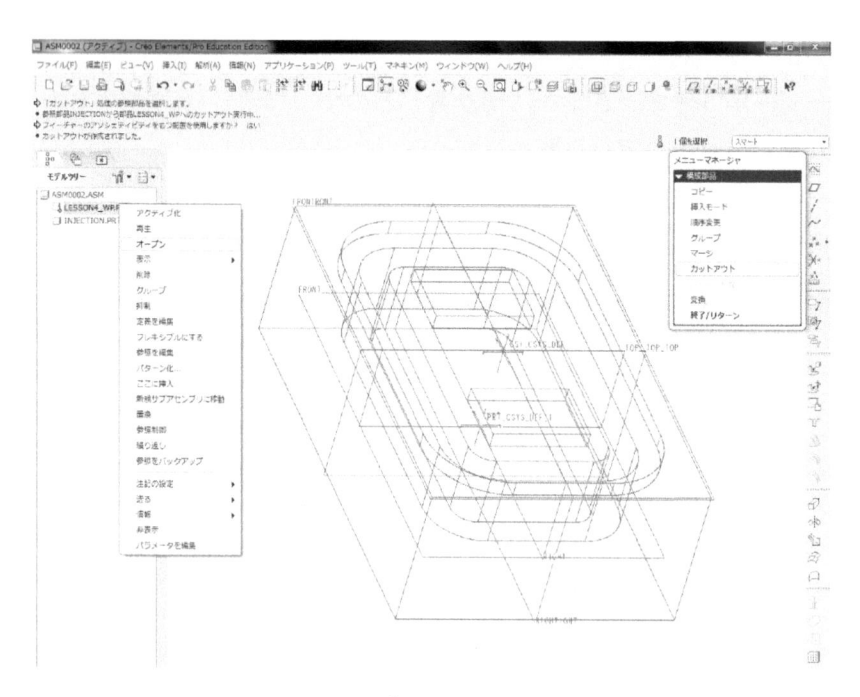

図 5.40　[オープン]を選択

- 別のウィンドウが立ち上がり，図 5.41 のようなワークピースのみのモデル画面になる．そこでモデルの中が削られていることがわかるようになる．

15. 四隅に穴フィーチャーを作成する

金型をあわせるための穴を作成する．

作成方法は，以前作成したときと同じ（課題 3 の行程 15 を参照）

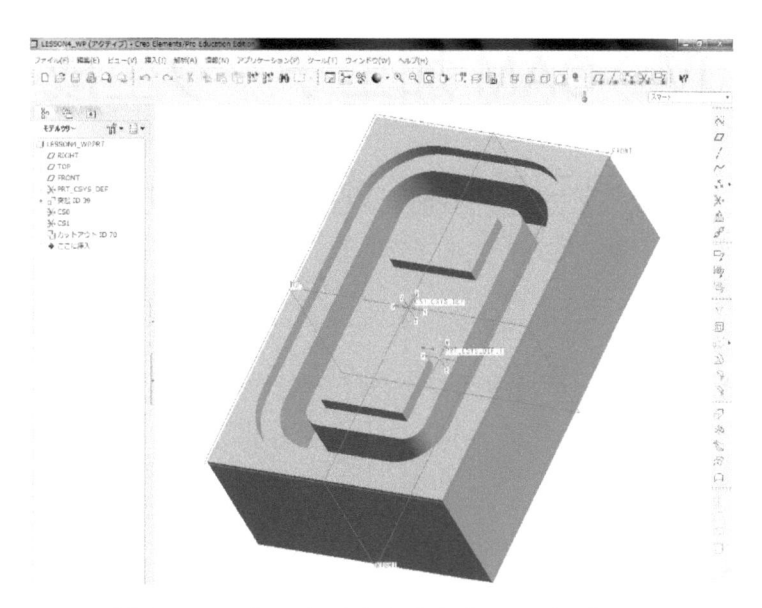

図 5.41　カットアウトされたワークピース

15.1　穴フィーチャーを一つ作成する

穴タイプ：直線穴

直径：20

深さ：40

配置：(170, 270)

15.2　残り3つを複製（パターン）によって作成する

図 5.42 のようにワークピースの四隅に穴が開く．

16. ファイルの保存

ここでファイルを保存する．

- プルダウンメニュー[ファイル]の中の[保存]を選択する．
- 「オブジェクトを保存」ウィンドウが出てくるので，名前を変えずにそのまま OK ボタンを押す．

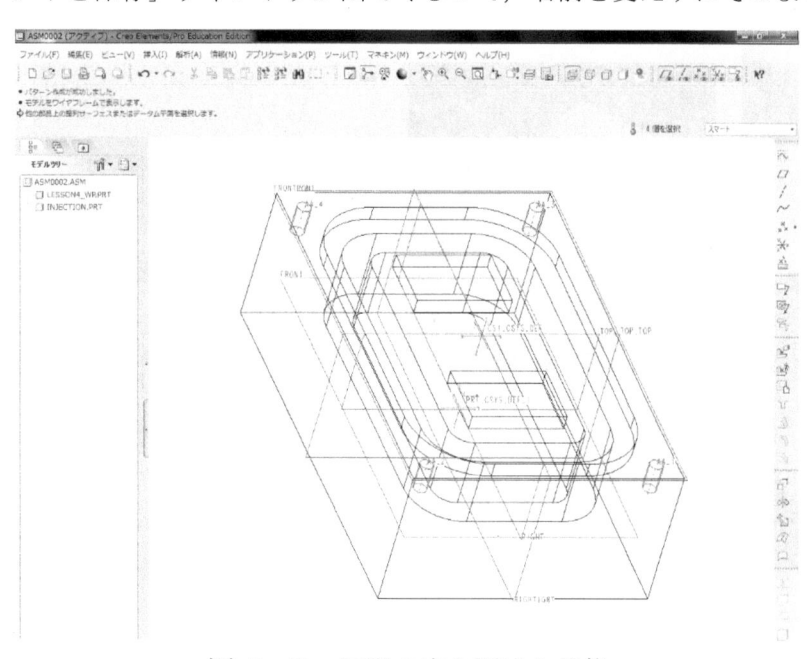

図 5.42　四隅の穴を開けた状態

Ⅳ. CAM 加工データ生成

> 課題 7:ツールパスを求め,加工データを生成する.

加工データ作成までの手順の概要は,次のようになる.

1) 製造モデルの設定

    設計モデル(課題 5, 6 で作った金型とワークピース)をアセンブリする.

2) 運動平面の指定

    切削座標系を設定する.

    リトラクト平面を作成する.

3) 加工開始点の設定
4) 工具の指定

    加工ツール(工作機械)を設定する.

    ツール(工具)を作成する.

5) 運動と加工条件の指定

    NC シーケンスを設定する.

    ミルウィンドウを作成する

6) ツールパスの導出
7) ポストプロセス

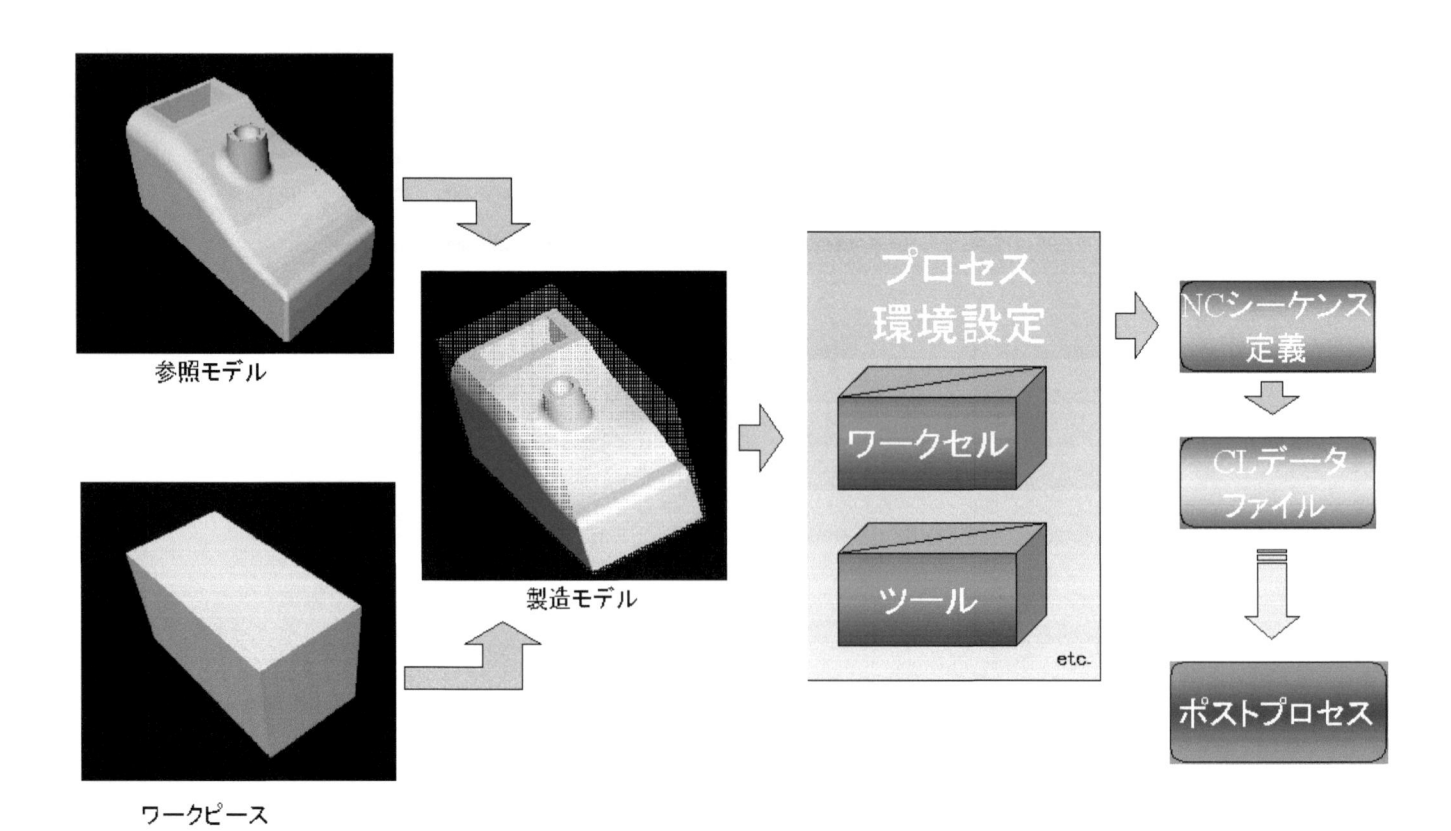

図 5.43　解析手順

1. 新規ファイルの作成（注意）

- プルダウンメニュー[ファイル]から，[新規]を選択し，タイプを[製造]に，サブタイプを[NC アセンブリ]にする．
- 名前をつける

    (　　　　　　　　　　　　　) ←名前を記入

図 5.44 「製造」を選択

2. ワークピースを呼び出す

- プルダウンメニュー[挿入]から，[ワークピース]を選択し，タイプを[アセンブリ]にする．
- 「開く」ウィンドウが開くので，課題5で作成したワークピースのファイルを選択し，開くボタンをクリックする．
- ワークピースがメインウィンドウに呼び出される．

3. ワークピースのデータム平面とアセンブリのデータム平面を整列させる

Creo Elements Pro 5.0 のアセンブリ（組立）機能を使用して，以下の手順で二つのモデルのデータム平面を整列させる．

※データム平面などが重なっていて選択しづらい場合は，カーソルを選択したいものがある位置にもっていき，選択したいものがハイライトするまで右クリックする．

3.1 [TOP]データム平面を整列させる

- ダッシュボードの[配置パネル]をクリックし，「拘束タイプ」の欄の「▼」アイコンをクリックして，[整列]を選択する．
- メインウィンドウ上で，ワークピースの[TOP]データム平面をクリックする．
- 次に，NC アセンブリの[NC_ASM_TOP]データム平面をクリックする．
- これで，ワークピースの[TOP]データム平面と NC アセンブリの[NC_ASM_TOP]データム平面が整列した．

3.2 [FRONT]データム平面を整列させる

- 「配置」ウィンドウの,「⇨新規拘束」をクリックし,「拘束タイプ」の欄の,「▼」アイコンをクリックし[整列]を選択する.
- メインウィンドウ上で,ワークピースの[FRONT]データム平面をクリックする.
- 次に,NC アセンブリの[NC_ASM_FRONT]データム平面をクリックする.
- これで,ワークピースの[FRONT]データム平面と参照モデルの[NC_ASM_FRONT]データム平面が整列した.

3.3 [RIGHT]データム平面を整列させる

- 「配置」ウィンドウの,「⇨新規拘束」をクリックし,「拘束タイプ」の欄の,「▼」アイコンをクリックし[整列]を選択する.
- メインウィンドウ上で,ワークピースの[RIGHT]データム平面をクリックする.
- 次に,NC アセンブリの[NC_ASM_RIGHT]データム平面をクリックする.
- これで,ワークピースの[RIGHT]データム平面と NC アセンブリの[NC_ASM_RIGHT]データム平面が整列した.
- ダッシュボードの「ステータス」が「完全な拘束」になっていることを確認する.

- 問題がなければ,「フィーチャー完了」アイコン ✓ をクリックする.
- 図 5.45 のようなモデルが完成する.

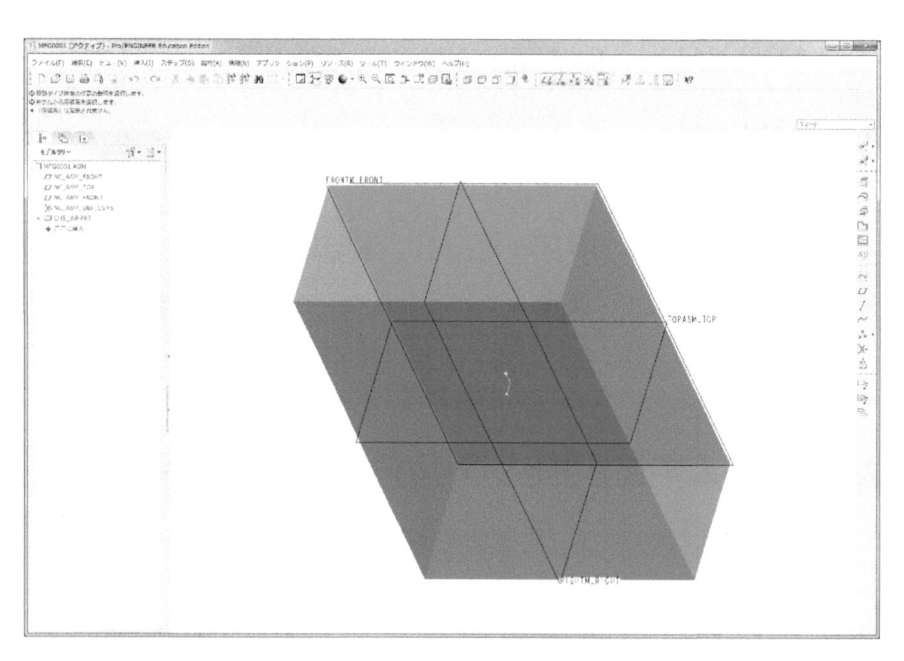

図 5.45 ワークピースを呼び出した状態

4. 金型を呼び出す

- プルダウンメニュー[挿入]から,[参照モデル]を選択し,タイプを[アセンブリ] にする.
- 「開く」ウィンドウが開くので,課題 6 で作成した金型のファイルを選択し, 開く ボタンをクリックする.
- 金型がメインウィンドウに呼び出される.(図 5.46)

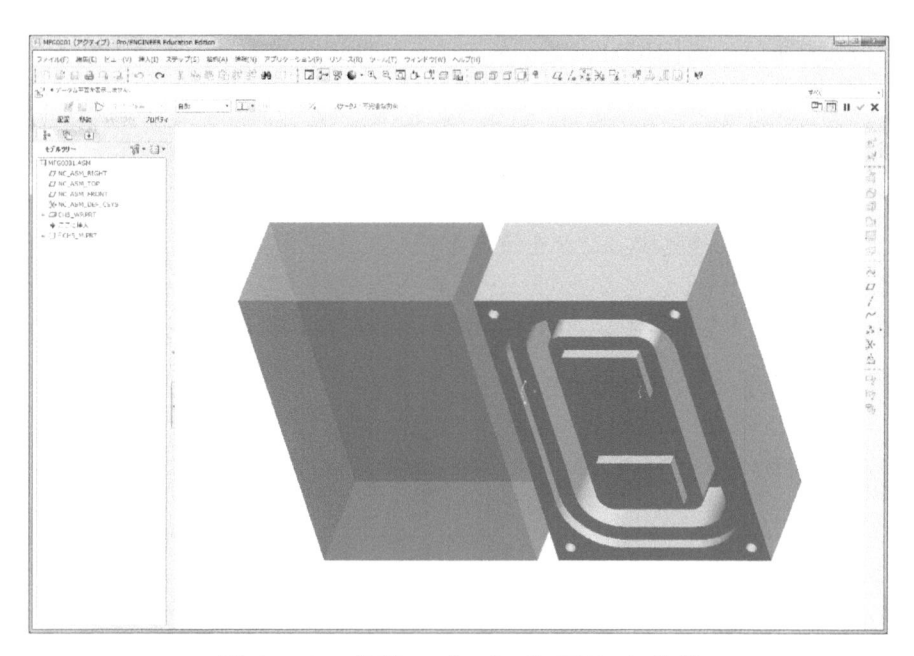

図 5.46　参照モデルを呼び出した状態

5. アセンブル（組立）する

　ワークピースと参照モデルの位置と姿勢を一致させるために，Creo Elements Pro 5.0 のアセンブリ（組立）機能を使用して，以下の手順で二つのモデルのデータム平面を整列させる．

※データム平面などが重なっていて選択しづらい場合は，カーソルを選択したいものがある位置にもっていき，右クリックを長押しし，「リストから選択」を選ぶ．

5.1　[FRONT]データム平面を整列させる
- ダッシュボードの[配置パネル]をクリックし，「拘束タイプ」の欄の「▼」アイコンをクリックして，[整列]を選択する．
- メインウィンドウ上で，参照モデルの[FRONT]データム平面をクリックする．
- 次に，ワークピースの[FRONT]データム平面をクリックする．
- これで，参照モデルの[FRONT]データム平面とワークピースの[FRONT]データム平面が整列した．

5.2　[TOP]データム平面を整列させる
- 「配置」ウィンドウの，「⇨新規拘束」をクリックし，「拘束タイプ」の欄の，「▼」アイコンをクリックし[整列]を選択する．
- メインウィンドウ上で，参照モデルの[TOP]データム平面をクリックする．
- 次に，ワークピースの[TOP]データム平面をクリックする．
- これで，参照モデルの[TOP]データム平面とワークピースの[TOP]データム平面が整列した．

5.3　[RIGHT]データム平面を整列させる
- 「配置」ウィンドウの，「⇨新規拘束」をクリックし，「拘束タイプ」の欄の，「▼」アイコンをクリックし[整列]を選択する．
- メインウィンドウ上で，参照モデルの[RIGHT]データム平面をクリックする．
- 次に，ワークピースの[RIGHT]データム平面をクリックする．

- これで，参照モデルの[RIGHT]データム平面とワークピースの[RIGHT]データム平面が整列した．
- ダッシュボードの「ステータス」が「完全な拘束」になっていることを確認する．
- メインウィンドウ内のワークピースと参照モデルが一致していて，モデルをマウスで移動させると，二つとも一緒に移動することを確認する．
- 問題がなければ，「フィーチャー完了」アイコン ☑ をクリックする．
- 図 5.47 のようなモデルが完成する．

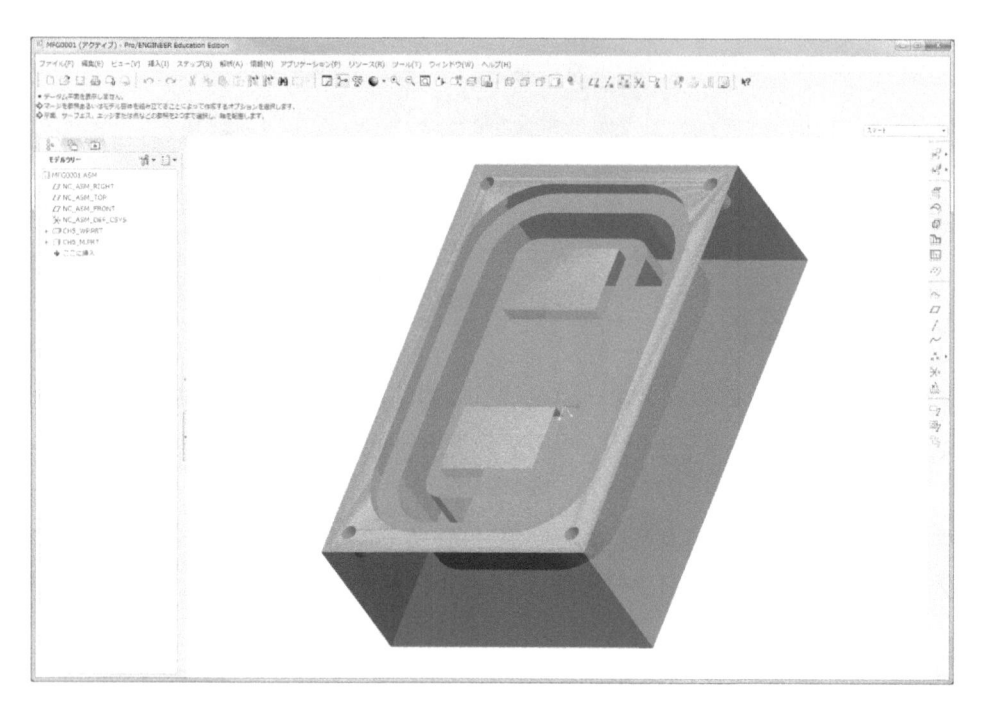

図 5.47　アセンブルした状態

6. ファイルの保存

ここでファイルを保存する．

- プルダウンメニュー[ファイル]の中の[保存]を選択する．
- 「オブジェクトを保存」ウィンドウが出てくるので，名前を変えずにそのまま OK ボタンを押す．

7. 切削座標系の設定

次に，切削座標系を設定する．切削座標系は，加工する面に対して上向きでなければならない．以下にその手順を示す．

- プルダウンメニュー[ステップ]の中の[オペレーション]を選択する．
- 「オペレーション設定」ウィンドウが開く．（図 5.48）
- 「オペレーション設定」ウィンドウの"参照"の欄の[加工ゼロ]の矢印をクリックする．
- 新たなメニューマネージャが開き，その「マシン座標系」メニューから，[選択]を選択する．（図 5.49）

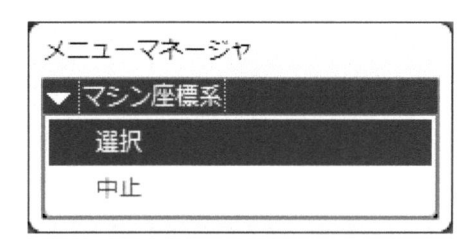

図 5.48 「オペレーション設定」ウィンドウ　　図 5.49 「マシン座標系」メニューマネージャ

- ツールチェストの中のデータム座標系アイコン をクリックする．
- 新たに「座標系」ウィンドウが開くので，"参照"を決定する．
- モデルツリーにある，[ワークピース]の[RIGHT]，[TOP]，[FRONT]の順で三つのデータム平面を，Ctrlキーを押しながらクリックする．（メインウィンドウのモデルから選択してもよいが，この場合はモデルツリーから選択するほうがやりやすい）（図 5.50）

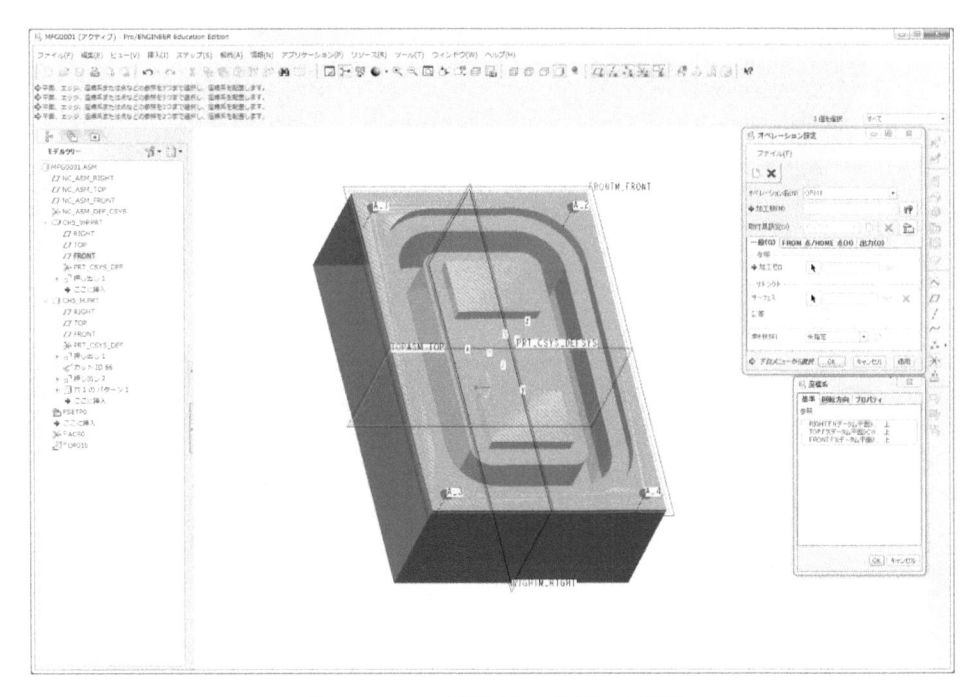

図 5.50 座標系の参照の選択

159

- 「座標系」ウィンドウの「回転方向」タブで，[RIGHT]データム平面と x 軸，[TOP]データム平面と y 軸がそれぞれ垂直になるようにして，z 軸が上向きになるようにする．（図 5.51，5.52 参照）

図 5.51 座標系ウィンドウ

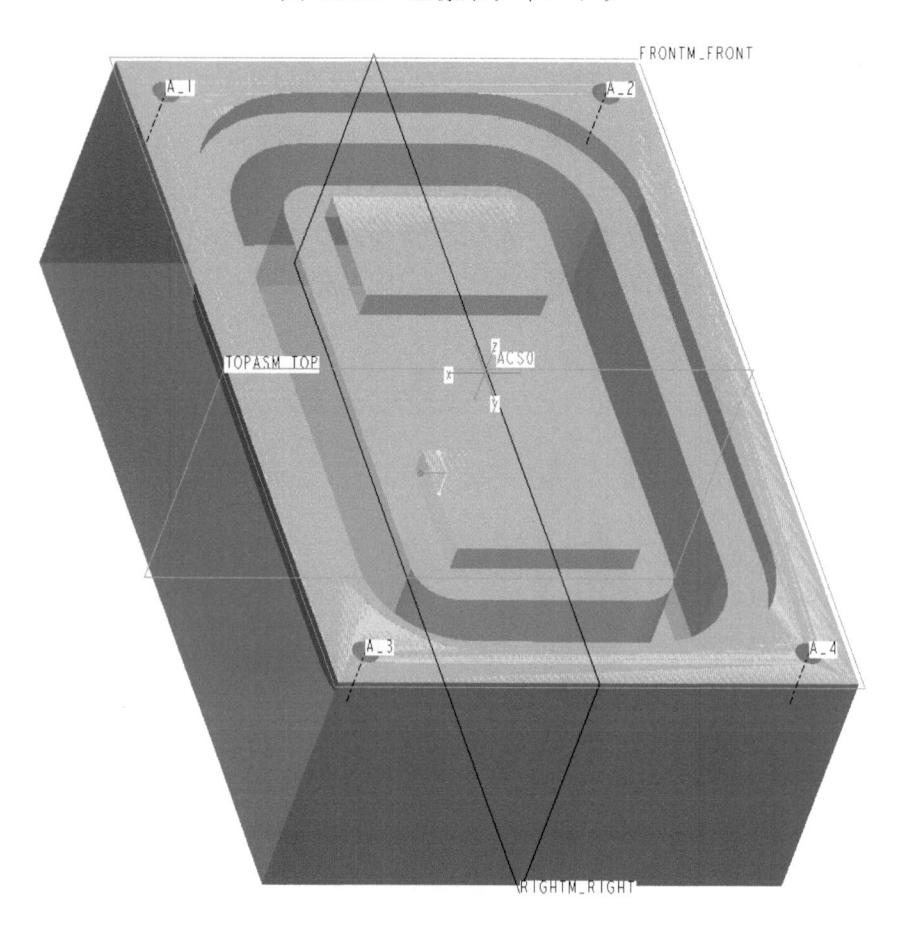

図 5.52 切削座標系の作成

- 「座標系」ウィンドウ下の OK ボタンを押すと，切削座標系が作成される．(図 5.52 の例では ACS0)

8. リトラクト平面の作成

　工具を工作物の近傍で移動させる場合，実際に切削加工するとき以外は，安全のために加工面から一定以上の距離離れた場所で運動させる必要がある．この限界を示す面をリトラクト平面と呼ぶ．今回は，加工面から20mmの位置にリトラクト平面を作成する．

- 「オペレーション設定」ウィンドウの"リトラクト"の欄の[サーフェス]の矢印をクリックする．
- 新たに「リトラクトの設定」ウィンドウが開くので，「値」に"20"を入力する．（図 5.53 参照）

図 5.53 「リトラクト選択」ウィンドウ

- z深さを入力したら，下の OK ボタンを押す．

「オペレーション設定」ウィンドウの"リトラクト"の欄の[サーフェス]のメガネアイコンをクリックすると，画面上の[FRONT]データム平面のすぐ上にリトラクト平面が表示される．（図 5.54）

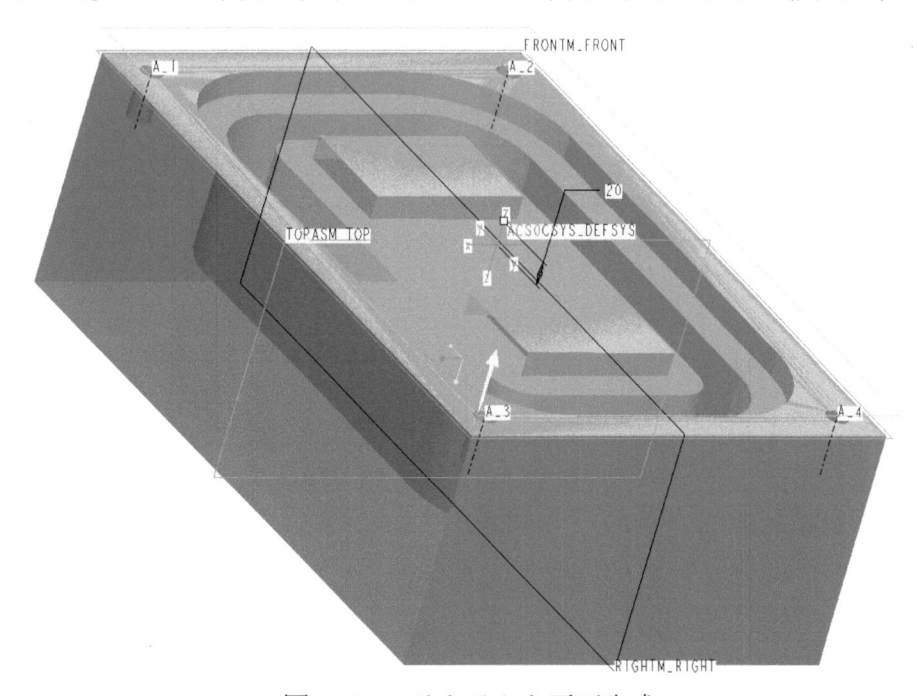

図 5.54 リトラクト平面生成

9. 開始点の設定

工具が加工を始める加工開始点を設定する．

- 「オペレーション設定」ウィンドウの「FROM 点/HOME 点」タブをクリックする．
- [FROM 点]の矢印をクリックする．（図 5.55）

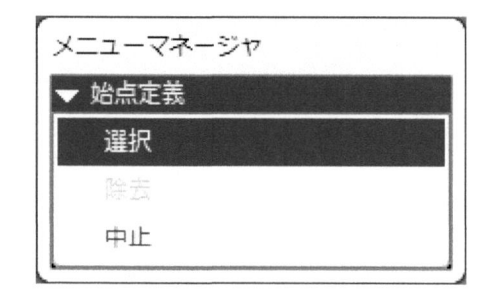

図 5.55 FROM 点の矢印ボタンをクリック　　図 5.56 「始点定義」メニューマネージャ

- 新たなメニューマネージャが開くので，その「始点定義」メニューから，[選択]を選択する．（図 5.56）
- ツールチェストの中のデータム点ツールアイコン から データム点アイコン を選択．
- データム点ウィンドウが開くので，参照にモデルの上面サーフェス①を選択する．（図 5.57）
- オフセット参照に Ctrl キーを押しながらモデルの側面サーフェス②とモデルの手前面サーフェス③を選択し，値を 0 と入力する．（図 5.58）
- 三ヶ所選択し，OKボタンをクリックすると，開始点が作成される．

図 5.57 データム点ウィンドウ

162

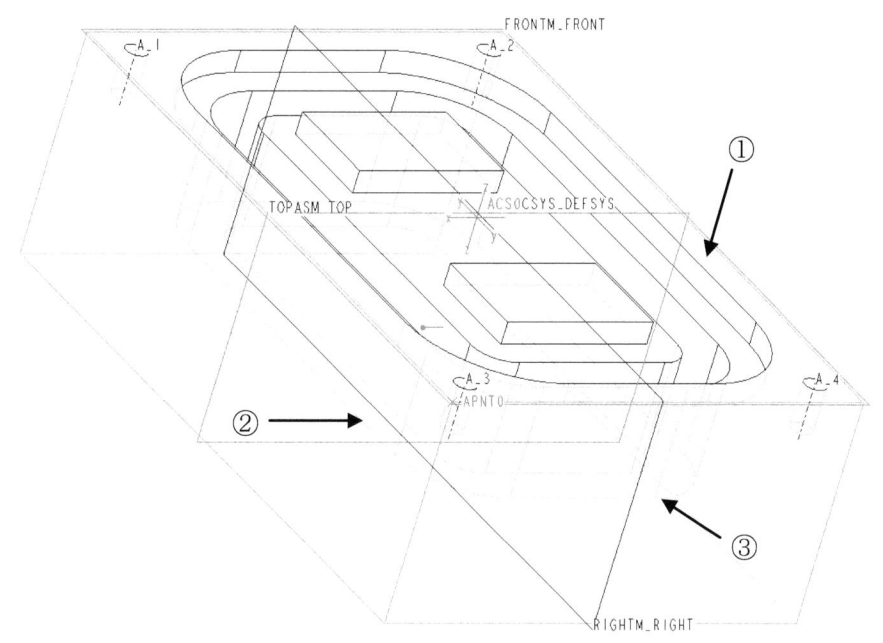

図 5.58 開始点の作成（モデルの下付近[APNT0]が開始点）

10. 加工ツール設定（ワークセルの設定）

加工に用いる工作機械を，以下のように設定する．

- 「オペレーション設定」ウィンドウの[加工機]の横のボタン をクリックする．
- 新たに「加工機設定」ウィンドウが開く．（図5.59）
- 3軸のミルで加工するので，デフォルトのままでよいことを確認する．
- 確認後，OKボタンをクリックし，そのウィンドウを閉じる．

図 5.59 加工機設定ウィンドウ

- 以上でオペレーション設定がすべて終了したので，「オペレーション設定」ウィンドウの下の OK ボタンをクリックする．

※「オペレーション設定」ウィンドウが閉じられないという人は，関係のないメニューマネージャ（マシン座標系など）が開いていないかを確認してみる．開いている場合は，[中止]でメニューマネージャを終了させてから，オペレーションの設定を終了させる．

11. ファイルの保存

ここでファイルを保存する．

- プルダウンメニュー[ファイル]の中の[保存]を選択する．
- 「オブジェクトを保存」ウィンドウが出てくるので，名前を変えずにそのまま OK ボタンを押す．

12. ツールの作成

次に，加工で用いる工具のデータを作成する．

- プルダウンメニューの「ステップ」の中の「ボリューム荒削り」を選択する．
- メニューマネージャが開くので，「シーケンス設定」メニューから[工具]，[パラメータ]，[ウィンドウ]にチェックを入れ，それ以外を外し，「実行」をクリックする．（図 5.60）

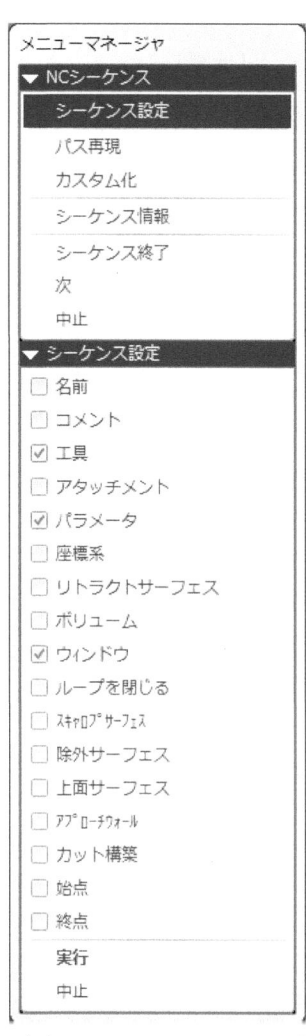

図 5.60 メニューマネージャ

- 「工具設定」ウィンドウが開く．（図 5.61）

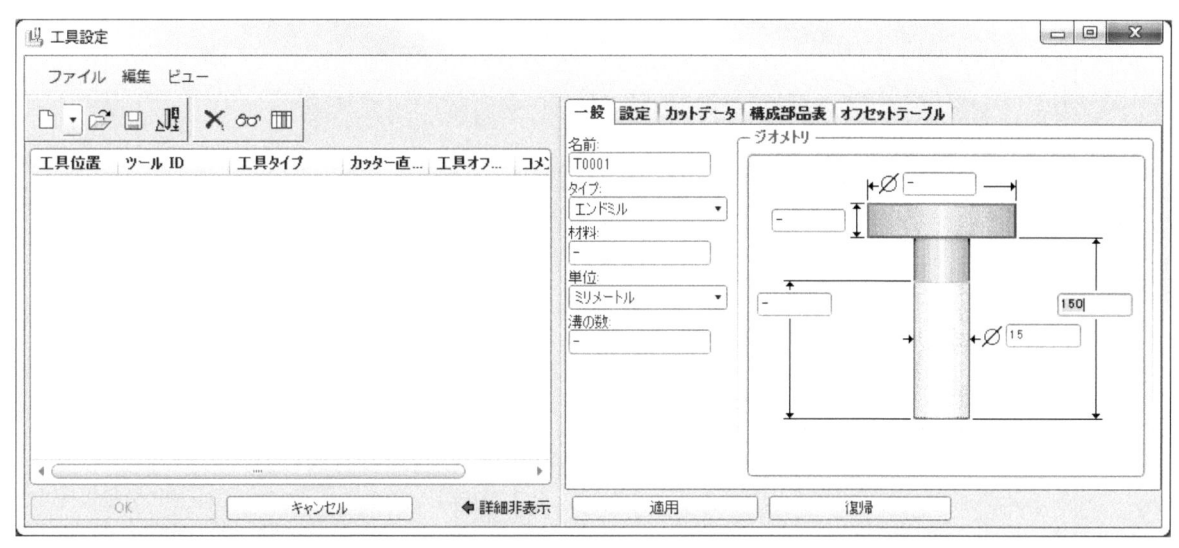

図 5.61　ツールの作成

- ジオメトリの中のカッター直径に「15」，長さに「150」を入力する．
- 適用ボタンを押す．
- 「工具設定」ウィンドウのプルダウンメニュー[ファイル]から[工具を保存]を実行する．
- これでツールが作成できたので，「工具設定」ウィンドウ下のOKボタンをクリックして，ウィンドウを閉じる．

13. NC シーケンス設定

ここでは，切削加工の方法を決める各種のパラメータを設定する．

- 「シーケンス"ボリュームミリング"のパラメータ設定」ウィンドウが開く．（図 5.62）
- 製造パラメータの中を以下のように修正する．

  ◇ カット送り速度　　　　　　：20
  ◇ ステップ深さ　　　　　　　：20
  ◇ XY ピッチ　　　　　　　　：10
  ◇ スキャンタイプ　　　　　　：（※参照）
  ◇ 荒削りオプション　　　　　：荒削りのみ
  ◇ クリアランス距離　　　　　：1
  ◇ スピンドル回転速度　　　　：500
  ◇ クーラントオプション　　　：冷却噴霧

  ※ スキャンタイプは，各自の出席番号を 6 で割った余りで決定する．
  　　余り 0　：タイプ 1
  　　余り 1　：タイプ 2
  　　余り 2　：タイプ 3
  　　余り 3　：タイプ 1 接続
  　　余り 4　：一方向タイプ
  　　余り 5　：タイプスパイラル

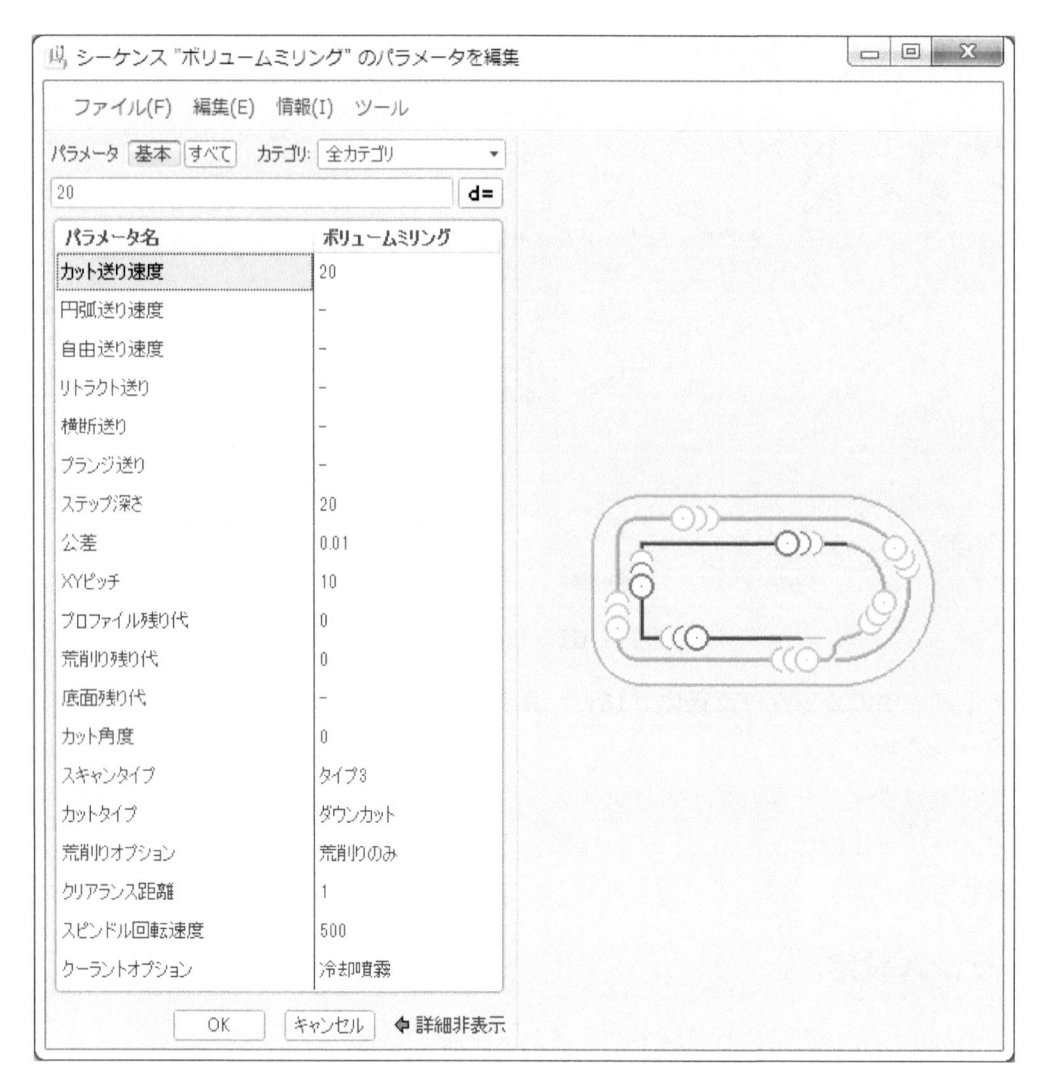

図 5.62　パラメータの設定

- パラメータの変更が完了したら，OKボタンをクリックして，ウィンドウを閉じる．

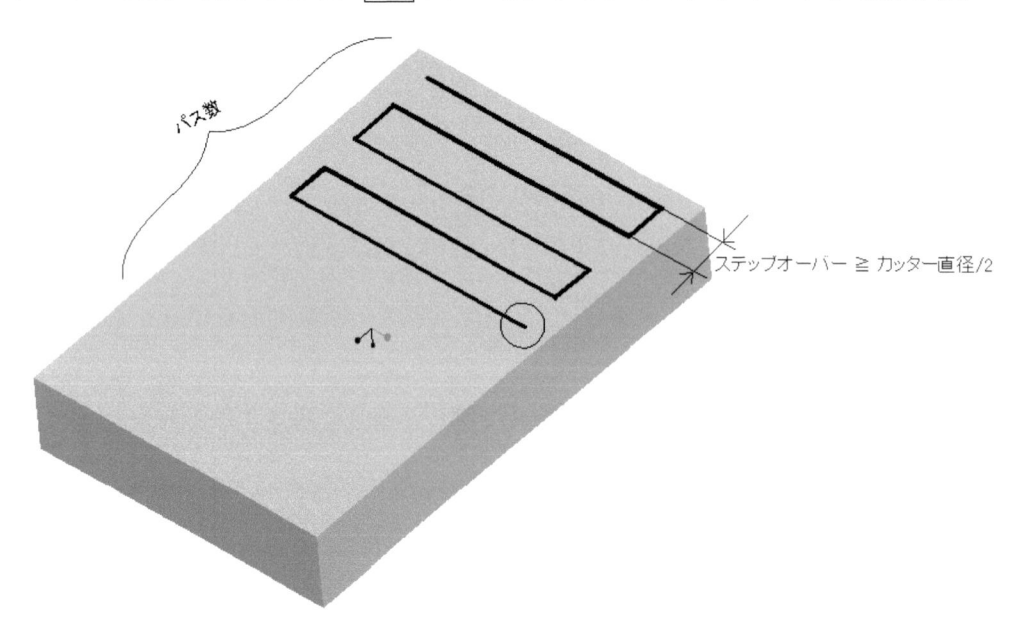

図 5.63　XY ピッチ（ステップオーバーとも呼ばれ，これにより往復のパス数が決まる．）

タイプ1

タイプスパイラル

タイプ2

タイプ3

一方向タイプ

タイプ1接続

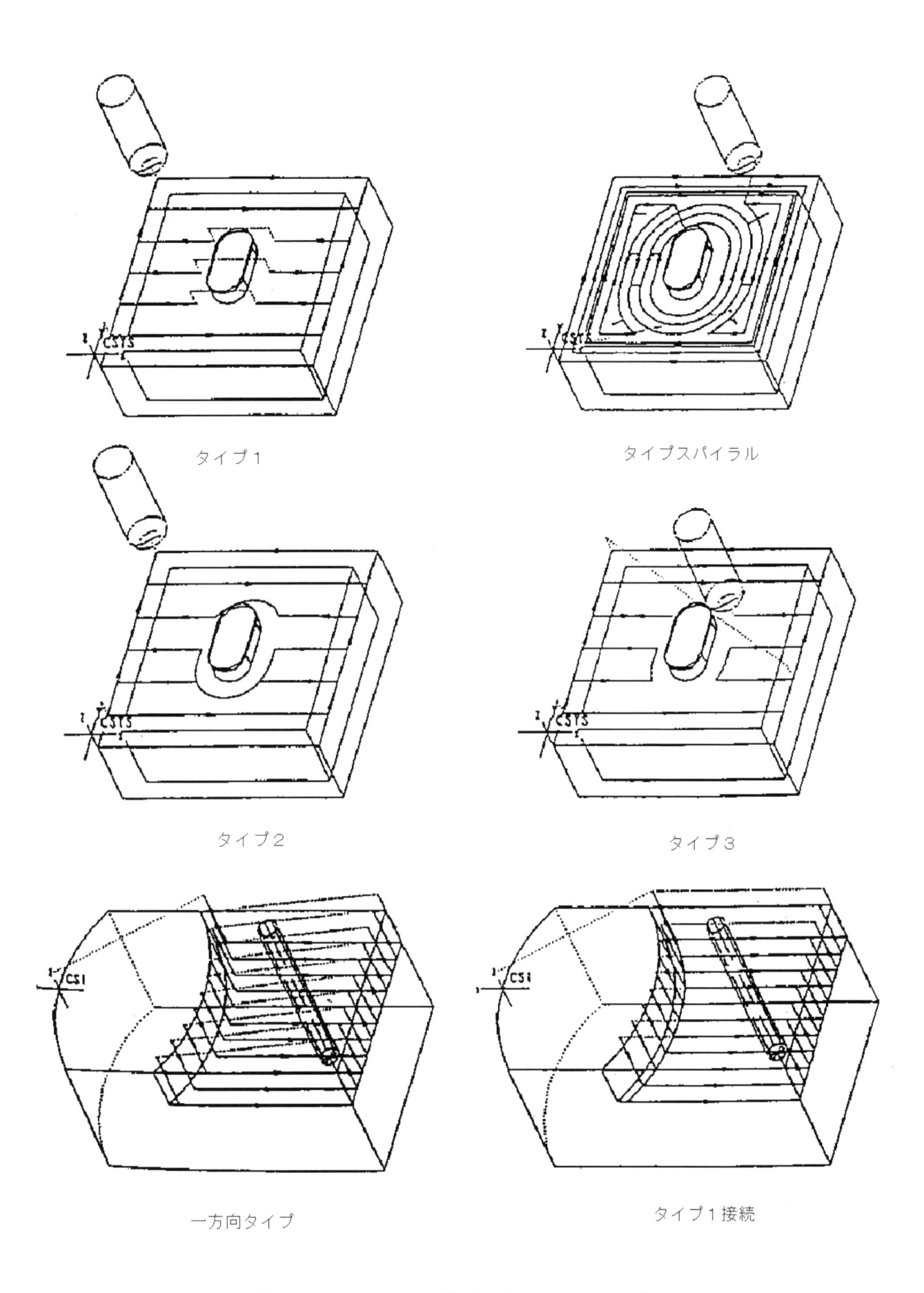

図 5.64 パラメータ説明図（スキャンタイプ）

14. ミルウィンドウの作成

ミルウィンドウとは，ボリュームの NC シーケンスによって使用されるフィーチャーである．製造領域を囲むウィンドウを定義し，このウィンドウ内のサーフェスはすべてマシン加工ができるようになる．つまり，ミルウィンドウとは，このシーケンスにおける加工される領域である．

ミルウィンドウは，次のようにして設定する．

- メニューマネージャ「ウィンドウ定義」メニューから[ウィンドウ選択]を選択する．

- メインウィンドウ内の，「ミルウィンドウ」アイコン をクリックする．（図 5.65）

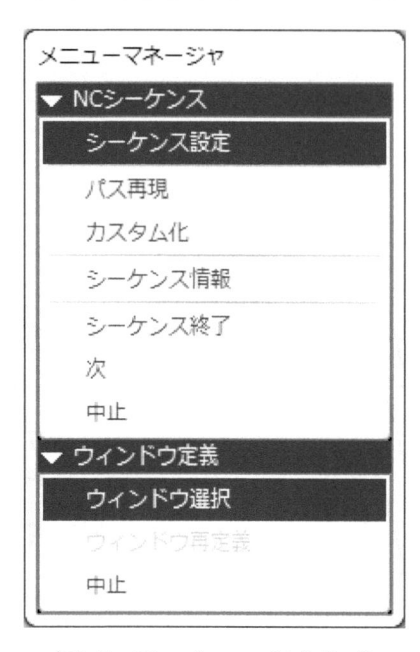

図 5.65 ウィンドウ作成

- ダッシュボードから[チェーンウィンドウタイプ] を選択する．
- 配置ボタンをクリックし「ウィンドウ平面」にモデル上面を設定する．（図 5.66）

- 見やすいように，画面上部のワイヤーフレームアイコン をクリックし，表示モードをワイヤーフレームに切り替える．

- 詳細...ボタンをクリックすると「チェーン」ウィンドウが表示されるので，図 5.67 のように，Ctrl キーを押しながら既に描かれているカットの外形（矢印で示した線）を選択していく．

- これらの線で囲まれた内側が加工される．
- すべて選択したら OK ボタンをクリックする．

- 「ツールダッシュボード終了」アイコン をクリックする．

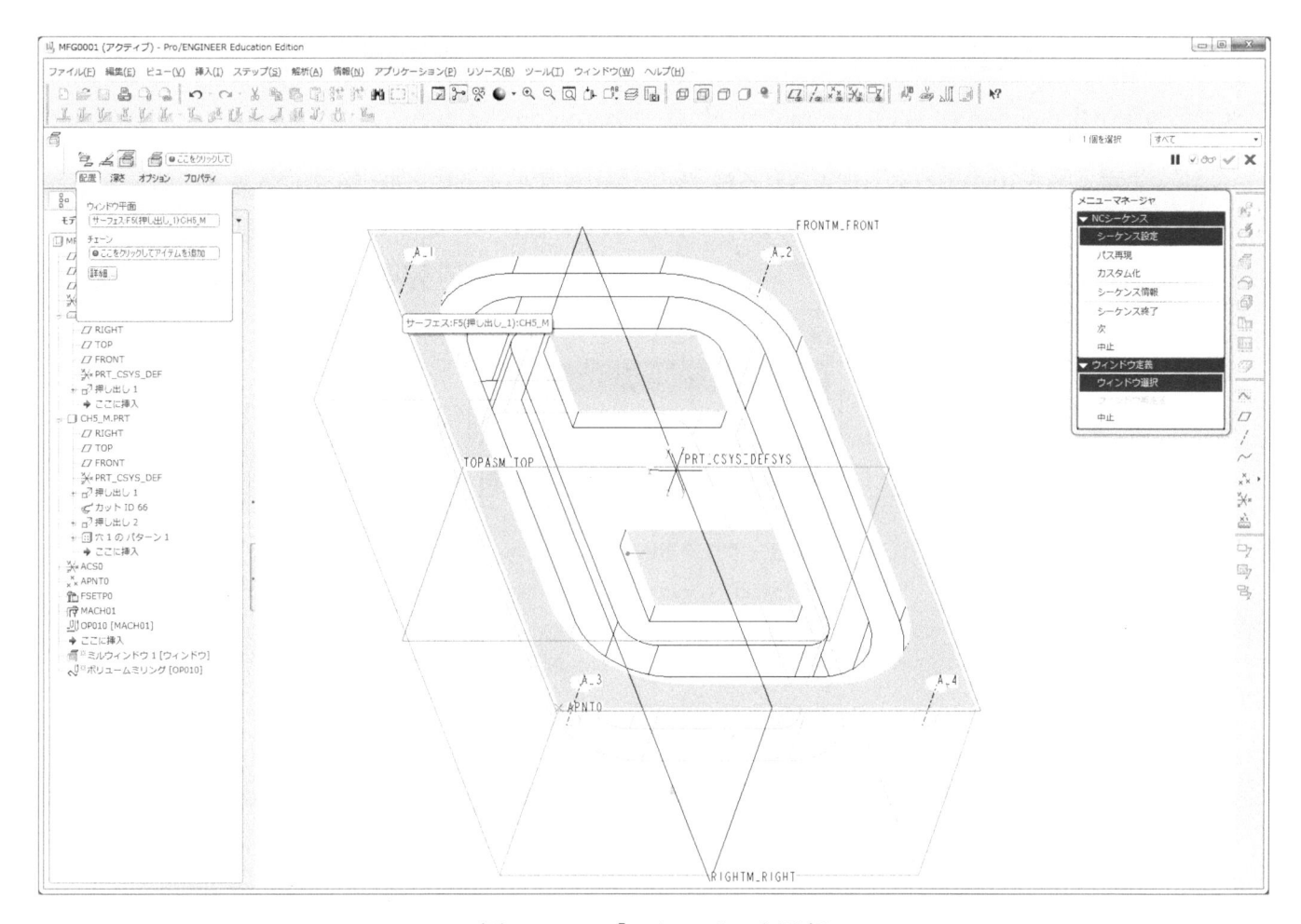

図 5.66 「スケッチ」を選択

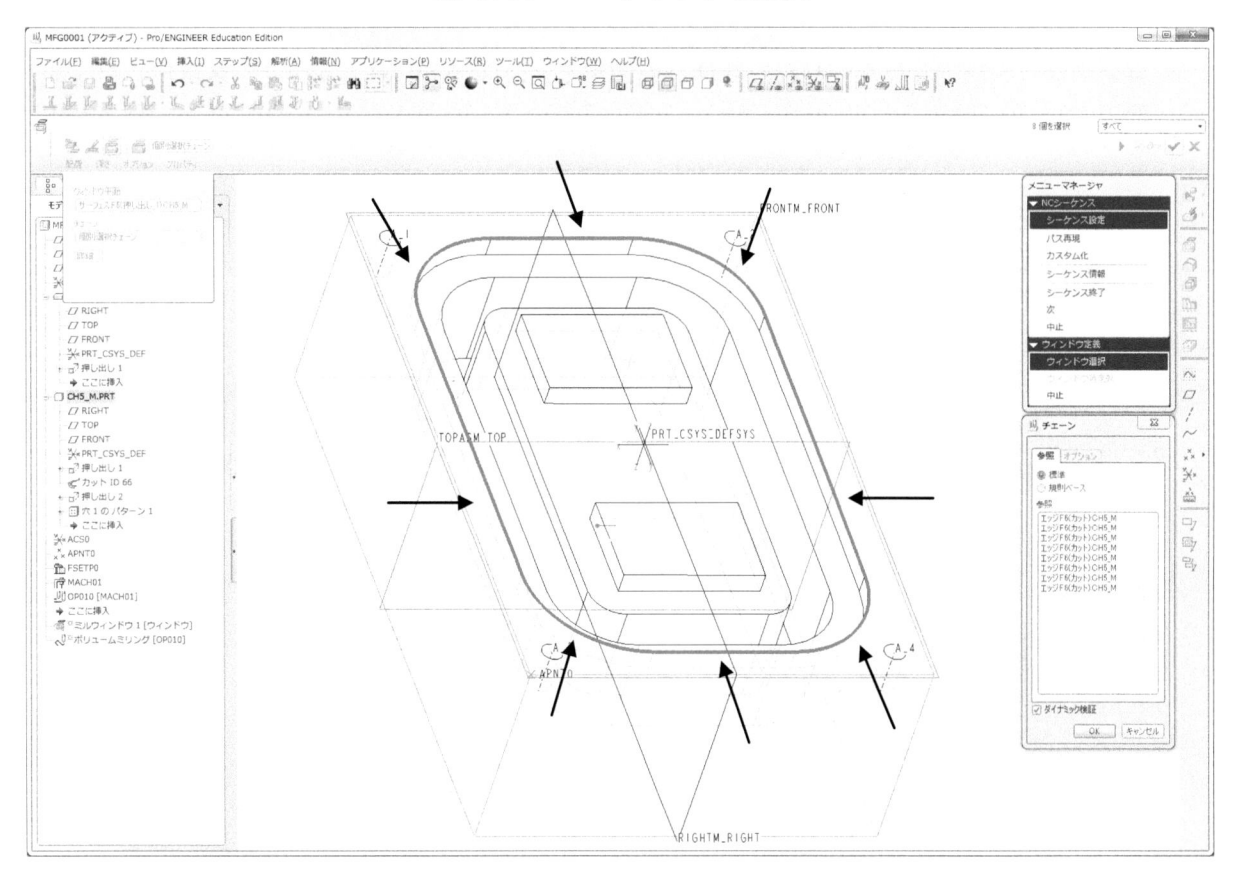

図 5.67 参照の選択

15. ツールパスの導出

各種の設定が終わったので，いよいよ加工工具経路（ツールパス）を計算する．

- まず，図 5.70 のように，加工される様子がわかりやすいように，モデルの向きを変える．
- メニューマネージャの「NC シーケンス」メニューが開いているので，[パス再現]を選択する．
- 「パス再現」メニューから[スクリーンプレイ]を選択する．（図 5.68）

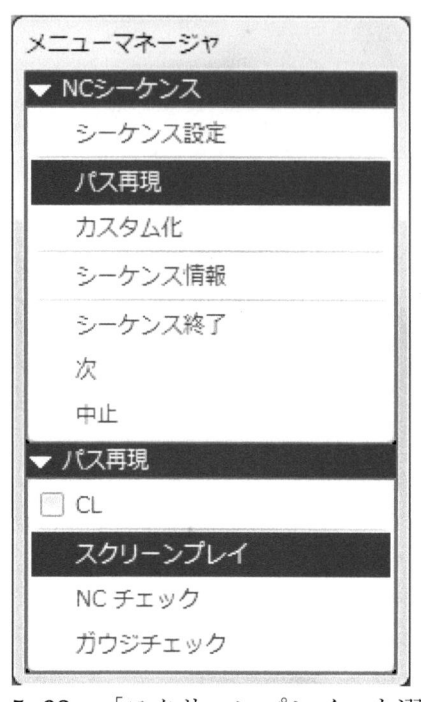

図 5.68 「スクリーンプレイ」を選択

- コンピュータ内で計算が行われ，計算が完了すると，図 5.69 のような「パス再現」ウィンドウが開く．

図 5.69 「パス再現」ウィンドウ

- 再生ボタン（右向きの三角マークのボタン）をクリックすると，メインウィンドウ内において，切削状況が見られる．（図 5.70）

- 再生が終わったら，実験担当者を呼んで，印刷をしてもらう．印刷の仕方は別途資料参照．

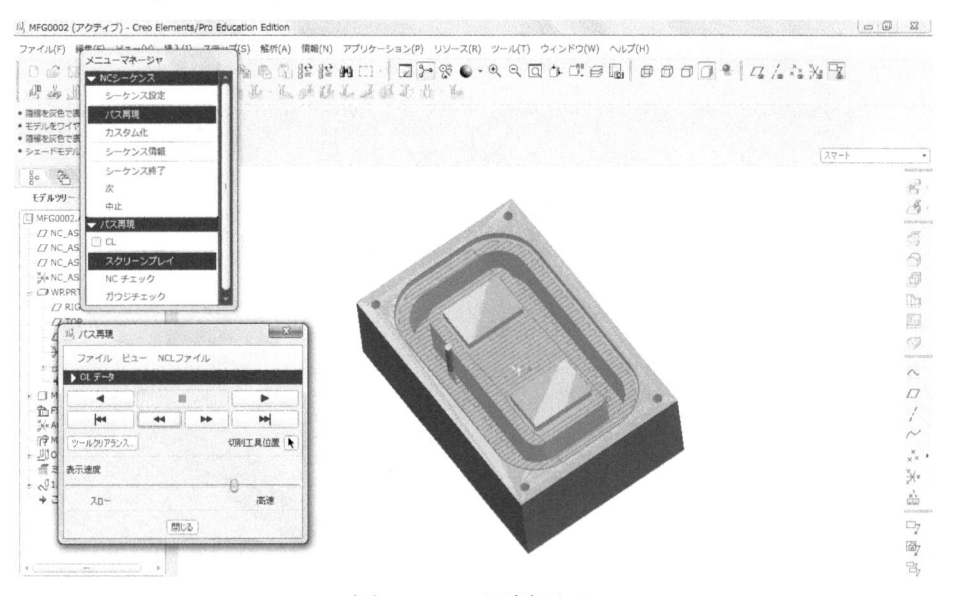

図 5.70　切削画面

- 見終えたら 閉じる ボタンをクリックする．
- 次にソリッドの状態で，切削の様子を確認するため，今度は「パス再現」メニューマネージャから「NC チェック」を選択する．
- 図 5.71 のような "VERICUT" という画面に切り替わる．

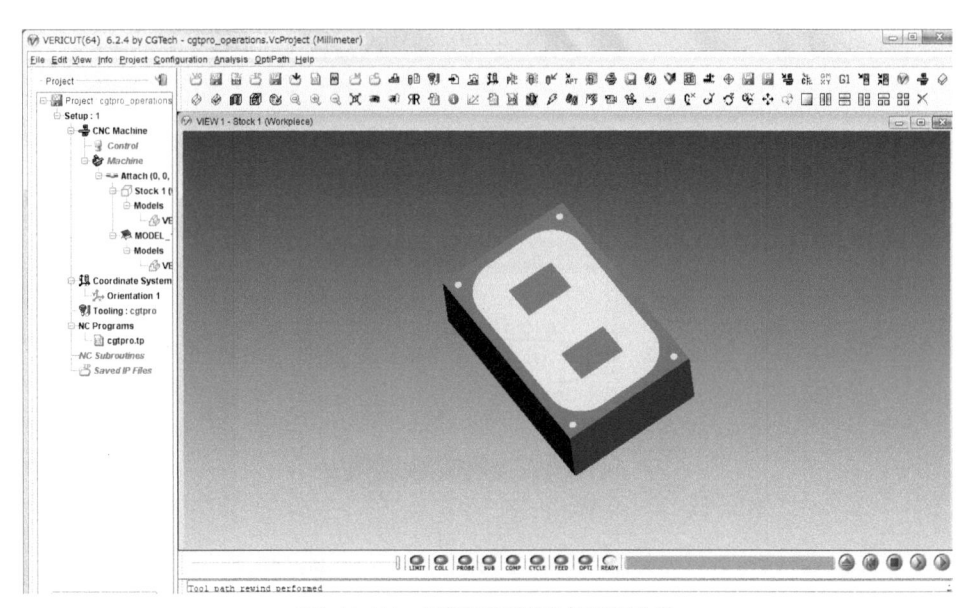

図 5.71　VERICUT 初期画面

- 図 5.71 のような初期画面より，右下再生ボタン を押すと，切削が始まる．
- その他に，リセットボタン ，一時停止ボタン ，コマ送りボタン などがある．
- また左下のスライダで切削のスピードを変更できる．

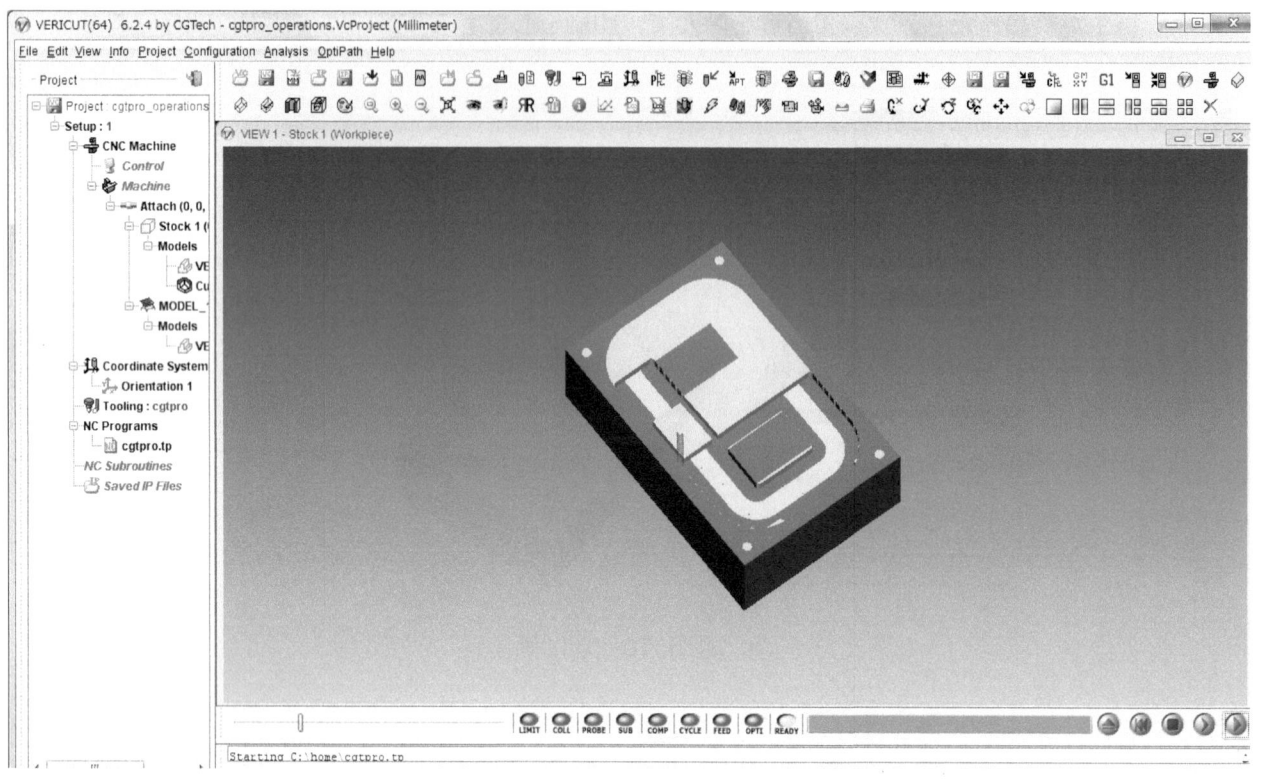

図 5.72　切削の様子

- 全ての切削が終わり，確認できたら実験担当者を呼んで印刷してもらう．
- 印刷したら，ウィンドウ右上の×ボタンをクリックし，"VERICUT"を終了させる．
- 終了確認の小さなウィンドウが出るが，ignore All changes ボタンをクリックすると終了する．
- 最後に図 5.73 の「NC シーケンス」メニューマネージャで「シーケンス終了」をクリックする．

図 5.73　「シーケンス終了」をクリック

16. ポストプロセス

ポストプロセスでは，生成された加工情報を，工作機械にあったフォーマットに変換して出力する．

- プルダウンメニューの「編集」から「CLデータ」を選択し，「出力」を選択する．
- さらに「フィーチャー選択」メニューマネージャでは「オペレーション」を選択する．
- その下の「メニュー選択」メニューマネージャから「OP010」を選択する．（図 5.74 左側）
- 図 5.74 右側「パス」メニューマネージャでは「ファイル」を選択し，最後に「実行」を選択する．

図 5.74 メニューマネージャ

- 図 5.75 のような「コピーを保存」ウィンドウが開く．

図 5.75 「コピーを保存」ウィンドウ

- 名前を付けるウィンドウだが，何も変更する必要がないので，そのまま OK ボタンをクリックする．
- これで，ワーキングディレクトリに「OP010.ncl」という CL ファイルが作成される．
- メニューマネージャに戻るので，「パス」メニューの「出力終了」を選択する．（図 5.76）
- プルダウンメニューの「ツール」から「CL データ」の「ポストプロセス」を選択する．

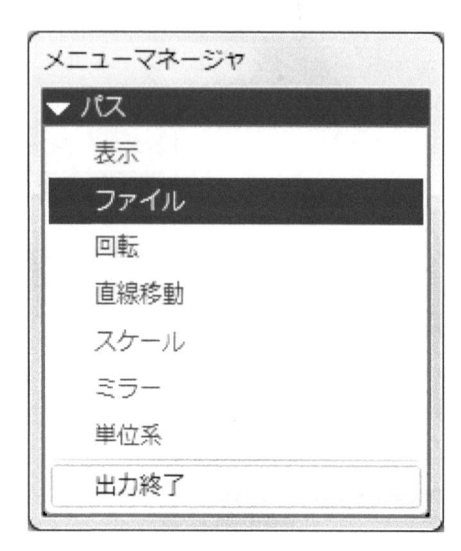

図 5.76 メニューマネージャ

- 図 5.77 のような「開く」ウィンドウが開く．
- その中，先ほど作成した「OP010.ncl」ファイルを選択し，開く ボタンをクリックする．
- 「PP オプション」メニューマネージャが開くので，「実行」を選択する．（図 5.78 左側）
- 「PP リスト」メニューマネージャになるので，リストの中から「UNCX01.P11」を選択する．（図 5.78 右側）

図 5.77 「開く」ウィンドウ

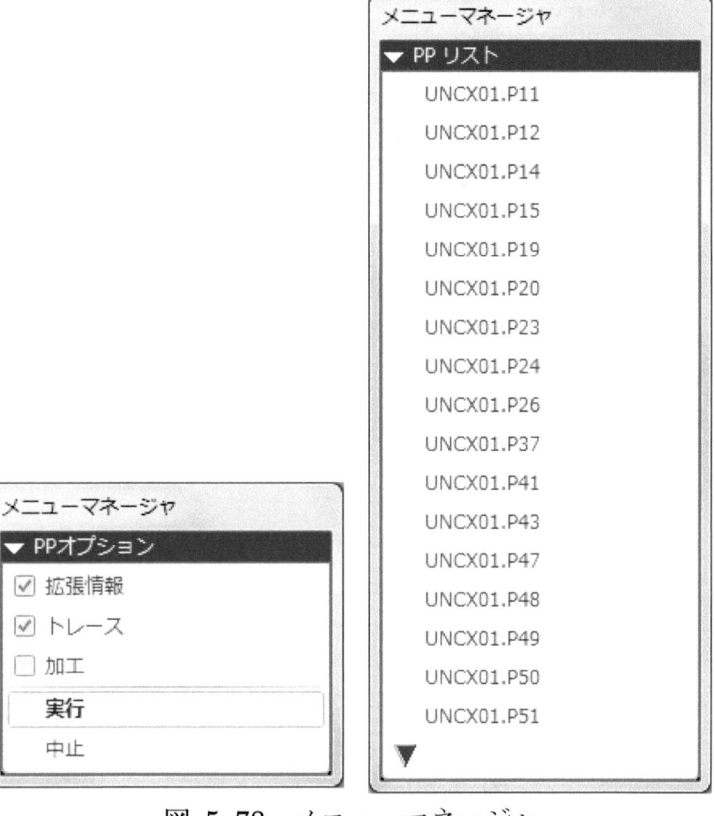

図 5.78　メニューマネージャ

- 図 5.79 のような DOS プロンプトが立ち上がり，計算が始まる．
- しばらくすると図 5.79 のように「**ENTER PROGRAM NUMBER**」と出るので,「1」を入力し Enter を押すとさらに計算が進んでいく．

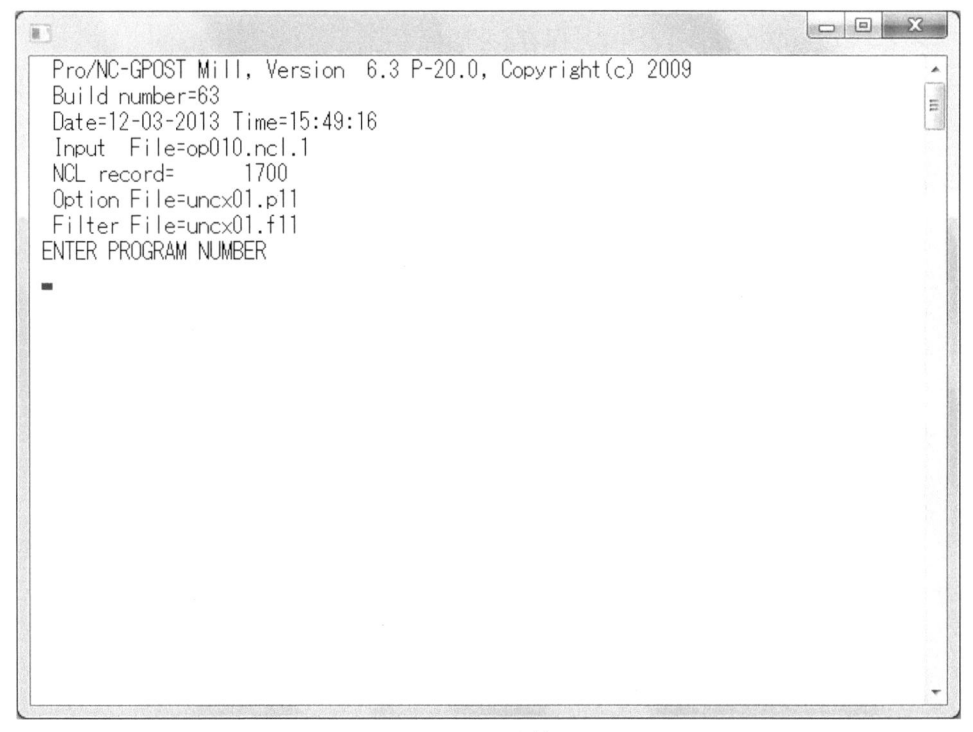

図 5.79　計算画面

- 計算が終了すると，図 5.80 のような情報ウィンドウがでるので，そのまま 閉じる ボタンで閉じる．

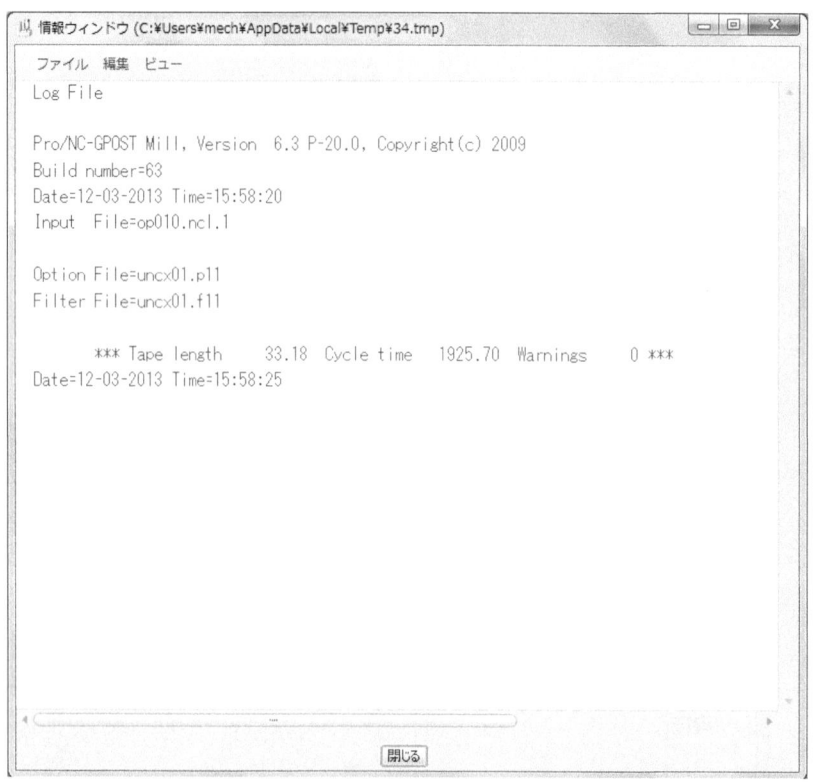

図 5.80 情報ウィンドウ

- これでワーキングディレクトリに「op010.tap」という G コードのファイルが生成された．
- G コードファイルが生成されたら，実験担当者を呼んで印刷してもらう．

17. ファイルの保存

ここでファイルを保存する．
- プルダウンメニュー[ファイル]の中の[保存]を選択する．
- 「オブジェクトを保存」ウィンドウが出てくるので，名前を変えずにそのまま OK ボタンを押す．

18. ピンを差し込む穴を削る（応用）

これまでの加工はミル工具で行った．この先は応用としてドリル工具を使ってモデルの四隅にある穴の加工を行う．行程 12 の別パターンである．
- プルダウンメニューの「ステップ」の中の「ドリリング」の中の「標準」を選択する．
- メニューマネージャが開くので，「シーケンス設定」メニューから[工具]，[パラメータ]，[穴]にチェックを入れ，それ以外を外し，「実行」を選択する．（図 5.81）

18.1 新しいツールの作成

図 5.82 のような「工具設定」ウィンドウが開くので，ここで新しいツールを作成する．
- プルダウンメニュー[ファイル]から[新規]を選択する．
- 新たな工具の設定になるので，図 5.61 を参照して以下の項目のみ変更する．
  - カッター直径　　　：20
  - 長さ　　　　　　　：150

  その他はデフォルトのまま
- 入力が終わり，適用 ボタンをクリックすると新たに工具が追加されるので，OK ボタンで閉じる．

図 5.81　メニューマネージャ

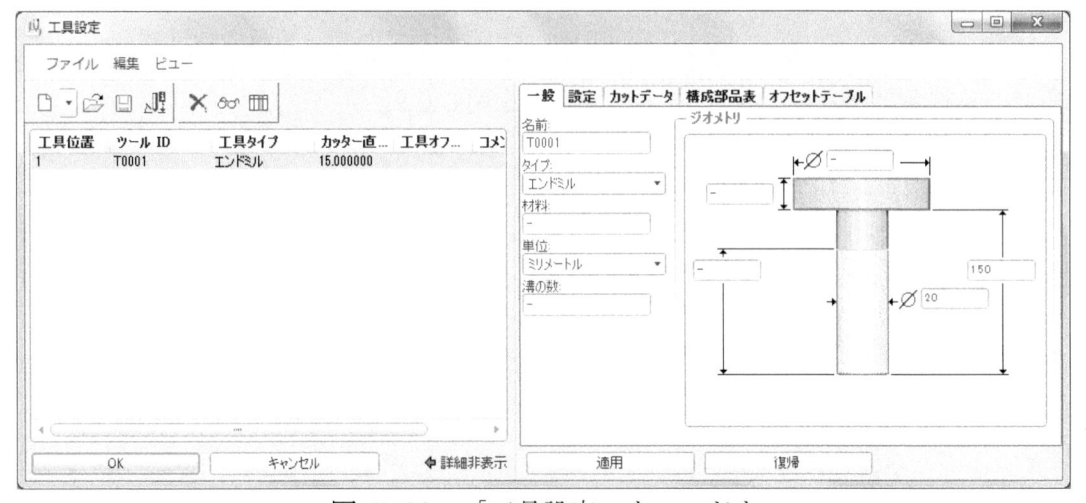

図 5.82　「工具設定」ウィンドウ

「シーケンス"穴あけ加工"のパラメータを編集」ウィンドウが開くので，以下の項目のみ変更する．（図5.83）

- カット送り速度　　　：20
- スピンドル回転速度　：500
- クリアランス距離　　：1

その他はデフォルトのまま

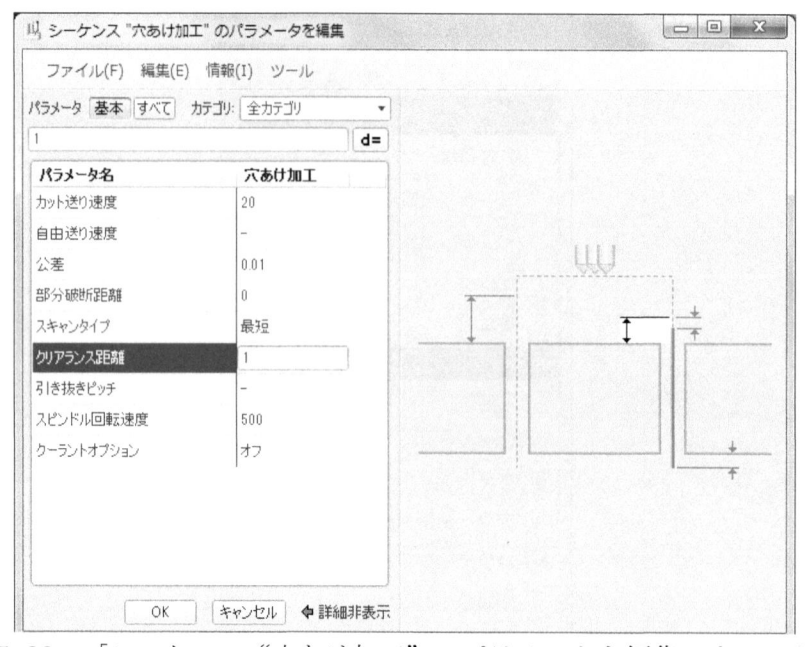

図 5.83　「シーケンス"穴あけ加工"のパラメータを編集」ウィンドウ

- 入力が終わったら，ウィンドウ左下の OK ボタンをクリック．

18.2 穴の選択と切削

- 図 5.84 のような「穴セット」ウィンドウが出るので，アイテムなしの欄に ctrl キーを押しながら 4 つ全ての穴の軸を入れる．
- これを確認して，実行 ボタンをクリックする．
- メニューマネージャに戻るので，「パス再現」を選択し，その中の「スクリーンプレイ」を選択する．
- 計算が行われ，「パス再現」ウィンドウが出るので，再生 ボタン ▶ をクリックすると切削状況が見られ，見終えたら 閉じる ボタンでウィンドウを閉じる．
- 最後に必ず「NC シーケンス」メニューマネージャの「シーケンス終了」を選択する．

図 5.84　穴セット

19. 材料を除去し，Mill による加工後のモデルを見る（応用）

行程 15 でミルによるツールパス導出後の材料が取り除かれた状態のモデルを見る．

- プルダウンメニューの「挿入」の中から「材料除去カット」を選択し，「NC シーケンスリスト」の中の「ボリュームミリング，オペレーション」を選択する．
- 「材料除去」メニューマネージャの「自動」を選択し，「実行」を選択する．
- 「交差済みコンポーネント」ウィンドウが出るので，その中の自動追加ボタンをクリックする．
- 図 5.85（右側）のように「モデル名」と「表示レベル」にそれぞれワークピースとアセンブリ名が表示されるので，そのまま OK ボタンをクリック．

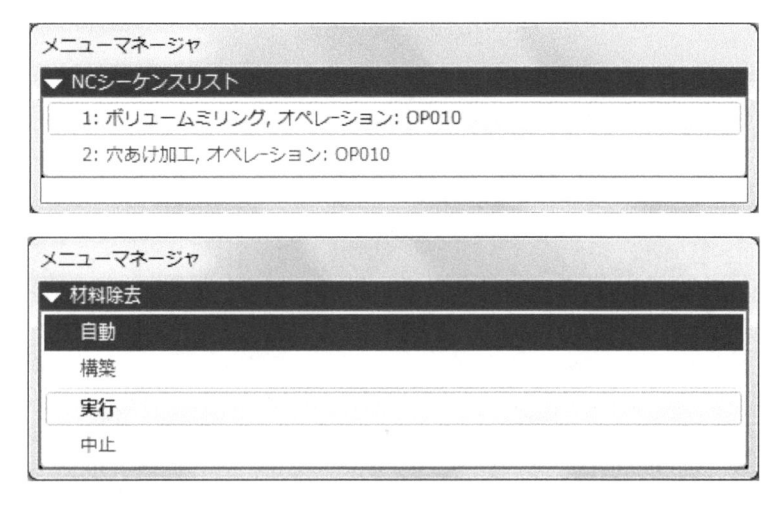

図 5.85　材料除去設定

- 図 5.86 のように，材料が取り除かれたモデルが見えるようになる．

20.（応用）材料を除去し，ドリルによる加工後のモデルを見る

次に行程 18 のドリルによる加工後の材料が取り除かれた状態のモデルを見る．

- 「加工」メニューマネージャから「材料除去」を選択し，「NC シーケンスリスト」の中の「穴あけ加工，オペレーション」を選択する．
- 「材料除去」メニューマネージャの「自動」を選択し，「実行」を選択する．
- 「交差済みコンポーネント」ウィンドウが出るので，その中の 自動追加 ボタンをクリックする．
- 図 5.85（下側）のように「モデル名」と「表示レベル」にそれぞれワークピースとアセンブリ名が表示されるので，そのまま OK ボタンをクリックする．
- 図 5.86 のように材料が取り除かれたモデルが見えるようになる．

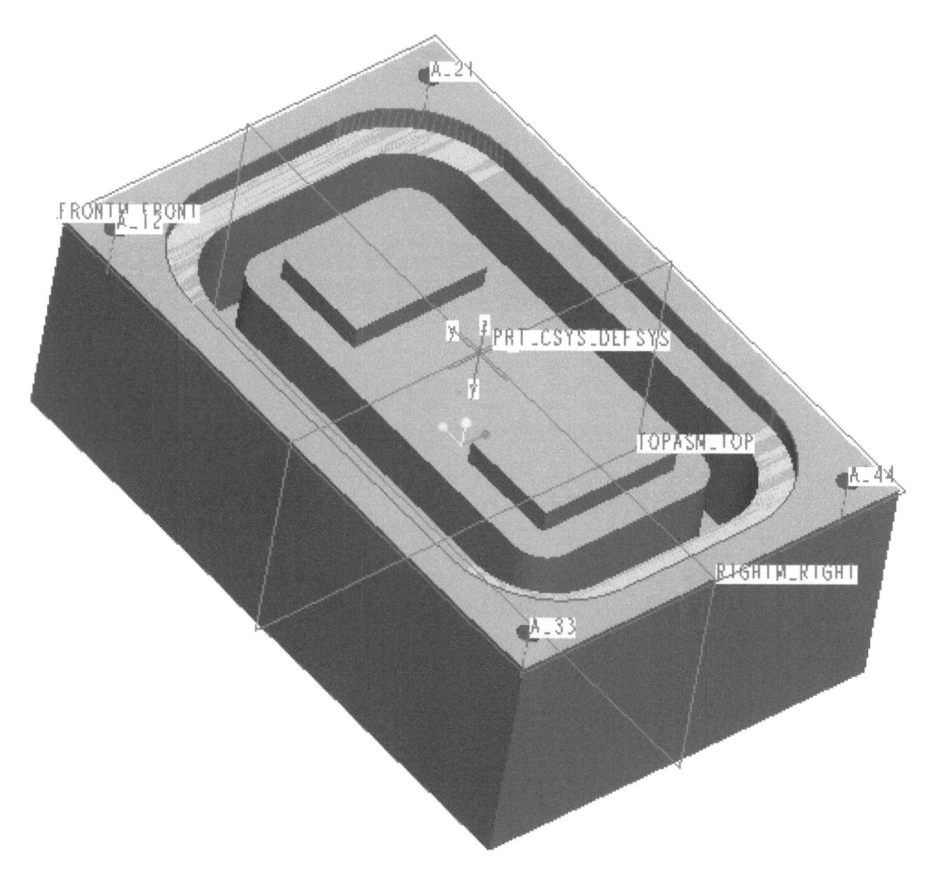

図 5.86 材料が取り除かれたモデル

21. ファイルの保存

ここでファイルを保存する．

- プルダウンメニュー[ファイル]の中の[保存]を選択する．
- 「オブジェクトを保存」ウィンドウが出てくるので，名前を変えずにそのまま OK ボタンを押す．

22. Creo Elements Pro 5.0 の終了

これで今回の実験は終了なので，Creo Elements Pro 5.0 を終了する．

- プルダウンメニューの[ファイル] → [終了]の順で選択する．

6章 CAM
―自由曲面に対するNC加工―

第5日目

Ⅰ. 自由曲面概論

1. はじめに

これまでの形状のモデリングでは，直線や円弧など2次以下の多項式で表される形状しか取り扱わなかったが，実際の産業ではそれ以外の複雑な形状も作成する必要がある．この複雑な曲線，曲面を「自由曲線（free-form curve）」，「自由曲面（free-form surface）」と呼ぶ．この章では自由曲線，自由曲面に対する工学上の一般的な表現方法を学び，それを使用した複雑な形状を実際に NC 加工機で作成する．今回は Creo Parametric 2.0 で作成した形状に対し，ZW3D を用いて NC プログラムを作成し NC 工作機械で加工を行う．

2. 補間

限られたデータからの予測は工学上頻繁に起こる問題で，それを解決する技術として補間や当て嵌めがある．補間とはその名のとおり「間を補う」ことを言う．ここでは図 6.1 のように限られた点からそれを繋ぐ，もしくは近似する曲線を考える．エンコーダーからの角度やノギスからの距離（位置），温度計からの温度等も2次元にプロットすれば全て点になることを考えれば，補間がどれだけ幅広い応用先があるかがわかるだろう．

まず，2次元平面（以降 $\mathbf{R}^2$ と書く）に2点 p_1, p_2 があるとする． p_1, p_2 は位置を表すベクトルである．この2点を結ぶ直線上の1点 $l(t)$ は $p_1 + t(p_2 - p_1)$ ， $0 \leq t \leq 1$ と書ける．別の表現として，図 6.2 に示す $B_1^1(t), B_2^1(t)$ という関数を使用すると

$$l(t) = \sum_{i=1}^{2} \left\{ p_i B_i^1(t) \right\} \qquad (1)$$

とも書ける．このときの $B_1^1(t), B_2^1(t)$ を基底関数と呼び，基底関数が線形（一次式）であるため，この補間を線形補間と呼ぶ．3次元における線形補間は p_i を2次元ベクトルから3次元ベクトルに変えることで得られる．

通常補間は複数のデータに対して行う．線形補間を隣り合うデータ間で行うと図 6.3 のような折れ線が得られる．しかし実際には，データの元となった曲線（観測不能だが）が折れ線になることはほとんどない．よって折れ線による補間が工業の用途に使われることはなかった．

数値制御（NC）の発明者と言われるジョン・T・パーソンズは，1942年頃雲形定規（当時スプラインと呼ばれていた）を使用して，点の間を滑らかに繋ぐ作業を行っていた．その作業を数学的に体系立てようとしたのがアイザック・シェーンベルグである．1946年彼は，各区間の補間曲線を

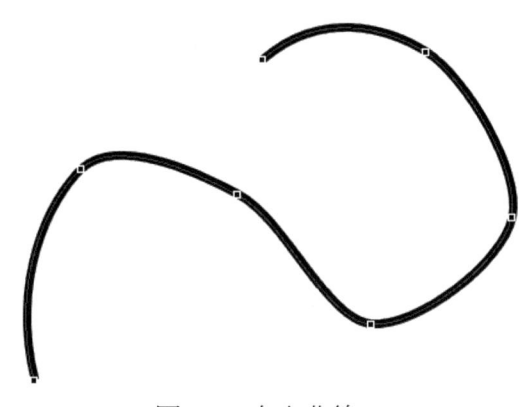

図 6.1 自由曲線

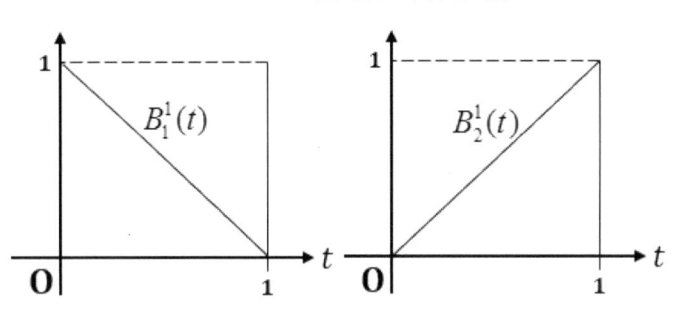

図 6.2 線形な基底関数

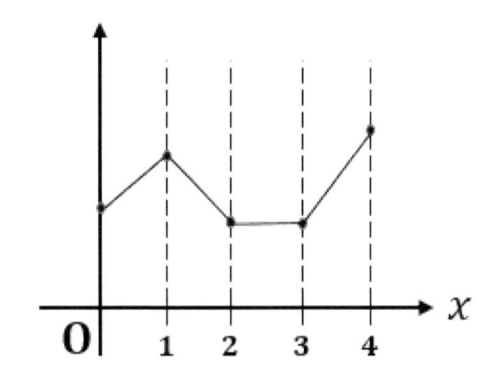

図 6.3 複数データの線形補間

多項式で表現し，その繋ぎ目で k 階の微分が連続になるような曲線（区分多項式曲線）を工学上考えるべきだと提唱した．これがスプライン曲線（spline curve）の起こりである．

3. スプライン曲線

補間は与えられた点列に対してそれを近似する曲線を得ようとする．形状の設計で使用される自由曲線は，補間曲線を点列（制御点と呼ぶ）を変更することで制御し，望む形状を得ようとしたものである．どちらも補間曲線を作成する必要があり，この節ではその代表的手法であるベジエ曲線，B-spline 曲線を紹介する．

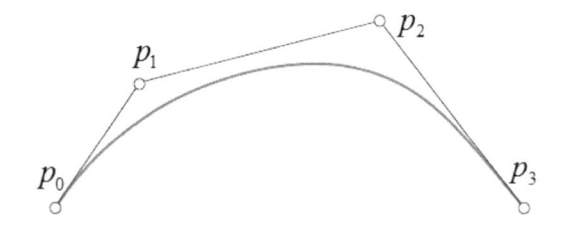

図 6.4 制御多角形（〇が制御点）

3．1 ベジエ曲線

まず図 6.4 のように点列 p_i，$i=0,1,2,3$ があるとする．図 6.3 とは違い x 方向 y 方向どちらに関しても等間隔にはなっていない．式(1)の 2 点間の線形補間では，x,y 方向の幅を考えていなかったことを思い出せば，等間隔にする必要がないことがわかるだろう．ただし，p_0 において $t=0$，p_3 において $t=1$ となっている．

ここで，式(1)を拡張した形式（自由曲線の一般式）

$$f(t) = \sum_{i=0}^{m} \left\{ p_i B_i^n(t) \right\} \tag{2}$$

で補間曲線 $f(t)$ を表現しようとする（i の範囲は負も許容する）．ここで

$$B_i^n(t) = \frac{n!}{i!(n-i)!} t^i (1-t)^{n-i} \tag{3}$$

とした場合，式(3)を n 次の Bernstein 基底関数（Bernstein 多項式）と呼び，それを用いた式(2)の曲線を n 次のベジエ曲線と呼ぶ．図 6.4 は 3 次のベジエ曲線である（m=3 と対応．n は m 以上でなければならない）．ここで

$$g(t) = \sum_{i=0}^{m} B_i^n(t) \tag{4}$$

は常に 1 となる（図 6.5 において，ある t での 4 つの基底関数の和が 1 になっていることが見てとれる）．つまり $B_i^n(t)$ は足して 1 となるような線形結合の係数である．これを partition of unity（1 の分解）と呼ぶ（1 の分解からアフィン不変性が導かれる）．

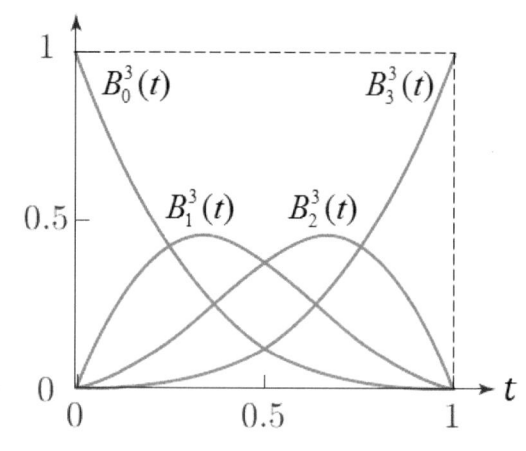

図 6.5 3 次 Bernstein 基底関数

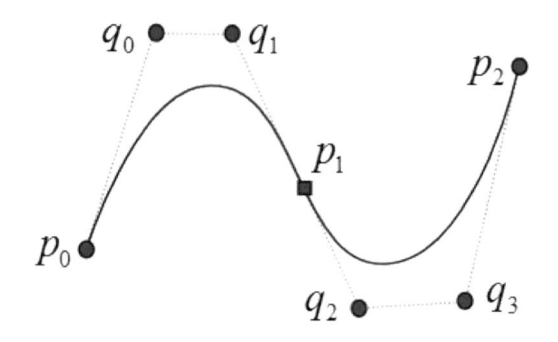

図 6.6 2 つのベジエ曲線セグメントの接続

またベジエ曲線は図 6.4 のように端点 p_0, p_3 を通過する曲線が得られる．このベジエ曲線は，1959 年にフランス，シトロエン社のカステリョ，また 1962 年にフランス，ルノー社のベジエによって開発され，自動車の設計に使われた．一般に 3 次のベジエ曲線は p_1, p_2 を p_0, p_3

における接線を定める点として使用し，p_0, p_3 の2点を通過し接線を制御できる手法として扱われる．なぜなら図 6.4 において $p_1 - p_0$ が端点 p_0 での，$p_3 - p_2$ が端点 p_3 での接線ベクトルになるからである．ここで p_0, p_3 を p_0, p_1，p_1, p_2 を q_0, q_1 と置き直し，複数のベジエ曲線セグメントを繋ぎ合わせる．その際，図 6.6 のように p, q に関して通し番号を付ける．この形式のベジエ曲線は補間曲線ではなく自由曲線として扱われる．端点での接線を自由に設定できるため制御しやすいからである．

図 6.7 ボディ前面に対するゼブラマップ

スプライン曲線の滑らかさ（何階の微分まで連続になるか）は，基底関数の滑らかさと同一である．n 次のベジエ曲線は一つのセグメントの内側では，n-1 階の微分が連続（2 次ベジエの場合は 1 階微分が連続）になる．しかしセグメントの接続点では，一般に 0 階微分しか連続にはならない（角がでる）．接続点で角がないベジエ曲線を得るためには，最低 1 階微分は連続になってほしい．これは図 6.6 の例のように p, q の位置に $-(q_i - p_i) = q_{i+1} - p_i$, $i = 1, 2, \cdots$ という簡単な制約を付けるだけで実現できる．

3 階以上の微分が連続になることは，工学上大きな意味はないが，2 階微分が連続となることは重要である．自動車のボディには周囲の風景が映りこむが，高級車においてはその美しさを考慮して設計を行う．映り込みの美しさはボディを表す自由曲面の 2 階微分の値の分布によって定まる．少なくとも，2 階微分が連続とならなければ，映り込みには不連続性が生じる．図 6.7 はボディ前面に対するゼブラマップ（等間隔縞模様の映り込み，類似のものとして輝度の等値線もある）であり，2 階微分が連続になる曲面なので縞模様に角や切れ込みが見られない．

複数のベジエ曲線セグメントを持つ 3 次ベジエ曲線の 2 階微分が連続になるためには，接続点 p_i で $q_{i-1} - 2q_i + p_i = p_i - 2q_{i+1} + q_{i+2}$ を満たす必要がある（別の条件でも可能）．これを $i = 1, 2, \cdots$ で満たすためには連立方程式を解かねばならない．（基底関数の次数を増やし，1 セグメントの点数を増やせば解かなくて済む．しかし次数が高い曲線は余分なうねりを生じるため，工学上は 2 次, 3 次の曲線を使うのが一般的である．）

3.2 B-spline 曲線

3 次のベジエ曲線はセグメントを繋ぎ合わせることで複雑な曲線を作成する．その際，繋ぎ合わせた点で接線（1 階微分）を同一にすることは簡単だが，曲率(2 階微分)を同一にするためには線形方程式を解かなくてはならない．その場合，あるセグメント端点の移動が全てのセグメントのベジエ曲線に影響してしまう（線型方程式を解くための逆行列が密行列になるため）．よって，曲線全体で曲率連続を保証しつつ，ある点の移動の影響が局所的であるような曲線が 1960 年初期にアメリカ，ゼネラルモーターズのデ・ボーアによって提案された．

ベジエ曲線では 1 つのセグメントの間のパラメータは $0 \leq t \leq 1$ であり，繋ぎ合わせても各セグメントごとに $0 \leq t \leq 1$ が定義されているだけである．これに対し，B-spline 曲線では m+1 個の点列に対し，パラメータを $0 \leq t \leq m$ と定める．ただし，p_i, p_{i+1} の間のパラメータ t の幅は 1 であり，パラメータとしては等間隔になっている．

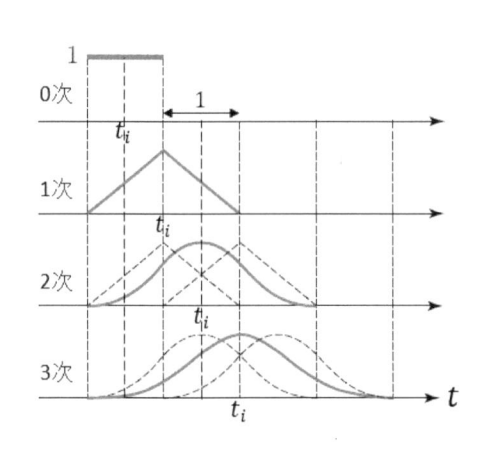

図 6.8 B-spline 基底関数

つまり p_i に対応するパラメータを t_i（これをノットと呼ぶ）とすると，$t_i = i$ である．

B-spline 曲線もスプライン曲線なので，式(2)の形をとる．その基底関数 $B_i^n(t)$ は以下の漸化式で書かれる．

0 次 B-spline 基底関数： $B_i^0(t) = \begin{cases} 1 & t \in [-\frac{1}{2}+i, \ \frac{1}{2}+i) \\ 0 & t \notin [-\frac{1}{2}+i, \ \frac{1}{2}+i) \end{cases}$ (5)

漸化式： $B_i^n(t) = \dfrac{t-t_i}{t_{i+n}-t_i}B_i^{n-1}(t) + \dfrac{-(t-t_{i+1+n})}{t_{i+1+n}-t_{i+1}}B_{i+1}^{n-1}(t)$ (6)

ただし分母が 0 の場合は，その分数自体を 0 として扱う．（本来は漸化式ではなく，畳み込み積分で定義される．）B-spline 基底関数も n 次で n-1 階微分が連続となる．以下に 3 次までの基底関数を示す（図 6.8 も参照せよ）．

1 次 B-spline 基底関数：

$B_i^1(t) = \begin{cases} (t-i)+1 & t \in [-1+i, \ \ \ \ i) \\ -(t-i)+1 & t \in [\ \ \ \ i, 1+i) \\ 0 & t \in [-1+i, 1+i) \end{cases}$ (7)

2 次 B-spline 基底関数：

$B_i^2(t) = \begin{cases} \frac{1}{2}(t-i+\frac{3}{2})^2 & t \in [-\frac{3}{2}+i, -\frac{1}{2}+i) \\ -(t-i)^2 + \frac{3}{4} & t \in [-\frac{1}{2}+i, \ \frac{1}{2}+i) \\ \frac{1}{2}(t-i-\frac{3}{2})^2 & t \in [\ \frac{1}{2}+i, \ \frac{3}{2}+i) \\ 0 & t \notin [-\frac{3}{2}+i, \ \frac{3}{2}+i) \end{cases}$ (8)

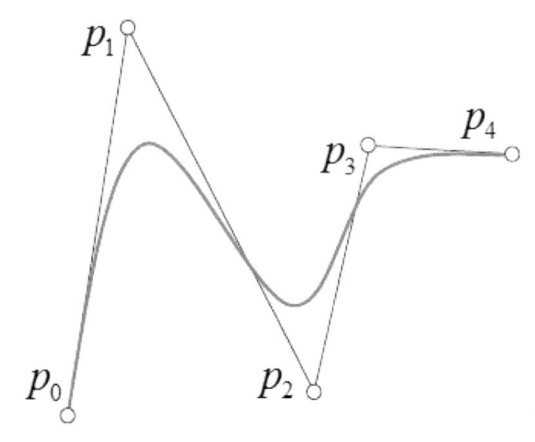

3 次 B-spline 基底関数：

$B_i^3(t) = \begin{cases} \frac{1}{6}(t-i+2)^3 & t \in [-2+i, -1+i) \\ \frac{1}{6}(-3(t-i)^3 - 6(t-i)^2 + 4) & t \in [-1+i, \ \ \ \ i) \\ \frac{1}{6}(\ 3(t-i)^3 - 6(t-i)^2 + 4) & t \in [\ \ \ \ i, \ 1+i) \\ -\frac{1}{6}(t-i-2)^3 & t \in [\ 1+i, \ 2+i) \\ 0 & t \notin [-2+i, \ 2+i) \end{cases}$ (9)

図 6.9 B-spline 曲線

となる．ここで $B_i^n(t)$ が 0 でない値をもつ t の範囲（の閉包）を $B_i^n(t)$ のサポートと呼ぶ．図 6.9 は n=2, m=4 の場合の B-spline 曲線であり，曲線の $\frac{1}{2} \leq t \leq \frac{7}{2}$ の範囲は，基底関数 $B_i^2(t)$，$i=0,1,2,3,4$ の影響を受けており，式(4)はその範囲で 1 となる．だが $0 \leq t < \frac{1}{2}$ および $\frac{7}{2} < t \leq 4$ の範囲では 1 にならない．これは端点付近でサポートを持つ基底関数が不足するためである（$t=2$ にサポートを持つ基底関数が 3 個あるのに対し，$t=0$ では 2 個しかない）．よって，境界条件として $\frac{1}{2} \leq t \leq \frac{7}{2}$ の範囲だけを切り出す場合を一様ノットと呼ぶ．これに対し，端点外側に予備の点 p_i，$i=-1,5$ を用意しそれらにも基底関数を持たせれば，$0 \leq t \leq 4$ のどの点でもサポートを持つ基底関数は 3 個となる（$g(t)=1$ を満たす）．さらに $p_{-1}=p_0$，$p_4=p_5$ とすれば（$t_{-1}=t_0$，$t_4=t_5$，つまりノットの幅も 0 とする）図 6.9 のような p_0, p_4 を通過する曲線が得られる．この境界条件を開一様ノッ

トと呼び，このようにノットの幅が一様ではないものを非一様 B-spline 曲線（Non-Uniform B-Spline curve）と呼ぶ．

ただし，B-spline 曲線は開一様ノットでも端点以外では制御点を通らない．よって，$f(t_i)$, $i=1,2,\cdots,m-1$ が指定した位置となるよう連立方程式を解く．その場合はベジエ曲線と同様に，ある点の移動が曲線全域に影響する．また，1つのベジエ曲線セグメントは B-spline 曲線としても書くことができる．

3．3 NURBS 曲線

ベジエ曲線，B-spline 曲線は円上に細かく制御点列を取ることで円に非常に近い曲線を描くことができる．しかし円（弧）を厳密には表現できない（全ての2次関数を厳密に表現できない）．CSG（2章を参照せよ）で作った形状は2次関数で表現されることを考えると，この事実は CSG と連携できないことを意味する．よって，スプライン曲線で2次関数を厳密に表現するために，有理スプラインが提案された．

図 6.10 のように4次元の2点 $(p_x, p_y, p_z, w)^\mathbf{T}$, $\left(\frac{p_x}{w}, \frac{p_y}{w}, \frac{p_z}{w}, 1\right)^\mathbf{T}$ を同じ点 p と考える空間を3次元射影空間 P^3 という．要するに原点を通る直線上の（原点以外の）点を，その直線と超平面 $w=1$ との交点である点と同一視する．原点 $(0,0,0,0)^\mathbf{T}$ 自体は P^3 に含まれない．

ここで，3次元空間 $\mathbf{R}^3$ の点 $p_i = (p_{ix}, p_{iy}, p_{iz})^\mathbf{T}$ を，3次元射影空間 P^3 に持ち込み $\bar{p}_i = (w_i p_{ix}, w_i p_{iy}, w_i p_{iz}, w_i)^\mathbf{T}$ と書くことにする．つ

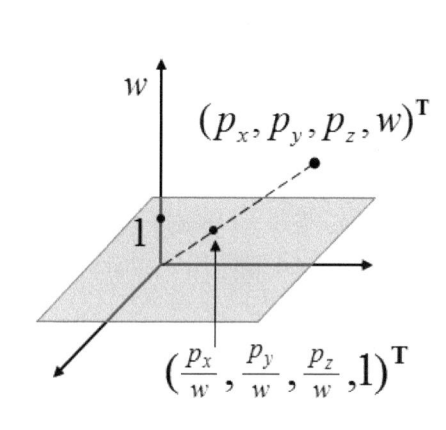

図 6.10 3次元射影空間

まり点 p_i ごとに任意に定められる定数 w_i が付加されたことになる．スプライン曲線では，この w_i を点 p_i の重みとして扱う．逆に，P^3 の点を $\mathbf{R}^3$ に引き戻す際には同一視で w 座標を1にし，それ以外の3成分を使用すればよい．

式(2)を拡張した有理スプライン曲線の一般式を

$$f(t) = \frac{\sum_{i=0}^{m}\{w_i p_i B_i^n(t)\}}{\sum_{i=0}^{m}\{w_i B_i^n(t)\}} \tag{10}$$

と書く．

これは P^3 での点列 $\bar{p}_i = (w_i p_{ix}, w_i p_{iy}, w_i p_{iz}, w_i)^\mathbf{T}$, $i=0,1,\cdots,m$ を使用して，P^3 内でスプライン曲線を描き，曲線上の各点を $\mathbf{R}^3$ に戻して $\mathbf{R}^3$ 内の曲線としたものだと見做せる．式(10)の基底関数に Bernstein 基底関数を選べば有理ベジエ曲線，B-spline 基底関数を選べば有理 B-spline 曲線となる．

有理 B-spline 曲線の重みとノットの幅を（端点以外でも）制御す

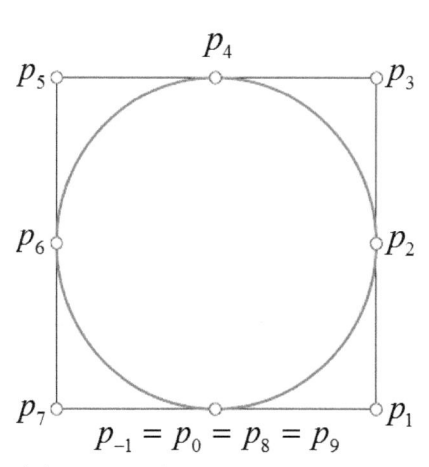

図 6.11 2次 B-spline による円

ることで，円などの 2 次関数を厳密に表現することができる．図 6.11 のように点列を配置し，$\{t_{-1}, t_0, t_1, \cdots, t_9\} = \{0,0,1,1,2,2,3,3,4,4,4\}$ および $\{w_{-1}, w_0, w_1, \cdots, w_9\} = \{1,1,\frac{1}{\sqrt{2}},1,\frac{1}{\sqrt{2}},1,\frac{1}{\sqrt{2}},1,\frac{1}{\sqrt{2}},1,1\}$ とした2次の有理 B-spline 曲線は厳密に円を描く（原点中心半径 r の円を媒介変数 t で表示すると $x = \frac{1-t^2}{1+t^2}r, y = \frac{2t}{1+t^2}r$ と分母分子がそれぞれ 2 次式で書ける．2 次の B-spline 基底関数は 2 次式なので有理 B-spline にすると円の媒介変数表示と同じ式が達成できる）．

また，図 6.11 からもわかる通り，重みとノットを調整することで端点以外も通過することができる（これは通常の B-spline 曲線でも同様である．つまり逆行列を解かなくても端点以外を通過することはできた）．さらにある一つの制御点を動かしても，その影響は曲線の一部分に収まる（局所性）．この非一様有理 B-spline 曲線（Non-Uniform Rational B-Spline 曲線，略して NURBS 曲線）は 1975 年に Vesprille によって提案され，ベジエ曲線，一様な B-spline 曲線の多くの問題を解決していることから現在では CSG と並び CAD の形状表現形式の主流となっている．

4. スプライン曲面

産業においては物体の表面を取り扱うことが多く，そのため曲線ではなく曲面が必要となる．スプライン曲線はテンソル積を用いて簡単に曲面，立体へと拡張することができる．

4．1　2階のテンソルによる曲面

まず最初に，式(1)で書かれる直線（これもスプライン曲線）を拡張し，平面（これもスプライン曲面）を得る．曲線と曲面の大きな違いはパラメータの個数であり，ここでは曲面に対し u, v の 2 パラメータを使用することとする．

まず，2 点 p_{00}, p_{10} と u を用いて直線 l_u を

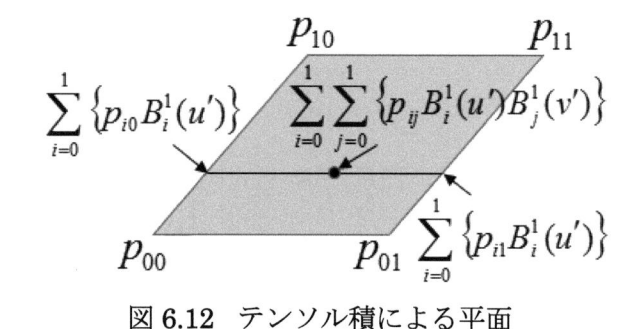

図 6.12　テンソル積による平面

$l_u(u) = \sum_{i=0}^{1} \{p_{i0} B_i^1(u)\}$ と書く（基底関数は図 6.2 のものを使用する）．同様に 2 点 p_{00}, p_{01} と v を用いて直線 l_v を $l_v(v) = \sum_{j=0}^{1} \{p_{0j} B_j^1(v)\}$ と書く．また $p_{00}, p_{01}, p_{11}, p_{10}$ が平行四辺形になるように p_{11} を定める．この平行四辺形を含むような平面 $T(u,v)$ は，$T(u,v) = \sum_{i=0}^{1} \sum_{j=0}^{1} \{p_{ij} B_i^1(u) B_j^1(v)\}$ と書ける．u をある一つの値 u' で固定したとき，$\sum_{i=0}^{1} \{p_{i0} B_i^1(u')\}$ は l_u 上の一点となる．$\sum_{i=0}^{1} \{p_{i1} B_i^1(u')\}$ も p_{00}, p_{01} 方向（v 方向）に平行移動

した位置に現れる．この2点を両端点とした直線が $\sum_{i=0}^{1}\sum_{j=0}^{1}\{p_{ij}B_i^1(u')B_j^1(v)\}$．さらに$v$をある一つの値$v'$で固定すると，その直線上の一点（平面上の一点でもある）$\sum_{i=0}^{1}\sum_{j=0}^{1}\{p_{ij}B_i^1(u')B_j^1(v')\}$が得られる．これにより$u,v$を動かして得られる点の集合が平面（平行四辺形の内部）を形作っていることが理解できよう（図6.12）．

このように，テンソル積（ここでは基底関数のかけ合わせ）でスプライン曲面を定義できる．スプライン曲線の場合と同様にu,v方向それぞれが，直線からスプライン曲線へ変化をするだけである．式(1)と式(2)がほぼ同じ式であることを鑑みれば，$T(u,v)$の制御点数を増やし基底関数を変更するだけで曲面が得られることがわかる．その一般式は，

$$S(u,v) = \sum_{i=0}^{m_1}\sum_{j=0}^{m_2}\{p_{ij}B_i^{n_1}(u)B_j^{n_2}(v)\} \tag{11}$$

となる（i,jの範囲は負も許容する）．基底関数$B_i^{n_1}(u), B_j^{n_2}(v)$にBernstein基底関数を選べばベジエ曲面，B-spline基底関数を選べばB-spline曲面となる．曲線の場合は隣り合う点列を繋ぎ合わせることで制御多角形が定義されたが，曲面の場合は図6.13のように四角形の網目（制御メッシュ）となる点に注意する．

ベジエ曲面の場合は，ベジエ曲線セグメントと同様に「曲面パッチ」（単にパッチとも言う）を繋ぎ合わせることで，複雑な曲面を表現しようとする．B-spline曲面の場合は，曲線の場合と同様に端点の外側に予備の制御点を付け加えることで端点の通過を実現する（端点は曲線の場合と違い2個ではなく，$2(m_1+m_2-1)$個である．図6.13の例では制御四角形メッシュの外枠である12個の点が端点となる）．スプライン曲面より古いパラメトリック曲面（2つのパラメータで表される曲面）としては，1967年MITのスティーブン・クーンズが提案したCoons patchが挙げられる．

4.2 NURBS曲面とその限界

有理スプライン曲面の一般式は式(10)を拡張し

$$S(u,v) = \frac{\sum_{i=0}^{m_1}\sum_{j=0}^{m_2}\{w_i p_i B_i^{n_1}(u)B_j^{n_2}(v)\}}{\sum_{i=0}^{m_1}\sum_{j=0}^{m_2}\{w_i B_i^{n_1}(u)B_j^{n_2}(v)\}} \tag{12}$$

と書ける．この曲面もP^3での制御四角形メッシュを使用して，P^3内でスプライン曲面を描き，曲線上の各点を$\mathbf{R}^3$に戻して$\mathbf{R}^3$内の曲面としたものだと見做せる．

式(12)の基底関数にBernstein基底関数を選べば有理ベジエ曲面，B-spline基底関数を選べば有理B-spline曲面となる．有理B-spline曲面を非一様化すればNURBS曲面が得

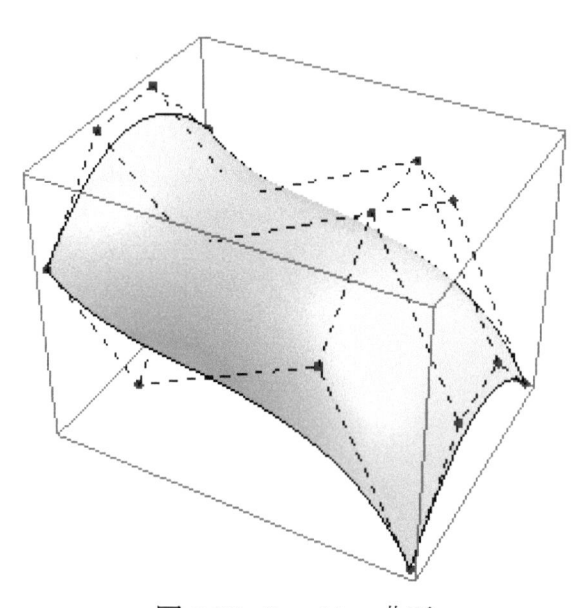

図 6.13 B-spline曲面

られる．NURBS曲面は，2次関数曲面を厳密に表現可能であり，滑らか（k階の微分が連続）で，局所性を持ち，制御点を通過することができる．このような利点からNURBS曲面は自動車のボディの設計などの意匠設計に不可欠なものになっている．

スプライン曲面の研究により生まれたNURBS曲面にも問題点が残されている．NURBS曲面には制御四角形メッシュが必要であり，NURBS曲面を繋ぎ合わせる際は制御四角形メッシュ同士も繋ぎ合わせる．その結果出てくるものも四角形メッシュである．さて任意の物体の表面を四角形のみで覆うことはできるだろうか？

答えは否である．トーラスなどのごく限られた物体しか四角形のみで覆うことはできない（ガウス・ボンネの定理の特殊例であるメッシュに対するオイラーの公式から証明できる）．例えば地球儀を四角形で覆い尽くすことはできず，北極と南極という特異点が現れる．

この問題に対し，現在のCADはNURBS曲面同士の接続の際，制御四角形メッシュを繋ぎ合わせることをせず，2つのNURBS曲面の間に許容誤差を設定し，それ以下ならば繋がっていると考えることにしている（特異点での処理を行う場合も多少は存在する）．日々製品を送り出さねばならない産業上は仕方ないが，これまでのスプライン曲面の発展を振り返ったとき非常に将来性のない考え方と思われる．

この問題は1990年頃には製品設計時に頻発する問題として多くのメーカーに認識されたが，解決できず開発期間の短縮を難しくしている．これに対しスプライン以外の曲面表現法として，陰関数曲面や細分割曲面が登場した．これらはスプライン曲面とは違い，パッチを繋ぎ合わせることなく物体全域を一度に表現可能である．しかし陰関数曲面や細分割曲面は，NURBS曲面の特徴である，精度が良い，関数であるためk階の微分を容易に計算できるという利点を現時点では備えてはおらず，CADの主流にはなっていない．

このような現状に対し，2003年トマス・W・シーダバーグがNURBS曲面に対する局所的な次数挙げによるT-spline曲面を提案している．T-spline曲面は四角形メッシュ中にT-ジャンクションと呼ばれるT字の接続関係を許したものを制御メッシュとする．このため純粋な四角形メッシュとは違い，任意の物体の表面を覆うことができる．NURBS曲面とも高い親和性があり今後の発展が期待されている．

注）本章では，Creo Parametric 2.0で作成した自由曲面を含む形状をIGES形式に変換し，ZW3Dで読み込みNCプログラムを作成するが，作成した形状をSTL形式（図5.11を参照せよ）に変換することも可能である（三角形メッシュになるため，自由曲面の滑らかさは失われ，両者の間の誤差も発生する）．これにより近年普及が目覚ましい3Dプリンタへ入力することができ，多少の誤差はあるものの自由曲面の3Dプリントが可能となる．

Ⅱ．自由曲面を含む形状の加工

課題 8：図 6.14 のような自由曲面を含む形状を Creo Parametric 2.0 でモデリングする

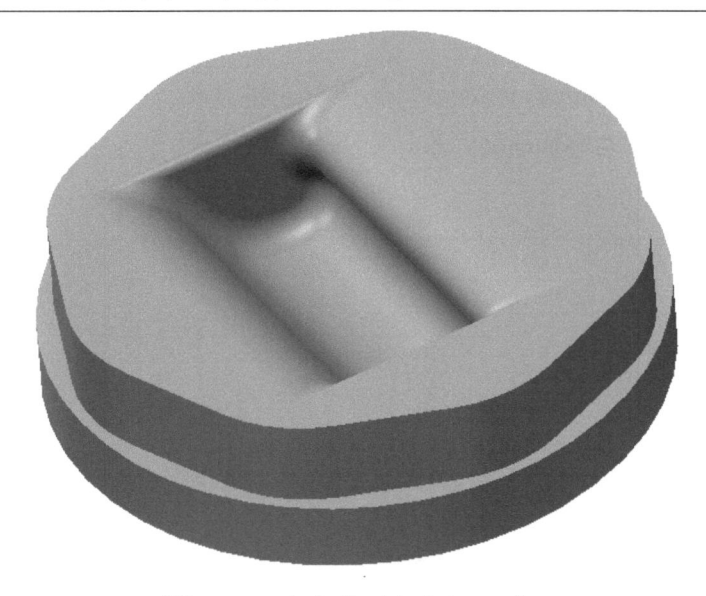

図 6.14　自由曲面を含むモデル

1．はじめに

Creo Parametric 2.0 の起動

- デスクトップ上で Creo Parametric 2.0 アイコンをクリックする．
- 起動すると図 6.15 のような初期画面になる．

図 6.15　Creo Parametric 2.0 初期画面

2. ワーキングディレクトリの設定

まず作業を行うにあたり作成したファイルなどを保存するフォルダ（ワーキングディレクトリ）を設定する．

- 図 6.16 のようにプルダウンメニュー[ファイル]→[セッションを管理]→[ワーキングディレクトリを設定]を選択する．
  月曜日の人　→　[C:¥home¥monday]フォルダを選択する．
  火曜の人　→　[C:¥home¥tuesday]フォルダを選択する．
- OK ボタンで完了．

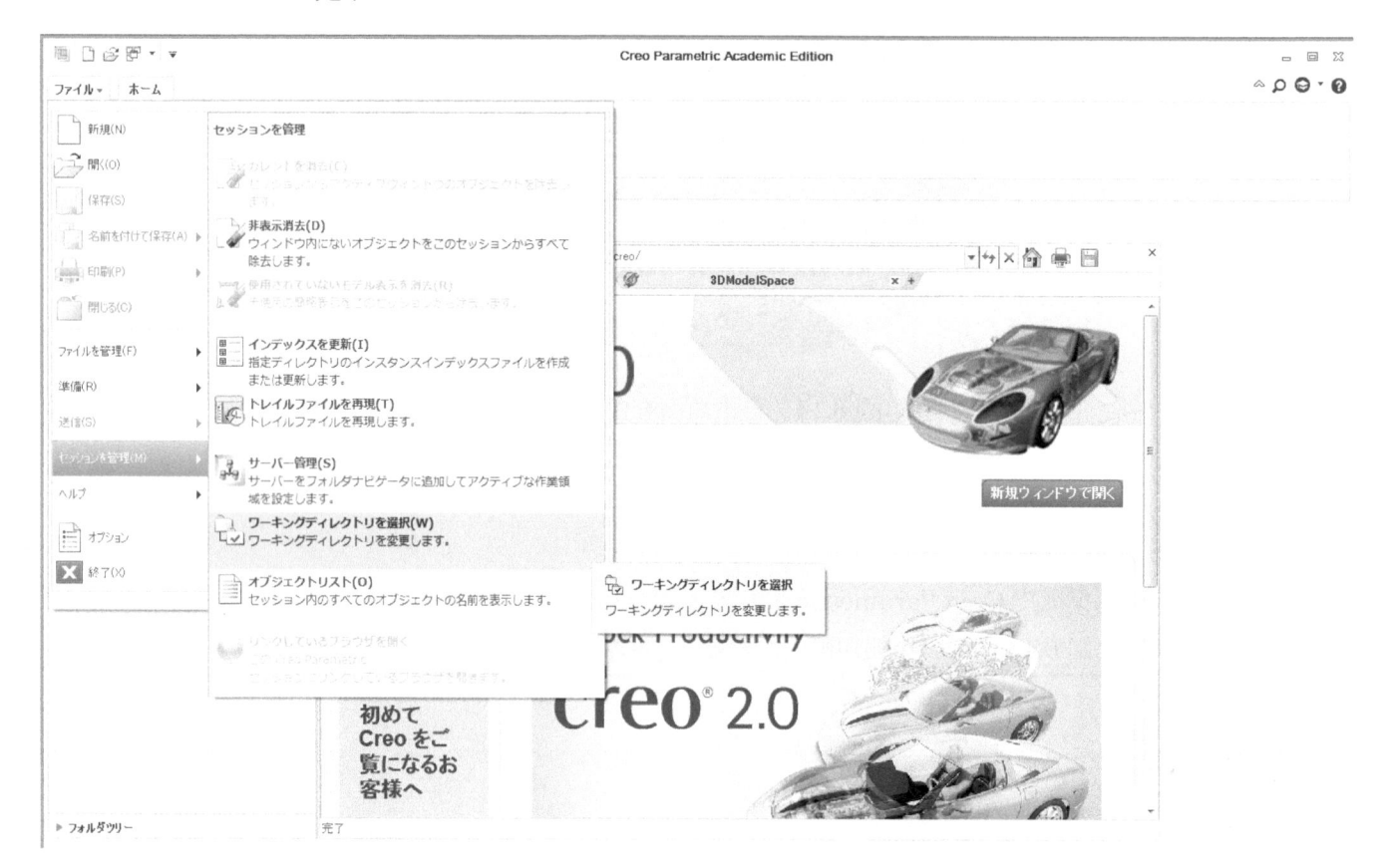

図 6.16　ワーキングディレクトリの設定

3. 新規ファイルの作成

モデルを保存するための新規ファイルを作成する．

- プルダウンメニュー[ファイル]　→　[新規]を選択する．
- 図 6.17 に示す「新規」ウィンドウで「部品」を選択し，ファイル名（授業内で指示される）を入力し，OK ボタンを押す．

4. 各ウィンドウの構成

この段階の Creo Parametric 2.0 のウィンドウには図 6.18 のような名称がついている．

図 6.17 「新規」ウィンドウ

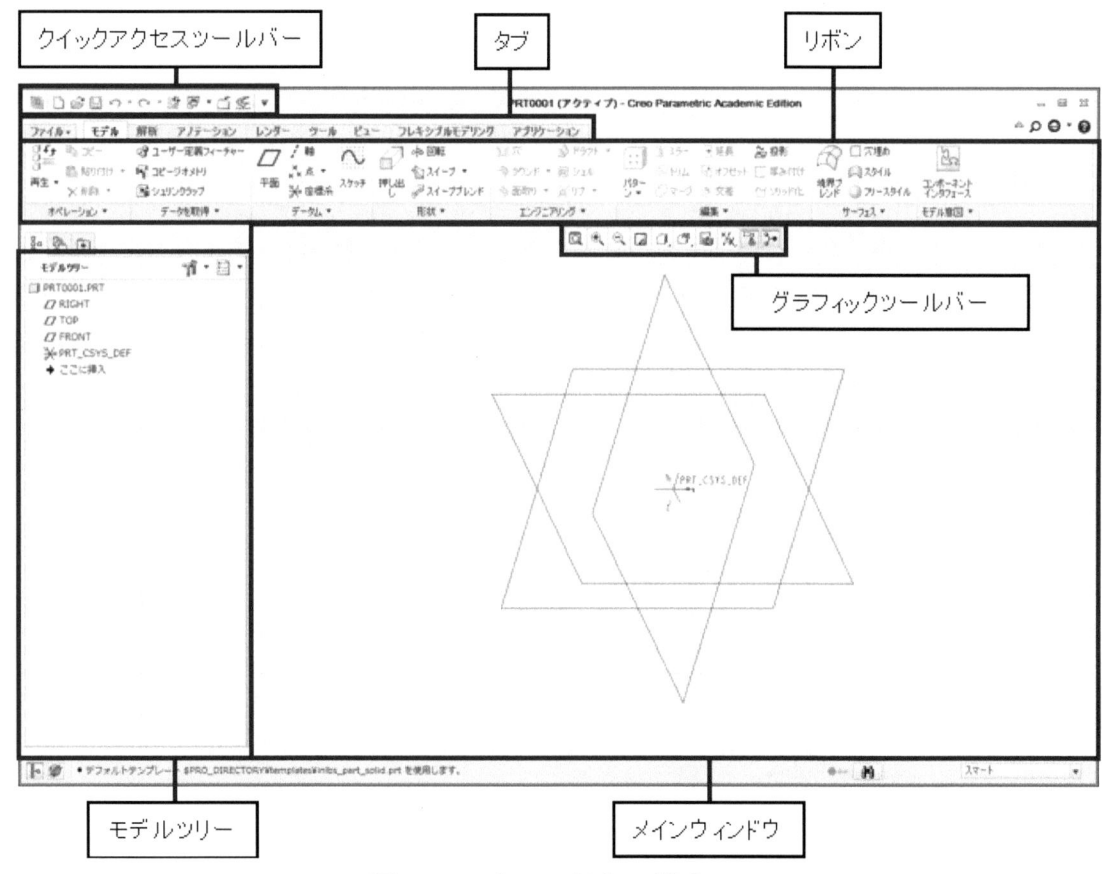

図 6.18 ウィンドウの構成

5. データム平面の確認

メインウィンドウ内で3方向それぞれ基準面となるデータム平面（FRONT・TOP・RIGHT）の確認をする．
- 図 6.19 のようにメインウィンドウにデータム平面が出るのを確認する．モデルツリーで RIGHT, TOP, FRONT を選択することで，各平面をメインウィンドウ内でハイライトさせることができる．メインウィンドウ内で平面を選択することで，モデルツリーの RIGHT, TOP, FRONT のうち対応するものをハイライトさせることもできる．

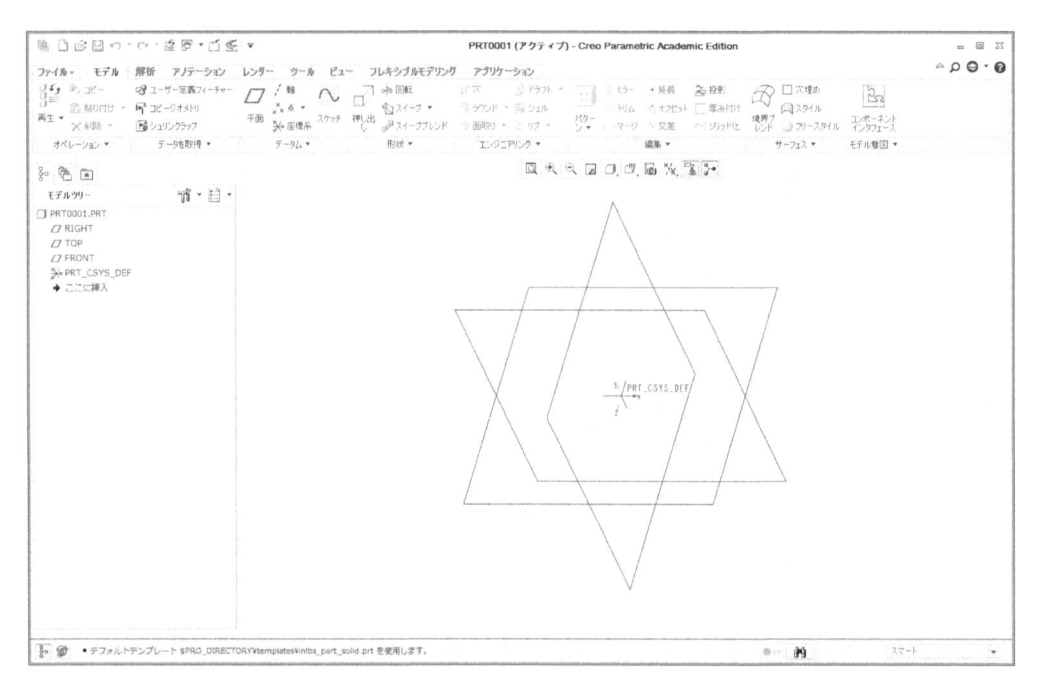

図 6.19　データム平面の確認

6. 単位系の確認

タブの「ファイル」→「準備」→「モデル特性」を選択すると，図 6.20 のようなモデル特性ウィンドウが表示される．材料の欄の単位が「ミリニュートン秒」になっていることを確認する．違う単位系になっていた場合，横の「変更」をクリックし，「単位マネージャ」ウィンドウを表示させ，単位系タブからミリニュートン秒（mmNs）を選択し設定ボタンを押す．この際，「寸法を読み取り」を選択する．

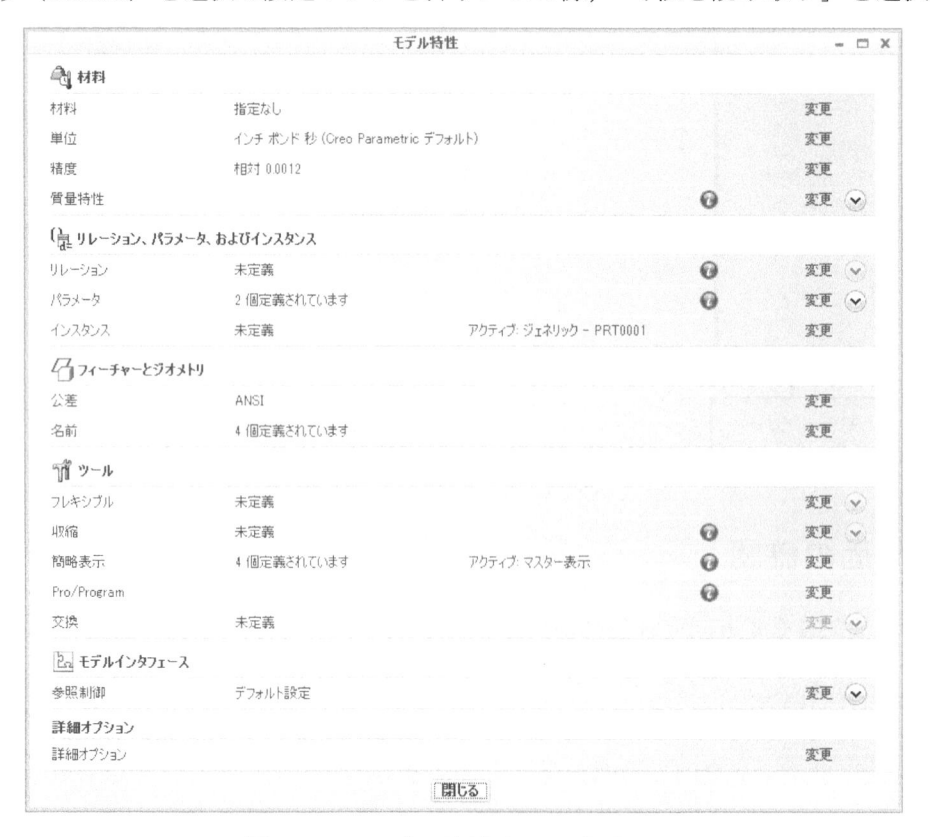

図 6.20　モデル特性ウィンドウ

7. ベースフィーチャーの作成

まず，基本のモデルとなるベースフィーチャーを作成する．このモデルに後から自由曲面を設定する．

7.1 円柱を作成

- リボンの形状にある，「押し出しツール」アイコン 押し出し をクリックする．
- 図 6.21 に示す左上のダッシュボードの配置タブをクリックする．

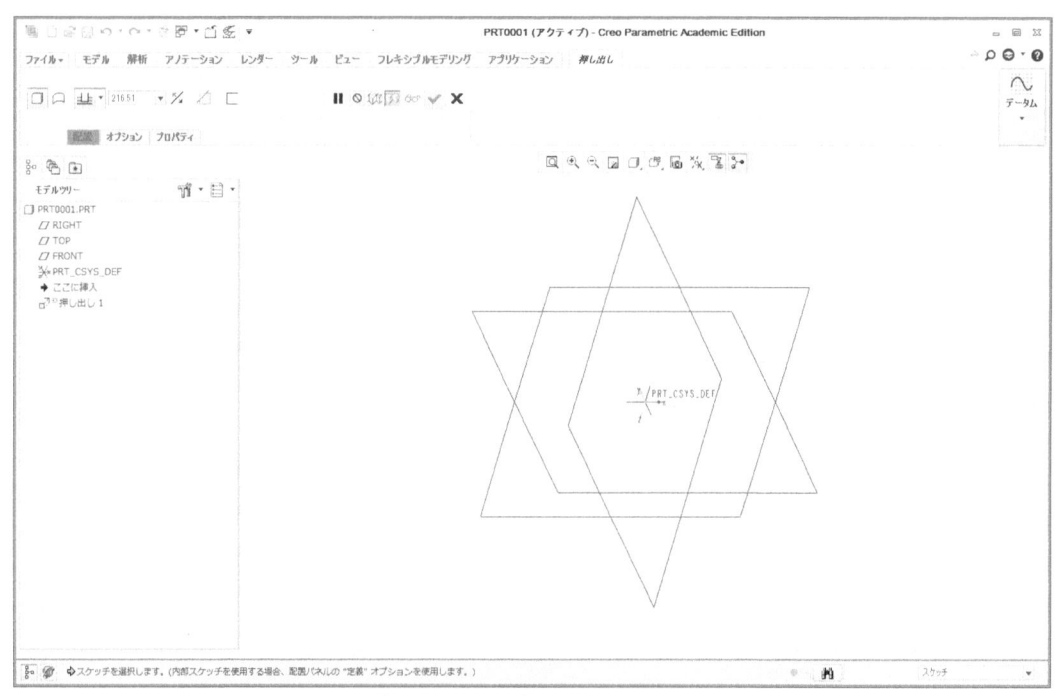

図 6.21 「配置」を選択

- 定義ボタンをクリックし，「スケッチ」ウィンドウを出す．

図 6.22 「定義」を選択

- （スケッチ平面の設定）FRONT のデータム平面（水色にハイライトする）をクリックする，すると図 6.23 のように中心付近に矢印が出る．
- 図 6.23 のようにスケッチ平面に「平面 FRONT」，「参照 RIGHT」と入力されるので，そのままスケッチボタンを押す．

- 図 6.24 のようなスケッチ画面に切り替わる．FRONT 平面上に原点で交差する 2 本の点線が表示される．またリボンの内容が変化していることに注意する．

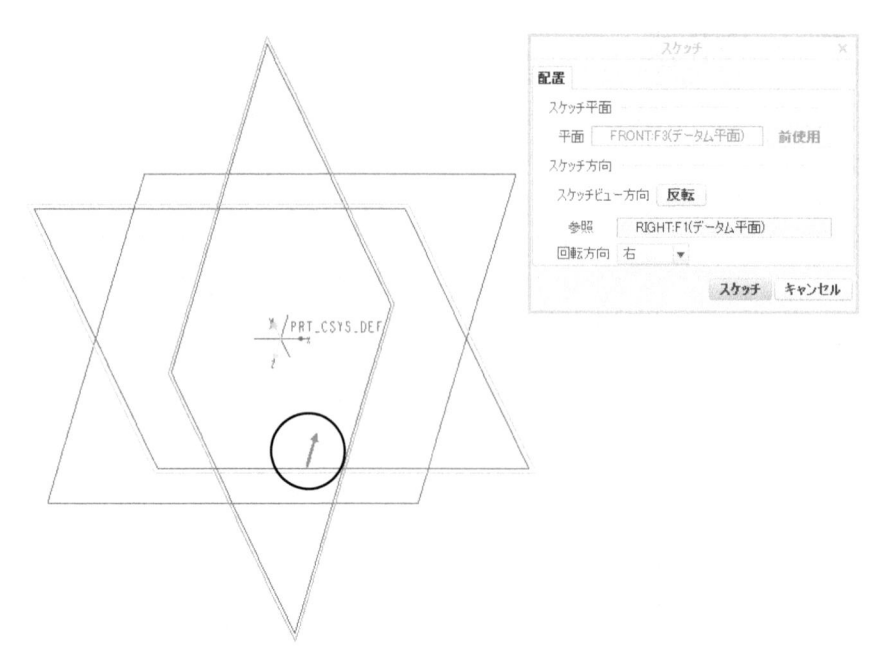

図 6.23 データム平面「FRONT」を選択

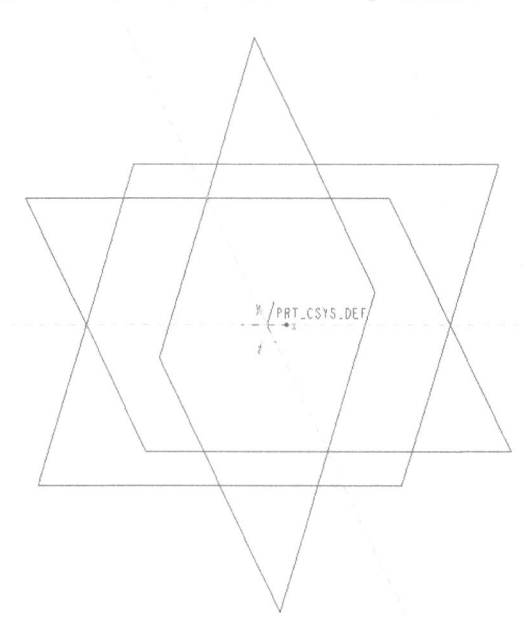

図 6.24 スケッチ画面

- 断面スケッチを行う．リボンのスケッチにある「円ツールアイコン」○円をクリックし，FRONT平面上に原点を中心とする直径 85mm の円を描く．円を適当な大きさに描いた後，「選択ツールアイコン」を選ぶと現在の寸法が表示されるので，それをダブルクリックし図 6.25 のように変更する．
- チェックマークを押してスケッチを完了する．さらに表示された奥行きの寸法をダブルクリックし，9.5mm とする．Creo Parametric 2.0 では中ボタンドラッグで回転，Shift+中ボタンドラッグで平行移動ができるので活用するとよい．

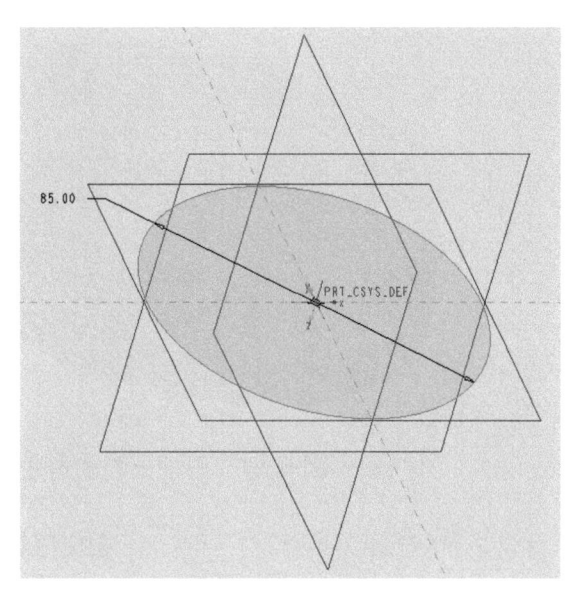

図 6.25　円を描く

7.2　円柱の上に 8 角柱を作成

- 押し出しツールを使用して，作成した円柱上面に図 6.26 のようにスケッチを行う．

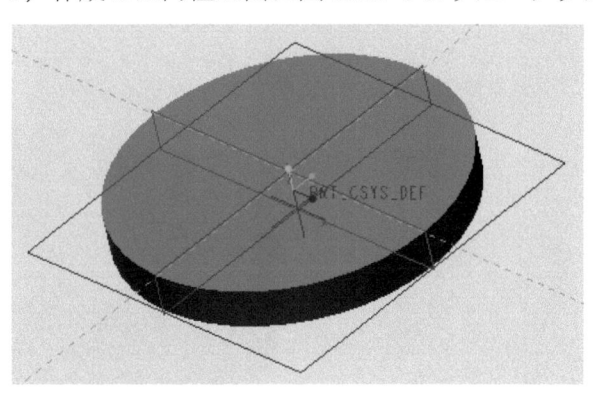

図 6.26　円柱上面をスケッチ平面に指定

- 円ツール，「直線ツールアイコン」 直線，「中心線ツールアイコン」，「セグメントを除去ツールアイコン」 を使用して上面のふちに沿った 8 角形を描く．アイコン横の ▼ を押すとアイコン

と機能が変化する．また，リボンの寸法にある 標準 で寸法が付けられる．直線ツール使用中でもマウスホイールで拡大縮小，Shift+中ボタンドラッグで平行移動ができるので，大きく表示して正確な位置をクリックするように注意する．チェックマークを押して，高さを 12mm とすると図 6.27 のようになる．

- グラフィックツールバー から FRONT, TOP, RIGHT 平面の表示非表示や座標系アイコン，軸アイコンの表示非表示が選択できる．不必要だと感じたら，非表示にすると良い．

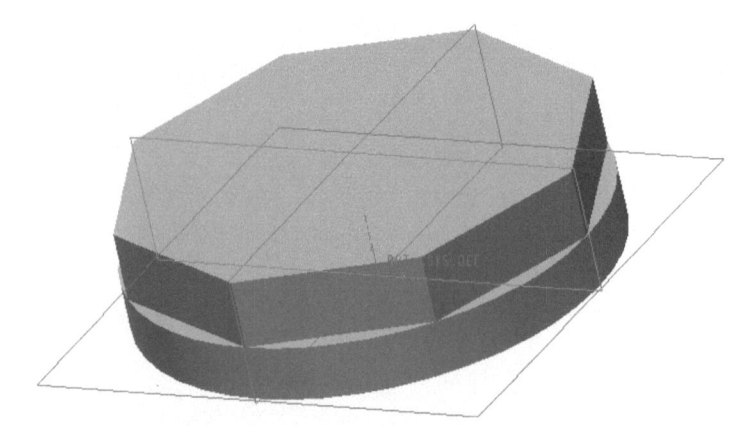

図 6.27　円柱上の 8 角柱

- 図 6.28 のように「ラウンドツールアイコン」 ラウンド を使用して 8 角柱の側面角を丸める．半径は 20mm とする．

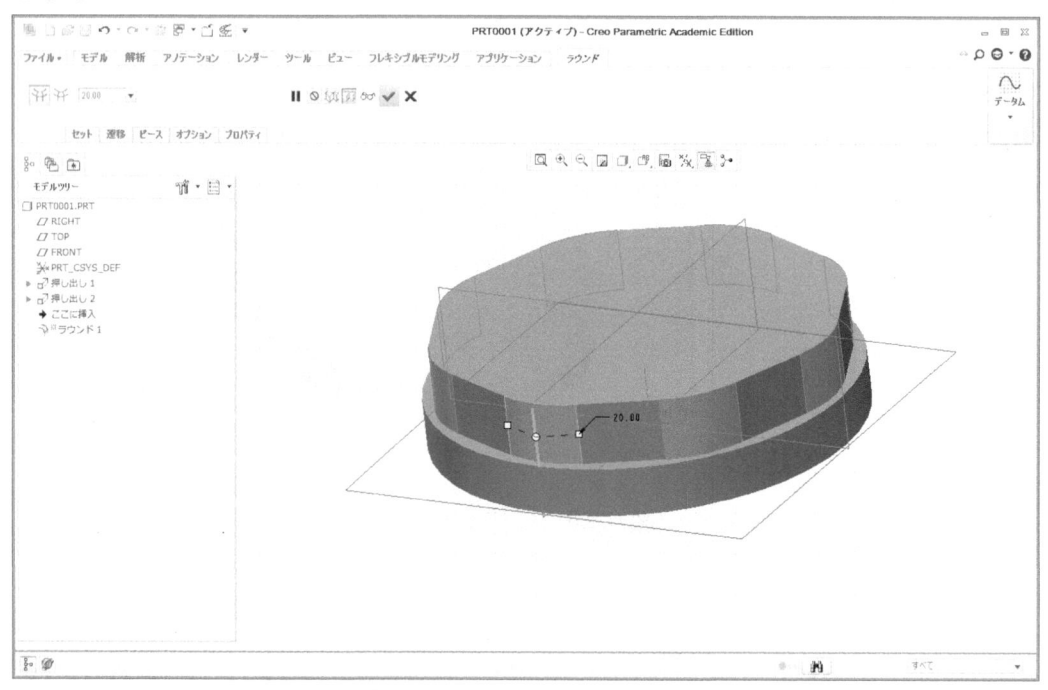

図 6.28　8 角柱を丸める

- チェックマークを押して図 6.29 のベースフィーチャーの作成を完了する．

図 6.29　ベースフィーチャーの完成

- タブ「ファイル」→「保存」を選んで現在の状態を保存する．

8. 自由曲面の範囲を指定

- リボンのデータムにある「平面ツールアイコン」 平面 を押すと，図 6.30 のようにデータム平面ウィンドウが開くのでモデル上面（8 角柱上面）を選択し OK を押す．オフセットは 0 にする．

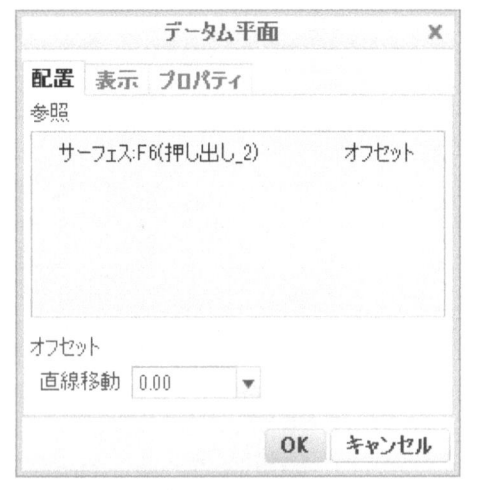

図 6.30 データム平面ウィンドウ

- 図 6.31 のように TOP 平面と平行でオフセットが±25mm である 2 枚のデータム平面を作成する．グラフィックツールバーでデータム表示を ON にしておくこと．

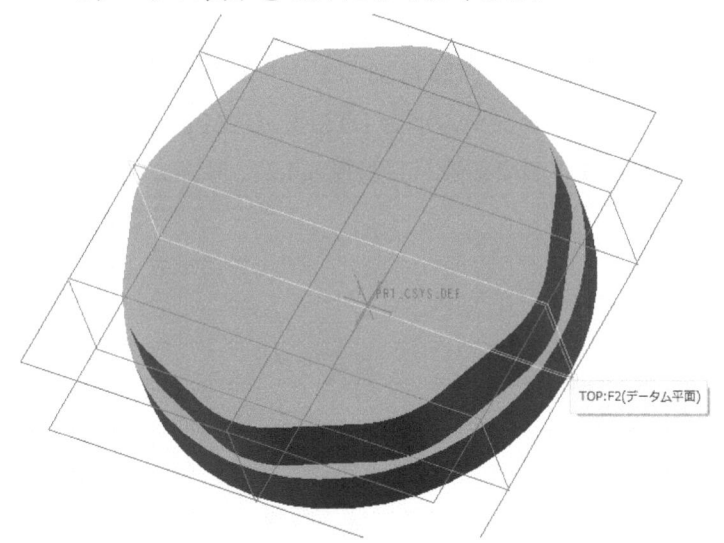

図 6.31 データム平面ウィンドウ

- さらに RIGHT 平面と平行でオフセットが±25mm である 2 枚のデータム平面を作成する．
- モデルツリーで DTM2（TOP と平行なデータム平面）をクリックした後，リボンのサーフェスにある スタイル を押してスタイルモードに入る．

- リボンの内容が変更されているので，リボンのカーブにある 交差による面上線 を選択し，図 6.32 のように第 1 アイテムにモデル上面，第 2 アイテムに DTM2 を選択する．

図 6.32 交差による面上線

- チェックマークを押し，図 6.33 のように DTM2 上に交差線が現れることを確認した後，もう一度チェックマークを押す．この交差線を交差線 2 と呼ぶこととする．

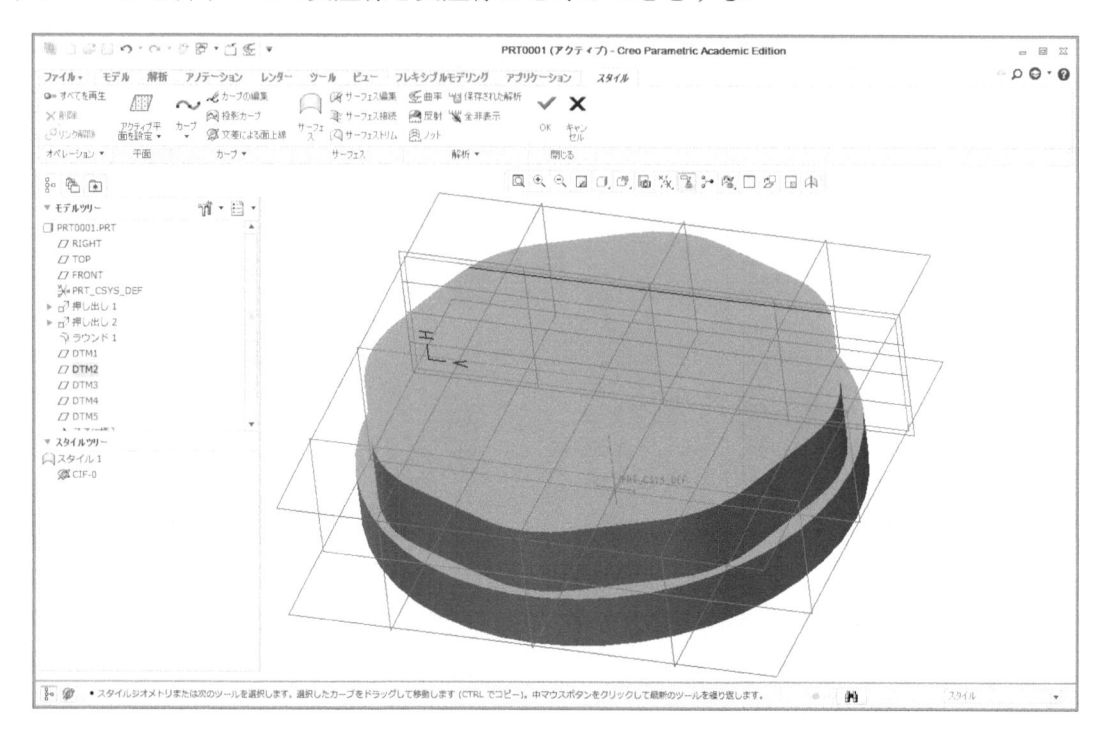

図 6.33 データム平面上の交差線

- 同様の操作を残り 3 枚のデータム平面 DTM3，DTM4，DTM5 に対しても行うことで，図 6.34 のようにモデル上面に 4 本の交差線（交差線 3,4,5 と呼ぶこととする）が現れる．

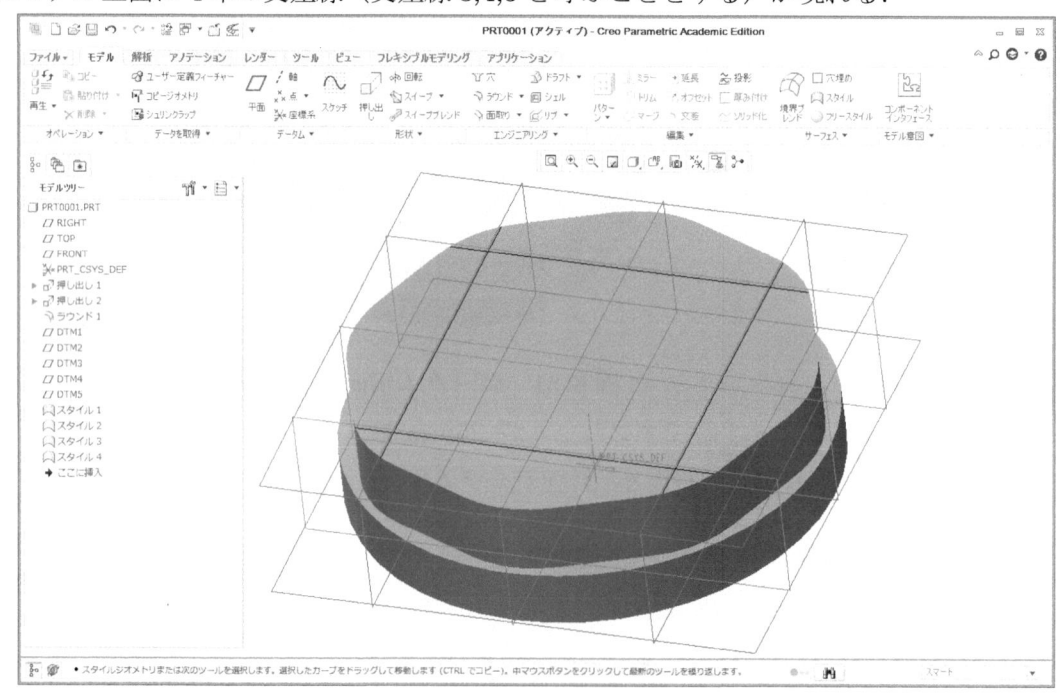

図 6.34 4 本の交差線

- タブ「ファイル」→「保存」を選んで現在の状態を保存する．

9. 自由曲面の作成

9.1 データム平面上の自由曲線

- モデルツリーから DTM2 をクリックし，「スタイルツールアイコン」スタイル を押してスタイルモードに入る．

- リボンのカーブにある「カーブツールアイコン」カーブ を押し，図 6.35 のように平面カーブの作成を選択した上で，「交差線 2 と交差線 4 の交点」と「交差線 2 と交差線 5 の交点」を続けてクリックすることで，DTM2 上に図 6.36 のようにカーブ CF-5 を作成する．この際，十分に拡大することで，間違った箇所をクリックしないよう注意する．"Shift を押しながら"クリックすれば，交点を選び易い．

図 6.35 平面カーブを作成

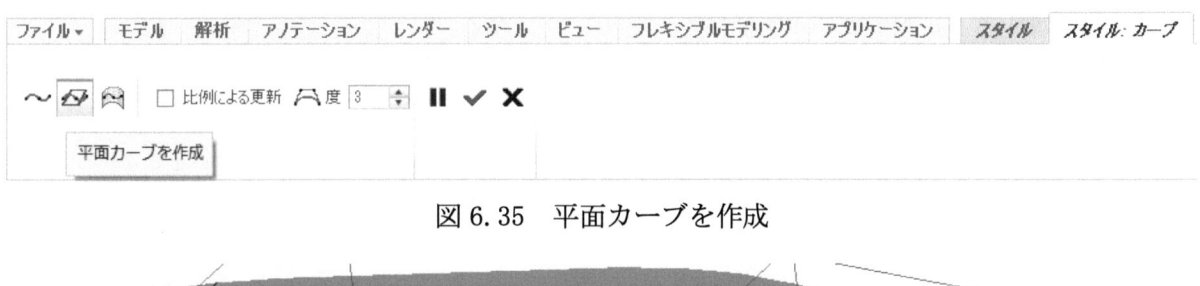

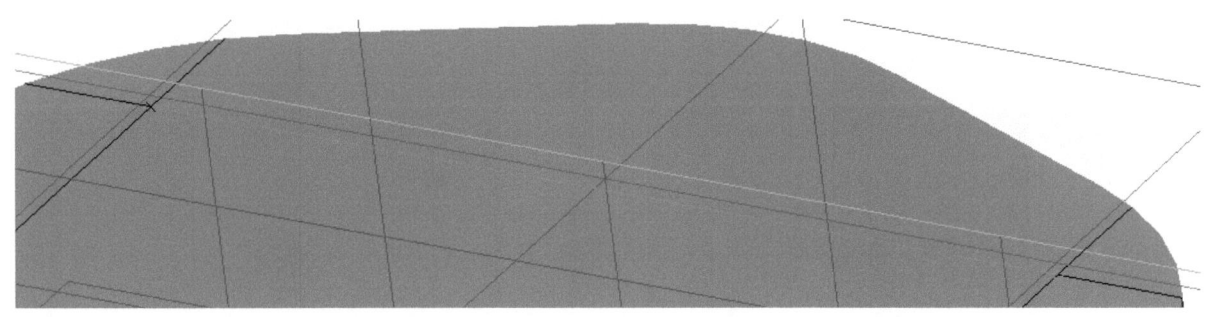

図 6.36 DTM2 上のカーブ（黒ではなくなった部分）

- チェックマークを押して完了した後，DTM2 を選択した状態でリボンの平面にある「アクティブ平面を設定ツールアイコン」アクティブ平面を設定▼を選択し，DTM2 をクリックし，アクティブ平面にする．するとグラフィックツールバーが図 6.37 のようにアクティブ平面回転 が追加された状態になる．

図 6.37 追加されたグラフィックツールバー

- アクティブ平面回転を押し，DTM2 と正対する視点にする．平行移動と拡大を使用し，先ほど作成した平面カーブ CF-5 が画面に収まるようにしたうえで，モデルツリーの CF-5 を右クリック→「定義を編集」をクリックする．

- 平面カーブ CF-5 を右クリック（長押し）すると，図 6.38 のようなメニューが現れるので「中間点

を追加」をクリックして，CF-5 を 2 つのセグメントに分ける．

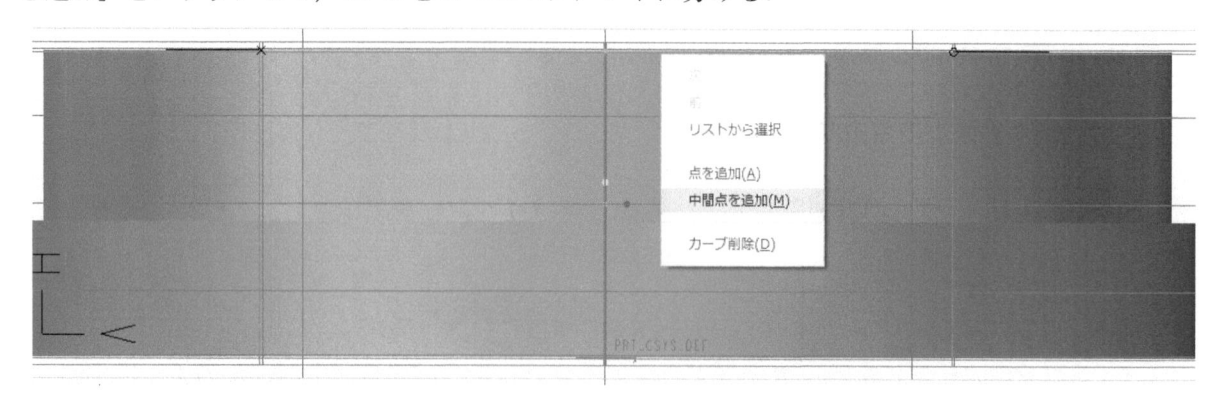

図 6.38　中間点の追加

- 分かれた 2 つのセグメントに対しても中間点の追加をそれぞれ行い，中間点を 3 つに増やす．
- 3 つの中間点をドラッグして適当な位置に動かした後，左端をダブルクリックすると左端での接線が現れる．接線を右クリック（長押し）すると図 6.39 のようなメニューが現れるので，「垂直」を選択すると接線がモデル上面に沿ったカーブになる．

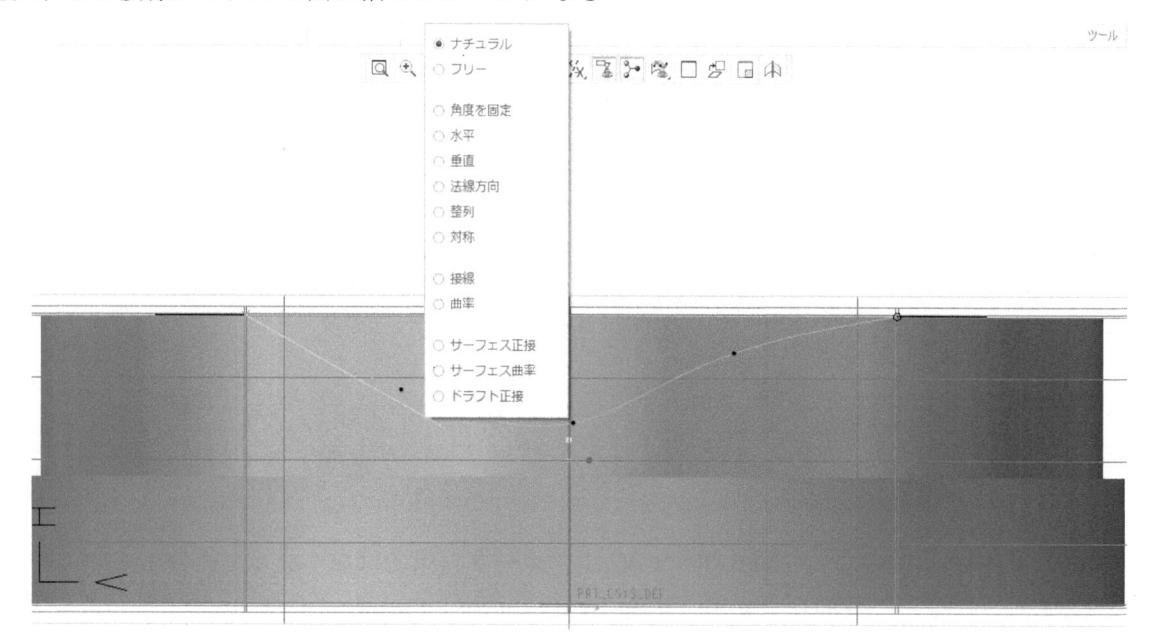

図 6.39　接線の設定

- 右端でも同様に，接線を上面に沿わせる．これで DTM2 上に自由曲線が作成できた．

9.2　自由曲線の編集

- 平面カーブ CF-5 にさらに中間点を追加し，それをドラッグで移動することで自由曲線を編集する．ただし，CF-5 はモデル上面より下で，かつモデル下面（円柱の下面）から 3mm 以上の範囲にあるようにする．この際，図 6.40 のようにスタイルのタブをクリックしてリボンの内容を変化させたうえで，リボンの解析にある「曲率ツールアイコン」曲率を 2 回クリックし，図 6.41 に示す曲率ウィンドウを表示させる．曲率ウィンドウを開いた状態で，平面カーブ CF-5 をクリックし，ウィンドウ内の「プロット」を「曲率」から「半径」へ変更する．ここでウィンドウ下に表示される最

小半径が3より大きくなるように（3.5以上推奨）注意しながら曲線を編集する．

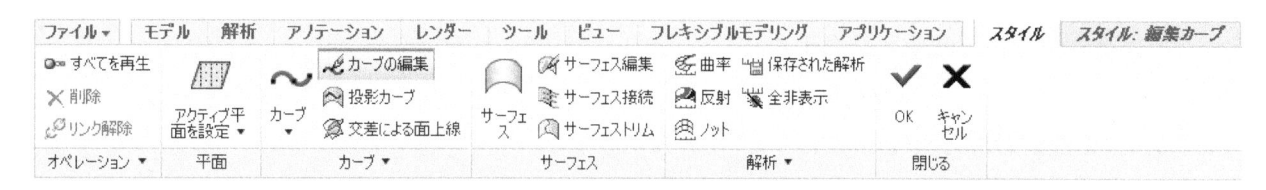

図 6.40　スタイルタブをクリック

図 6.41　曲率ウィンドウ

- 図 6.42 のような自由曲線が描けたら，「スタイル：編集カーブ」タブ内のチェックマークを押す．

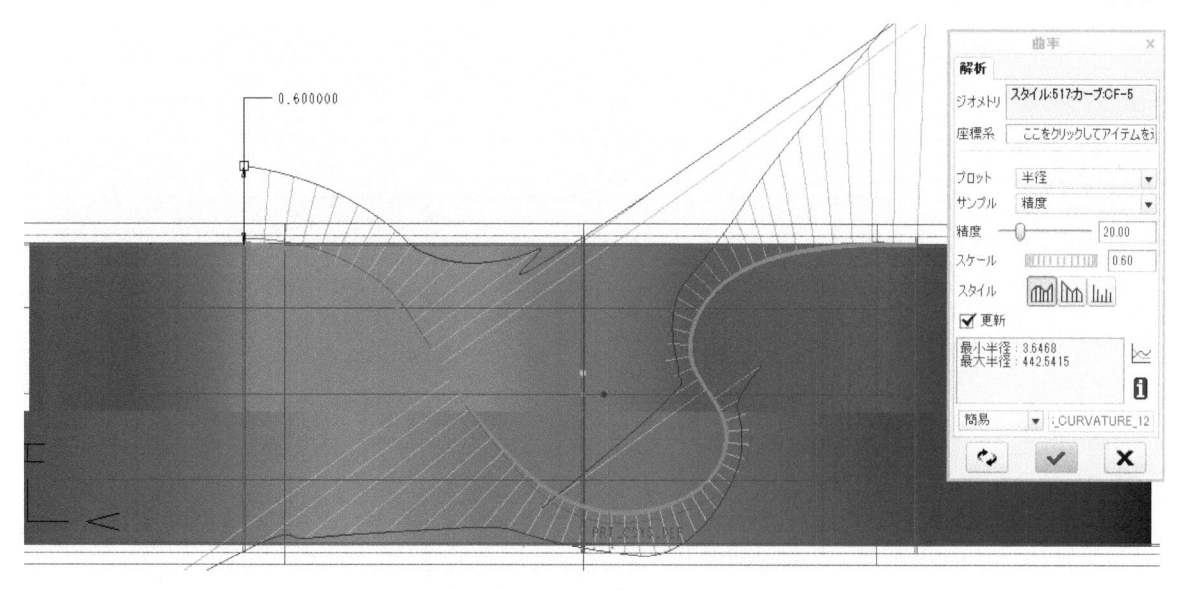

図 6.42　編集完了した自由曲線

203

- リボンの解析の管理の中にある「全非表示ツールアイコン」 全非表示 を選択し，曲率の表示を消す．さらにチェックマークを押してスタイルモードを抜けたあと，タブ「ファイル」→「保存」を選んで現在の状態を保存する．

9.3 自由曲線の厚み付け

- モデルツリーからスタイル5を「右クリック」 → 「定義を編集」を選択する．次に アクティブ平面を設定▼ を選択したあと DTM2 をクリックし，DTM2 をアクティブ平面にする．さらにアクティブ平面回転で DTM2 に正対する．
- スタイルタブからリボンのカーブにあるカーブアイコンを選択し図 6.35 のように平面カーブ（直線）を作成する．自由曲線 CF-5 の左端とその右上をクリックし，図 6.43 のような直線を作成しチェックマークを押す．左端は "Shift を押しながら" クリックする．この際，十分に拡大することで，間違った箇所をクリックしないよう注意する．

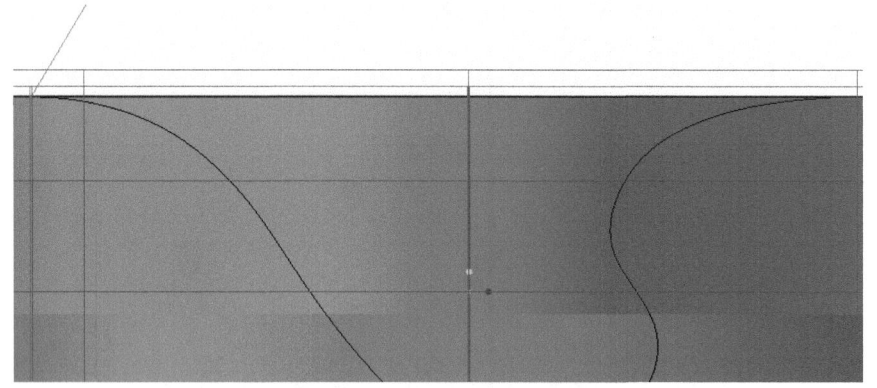

図 6.43 左端に繋がる直線

- 今作った直線の上端からさらに右上に伸ばす形で直線（平面カーブ）を作成する．さらにその直線の上端と自由曲線 CF-5 の右端を繋ぐような直線（平面カーブ）を図 6.44 のように作成する．この際，十分に拡大し "Shift を押しながら" クリックする．

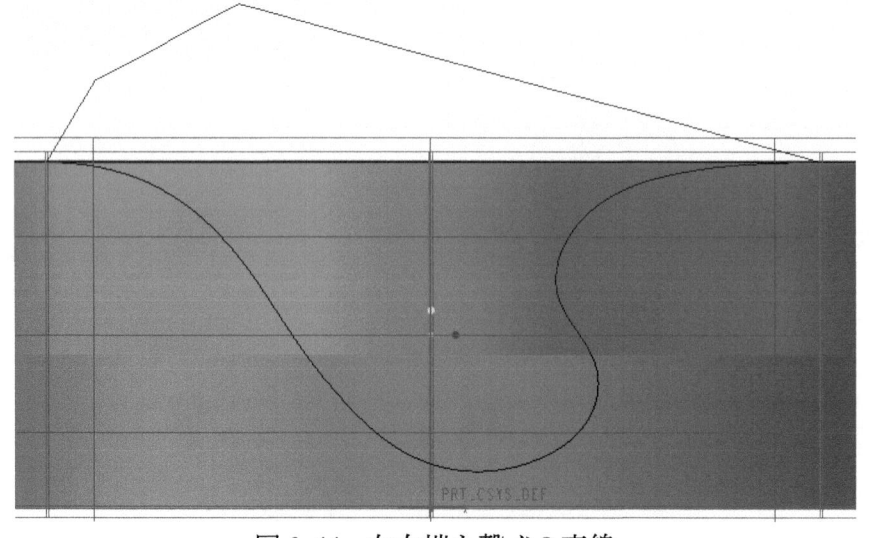

図 6.44 左右端を繋ぐ3直線

- 3直線の作成を完了したら，続いてスタイルタブのリボンのサーフェスにある「サーフェスツールアイコン」をクリックする（3直線と同じスタイル5にサーフェスを作ると分かりやすい）．するとサーフェスモードへ移行し，リボンの内容が図6.45のように変化する．

図 6.45　サーフェスモードのリボン

- 図6.45の左にある「アイテムを選択」をクリックし，Ctrlキーを押しながら3直線の中央の直線と自由曲線を続けてクリックする．次に「ここをクリックしてアイテムを追加」をクリックし，3直線の左右どちらかの直線をクリックする．これによりサーフェスがDTM2内に収まる．収まったのを確認してからチェックマークを押して図6.46のような自由曲線と3直線で区切られた平面を作成する．（3直線の左右どちらを選ぶかで厚み付けの成否が変わる場合があるので厚み付けに失敗したら逆側を選ぶこと．）

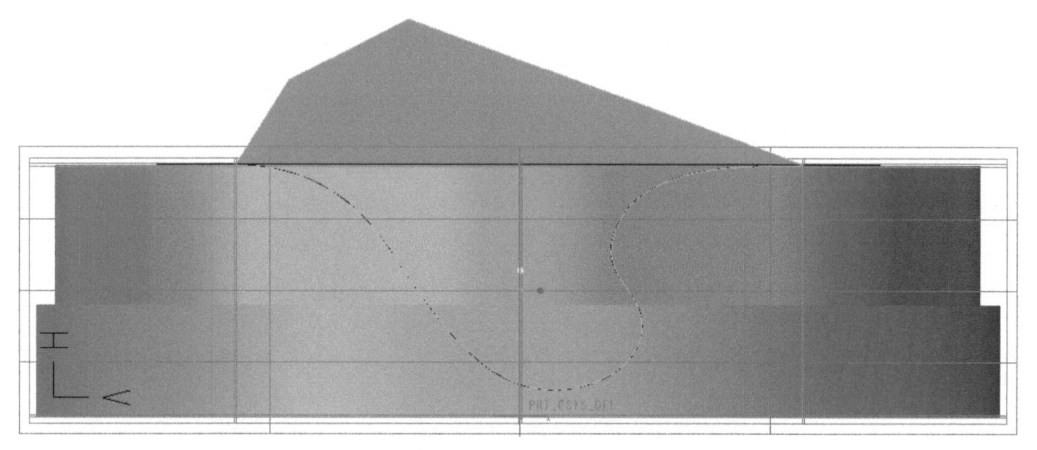

図 6.46　自由曲線と3直線で区切られた平面

- 図6.47のような3直線の配置の場合，区切られた平面内に影（自由曲線から延びる別の直線）が現れる．この影が消えるように3直線の定義を編集しなおす必要があるが，作成した自由曲線 CF-5

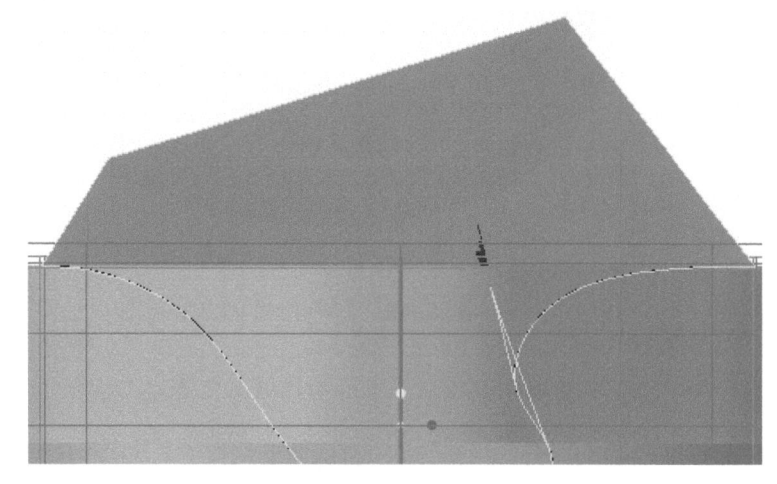

図 6.47　許容できない3直線配置

205

次第ではそのような3直線配置が存在しないことがある．その際は9.2に戻り自由曲線自体の定義を編集しなおすこと．

- 3直線の配置を調整しおえたらスタイルタブのチェックマークを押して，区切られた平面を含むスタイルの編集を完了し，タブ「ファイル」→「保存」を選んで現在の状態を保存する．
- 作成した区切られた平面をクリックすると，リボンの編集にある「厚み付けツールアイコン」厚み付けを押すことが可能になる．厚み付けを押すと厚み付けモードへ移行し，リボンが図6.48のように変化する．

図 6.48　厚み付けモードのリボン

- 図6.48の左の材料除去アイコンを押し，押し出し寸法を50にする．で押し出す向きをモデル内側にし，チェックマークを押す．区切られた平面を押し出した空間にあった材料が除去されることで自由曲面が作成されたことがわかる．チェックマークを押す前に図6.49のように除去のプレビューが出ない場合は，3直線配置もしくは自由曲線に誤りがある．

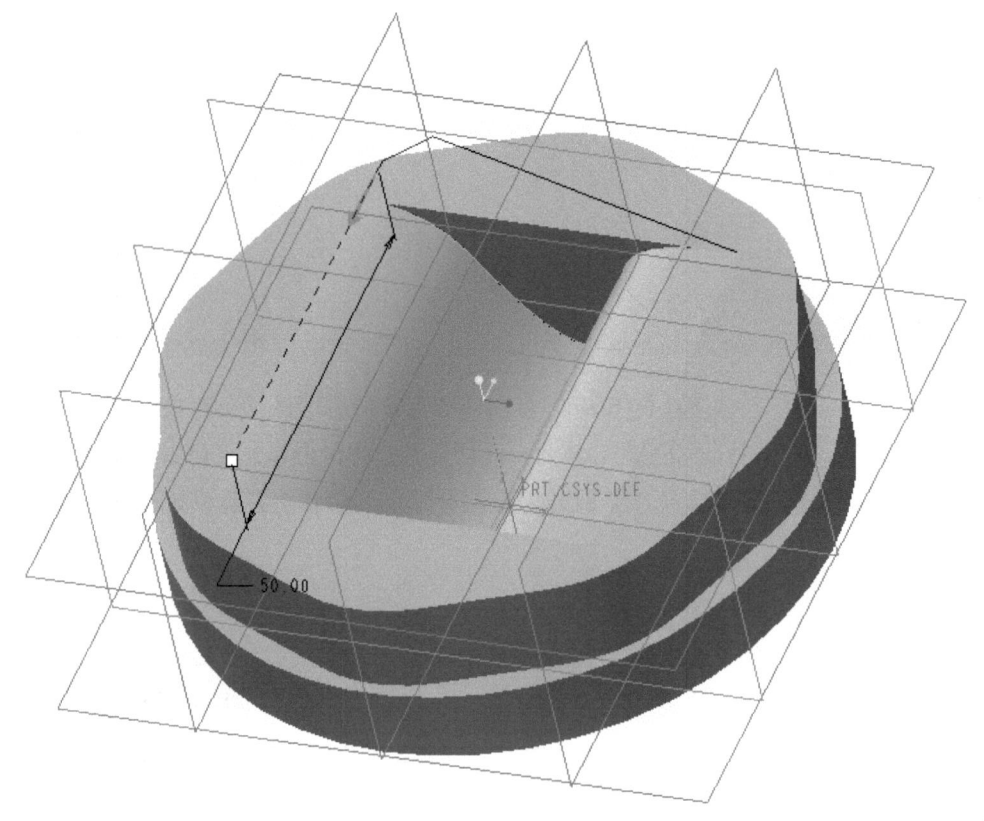

図 6.49　厚み付けのプレビュー

- ラウンドツール ラウンド を使用して自由曲面を作成した際にできたDTM2とDTM3上の角を丸める．上面にある2つの凸な角は半径1.5，自由曲面に接する凹な角は半径3.0以上（4.0以上推奨，なるべく大きくする）にし，凸→凹の順に丸める．

- 図 6.50 のようなモデルが完成する．モデルツリーの全てのスタイルを非表示にし，グラフィックツールバーからデータムなどを非表示にしている．

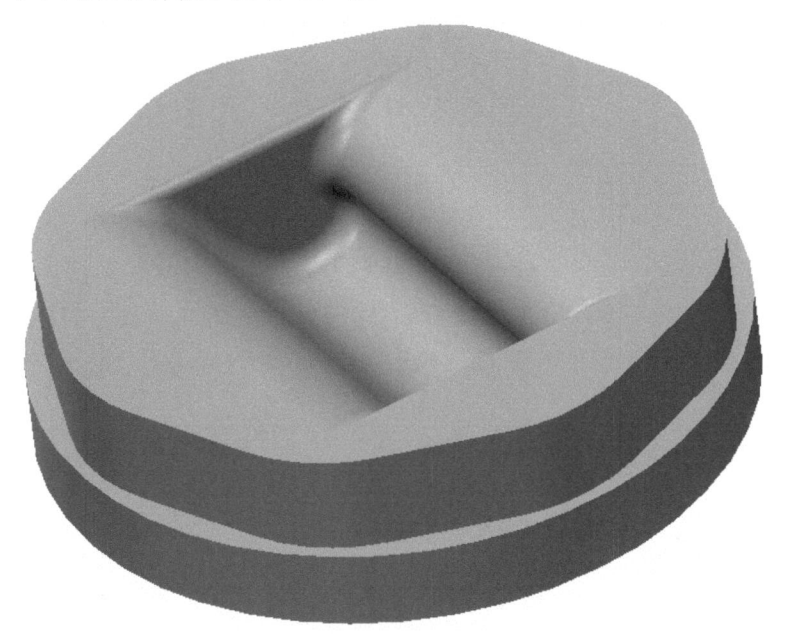

図 6.50　作成した自由曲面を含むモデル

- タブ「ファイル」→「保存」を選んで現在の状態を保存する．

10.　IGES 形式で保存

- 図 6.51 のようにタブ　「ファイル」　→　「名前を付けて保存」　→　「コピーを保存」を選択する．

図 6.51　コピーを保存

- コピーを保存ウィンドウが現れるので，タイプから「IGES （*.igs)」を選び OK を選択する．すると図 6.52 の IGES エクスポートウィンドウが現れる．
- ここで，ジオメトリがサーフェスにのみチェック，キルトが全て，座標系がデフォルトになっていることを確認して OK を押す．
- ウィンドウ左下に「IGES ファイル(prt0001.igs)を作成しました。」と表示されていれば保存が完了している．

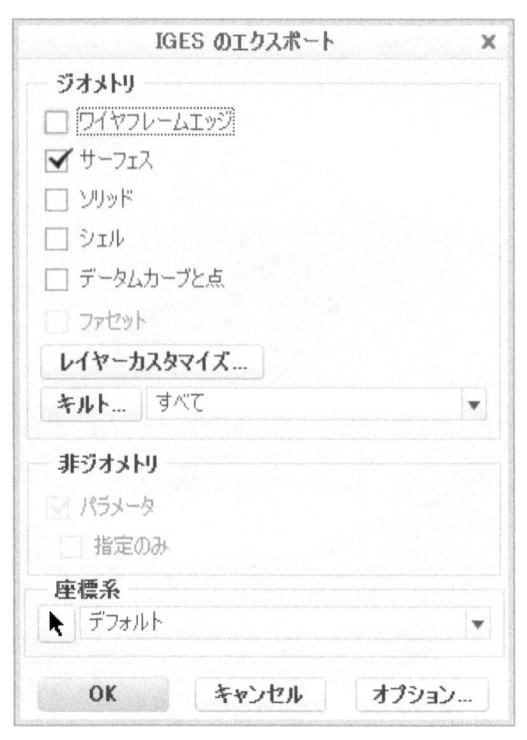

図 6.52　IGES エクスポートウィンドウ

- IGES 形式で保存したことで CAM ソフト「ZW3D」への読み込みが可能になった．

11.　ZW3D の起動

ZW3D の起動

- デスクトップ上で ZW3D 2013 Jpn アイコンをクリックする．
- 起動すると図 6.53 のような初期画面になる．

図 6.53　ZW3D 初期画面

12. ファイルの読み込み

Creo Parametric 2.0 で作成したモデルを読み込む.

- 図 6.53 の左上，クイックプライマータブの「開く」を選択する．
- 図 6.54 に示すウィンドウの「ファイルの種類」タブから「IGES File (*.igs)」を選択し，ファイルの場所，ファイル名に先ほど保存した場所，ものを選択し，開くボタンを押す．

図 6.54　IGES ファイルの読み込み

- 図 6.55 のようなウィンドウが開くので，末尾に「変換が完了しました」が表示されていることを確認してから，OK を選択する．同時に現れる出力ウィンドウも閉じる．

図 6.55　トランスレータ プログレスウィンドウ

- 図 6.56 のように IGES 形式で保存した形状が ZW3D に読み込まれ，リボンの内容も変化する．右クリックしながらドラッグすることでモデルの回転，ホイールを押しながらドラッグでモデルの平行移動，ホイールで拡大縮小ができる．回転の動きが Creo Parametric 2.0 とは異なるので注意すること．

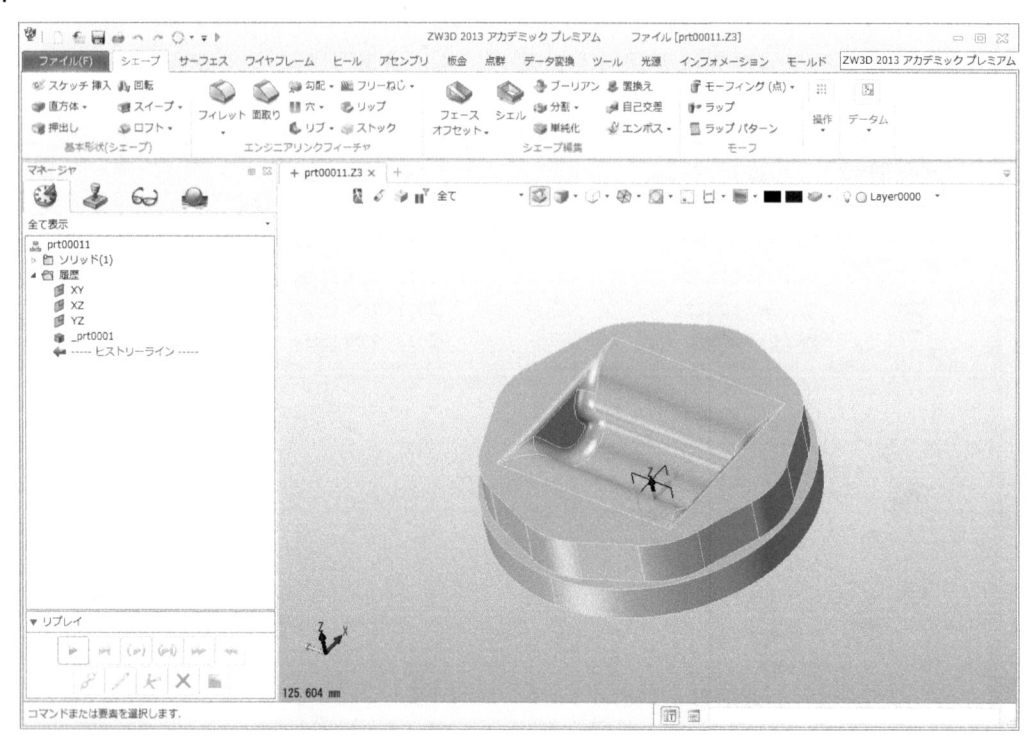

図 6.56　IGES ファイルの読み込み完了

13.　各ウィンドウの構成

この段階の ZW3D のウィンドウには図 6.57 のような名称がついている．クイックアクセスツールバーの◀を押すことで，プルダウンメニューを非表示にできる．▶を押せばプルダウンメニューの再表示ができる．Creo Parametric 2.0 と同様の位置にあるものの名称が変わっている場合があるので注意すること．ドキュメントルールバーの を押すと，現在グラフィックウィンドウに表示しているモデルを閉じることができる．誤って閉じないよう気を付けること．

14.　単位系の確認

ウィンドウ右上の マークを押すと図 6.58 のような ZW3D 設定ウィンドウが開くので，一般の項目にあるデフォルト長さ単位が「ミリ」になっていることを確認する．違う単位になっていた場合，「ミリ」を選択しなおす．

15.　CAM の開始

グラフィックウィンドウ内でモデル以外の箇所で右クリックすると現れる図 6.59 のポップアップメニューより，「CAM プラン」を選択する．テンプレート選択ウィンドウが表示されるので「デフォルト」を選び OK ボタンを押すと，図 6.60 のような CAM モードへ移行しリボンの内容も変化する．

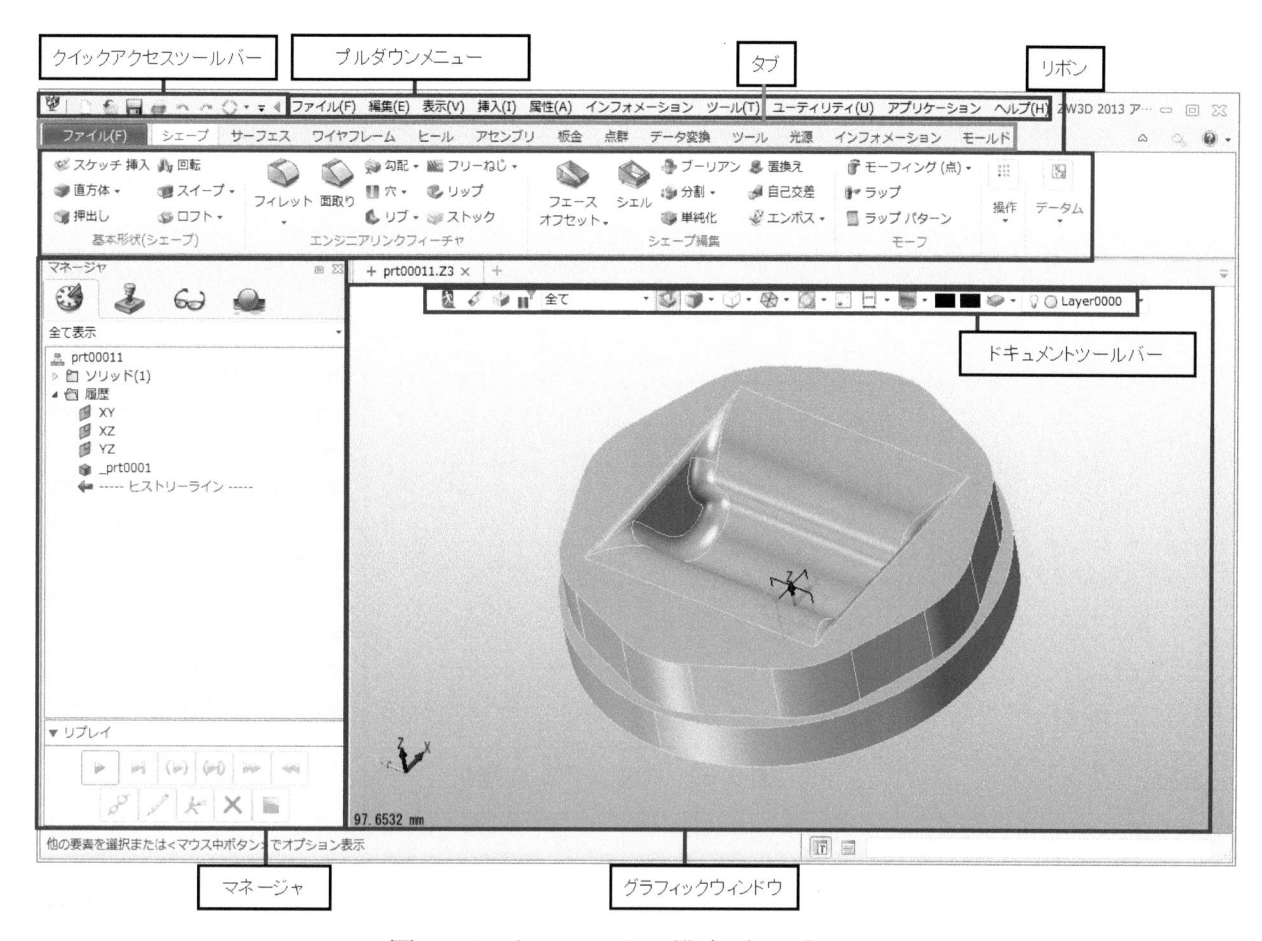

図 6.57　ウィンドウの構成（ZW3D）

図 6.58　ZW3D 設定ウィンドウ

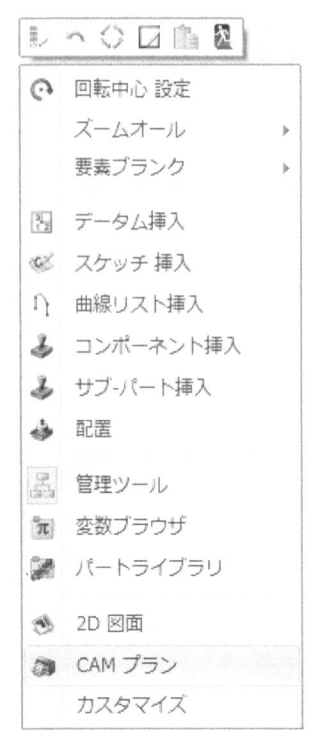

図 6.59　CAM プランの選択

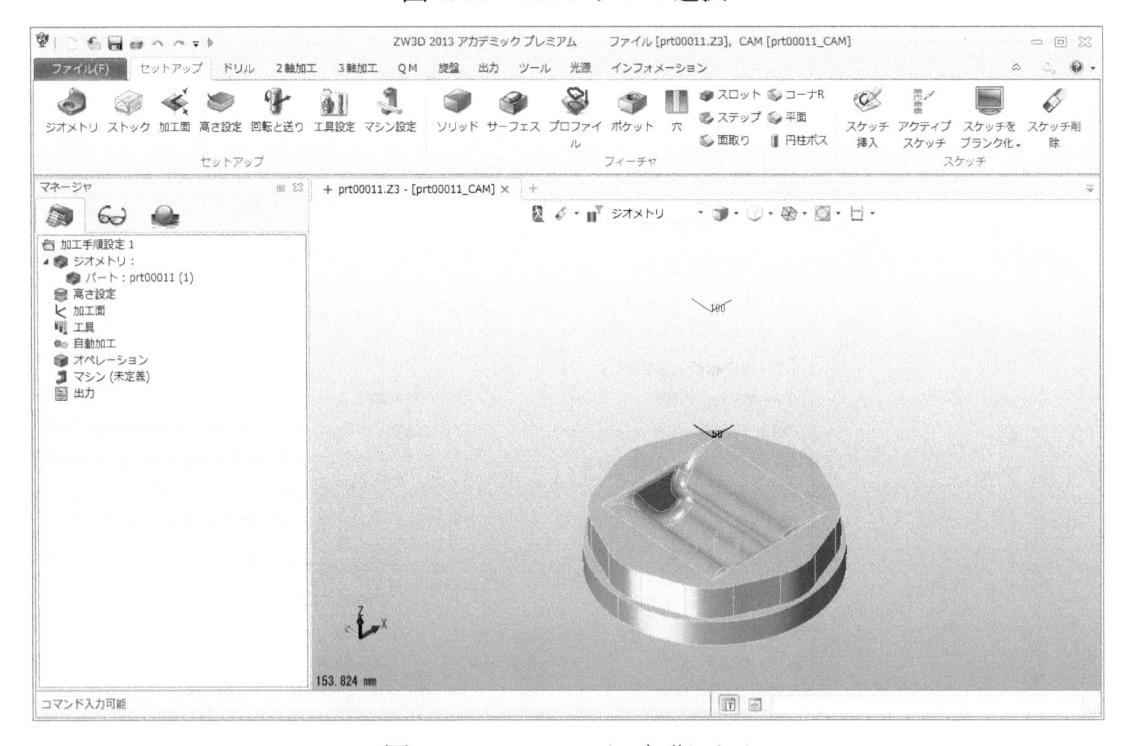

図 6.60　CAM モード 初期画面

16. 被加工材の配置

・セットアップタブを押し，リボンのセットアップにある「ストックツールアイコン」ストックを押す．

マネージャが図 6.61 のように変化するので，　アイコンをクリックし，軸に Z 軸を選択する

「ストック」の半径と高さが自動で 42.5 と 21.5 になるのを確認しチェックマークを押す．被加工材（ストック）を非表示にするかのダイアログがでるので「はい」を選択する．

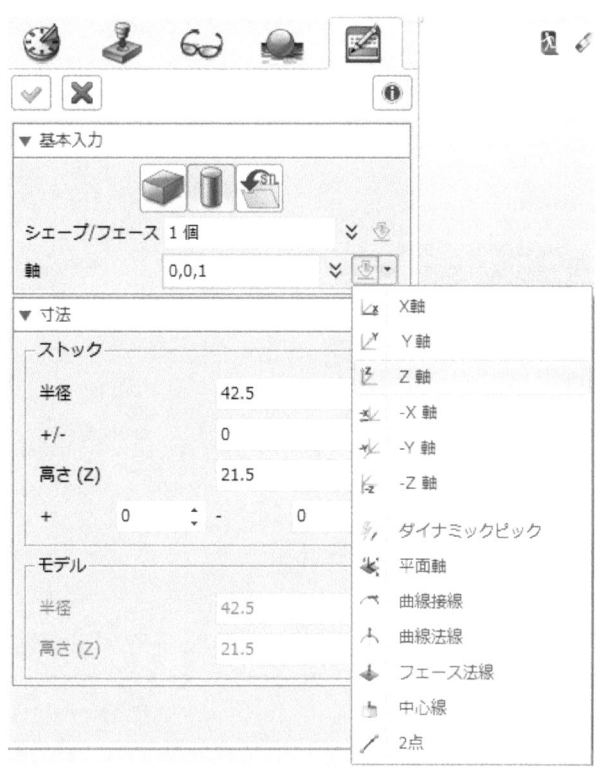

図 6.61　CAM モード 初期画面

- 被加工材の配置が完了するとマネージャが図 6.62 のように変化する．

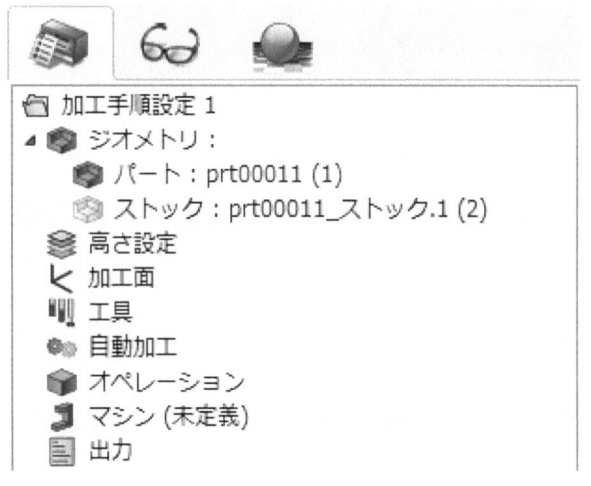

図 6.62　ジオメトリ欄にストックの表示

17. 加工機の設定

- セットアップタブを押し，リボンのセットアップにある「マシン設定ツールアイコン」マシン設定 を押す．図 6.63 のようなマシン設定ウィンドウが現れるので，「マシン名」に「MULTUS_B200」と入力，「変換ポスト」に「ZWPost」を選び，「ポスト設定」に「_chu_ou_MULTUS_B200」を選んだ上で，「適用」をクリックしてから OK を選択する．

図 6.63　マシン設定ウィンドウ

- マネージャの「マシン（未定義）」左の矢印をクリックすると，MULTUS_B200が表示されることを確認し，MULTUS_B200を右クリック → 「アクティブ設定」を選択する．

18. 加工範囲の設定

- セットアップタブを押し，リボンのフィーチャにある「プロファイルツールアイコン」 プロファイル を押す．プロファイル入力モードへ移行するのでモデル上面の枠を Ctrl キーを押しながら 16 個所クリックしていく．図 6.64 のように選択したら，右上のダイアログボックスのチェックマークを押す．
- 図 6.65 のようなプロファイル詳細設定が立ち上がるので（ファイルの欄は空でもよい），プロファイルの追加を選択する．
- プロファイル入力モードへ移行するので円柱上面の枠を Ctrl キーを押しながら 2 個所クリックしていく．図 6.66 のように選択したら右上のダイアログボックスのチェックマークを押す．

214

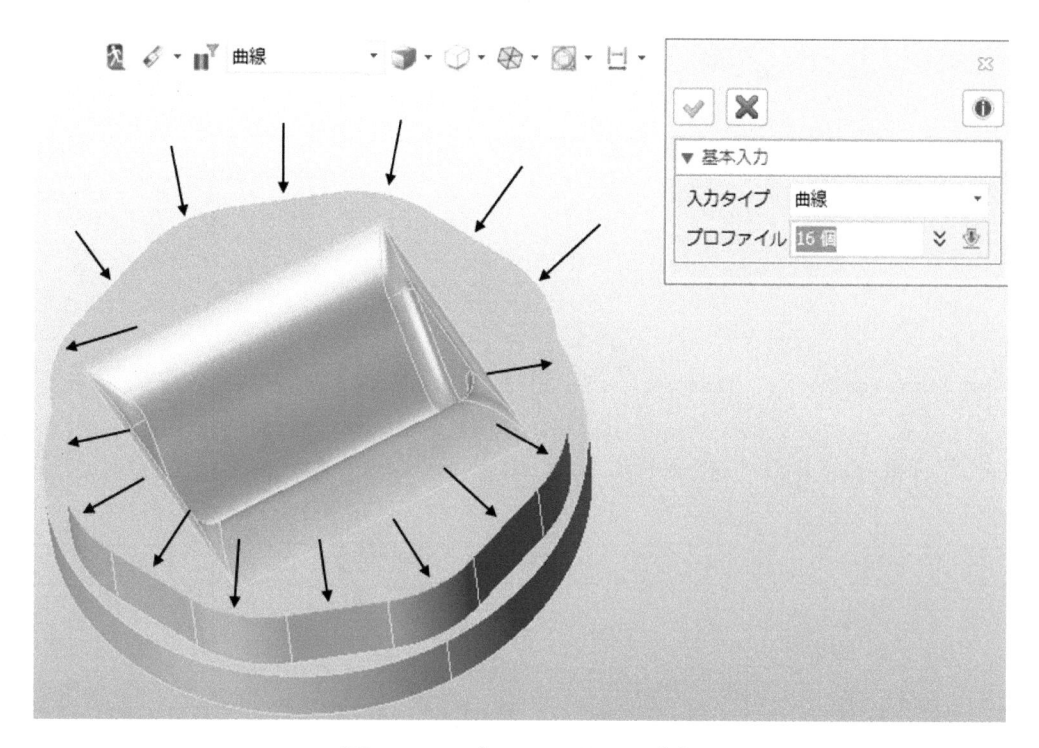

図 6.64　プロファイル 1 内側

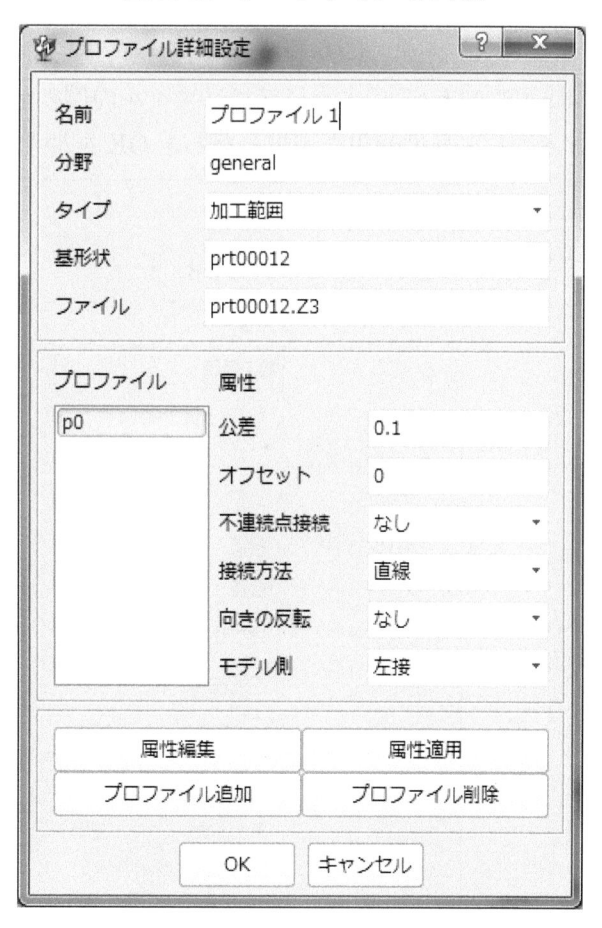

図 6.65　プロファイル 1 詳細設定

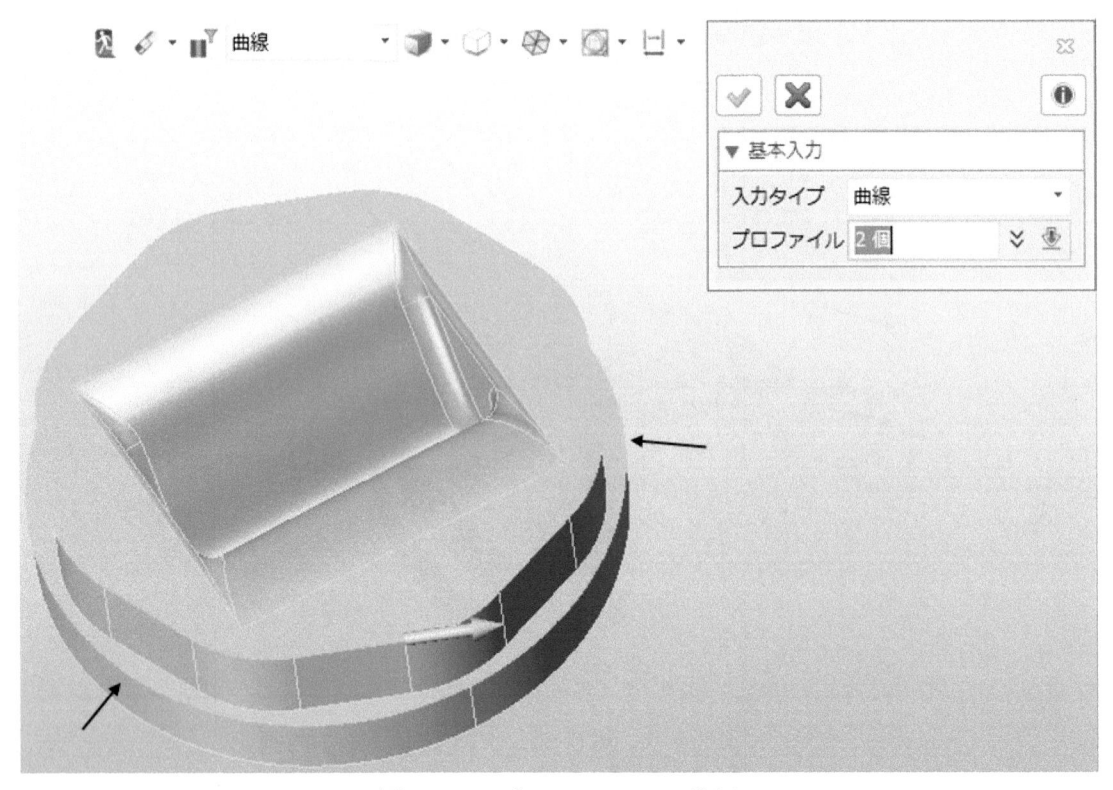

図 6.66　プロファイル 1 外側

- プロファイル詳細設定で図 6.67 のようにプロファイルの欄の p1 を選択した状態で，右のオフセットの欄に「15」と入力し，属性適用を選択したあと OK を押す．

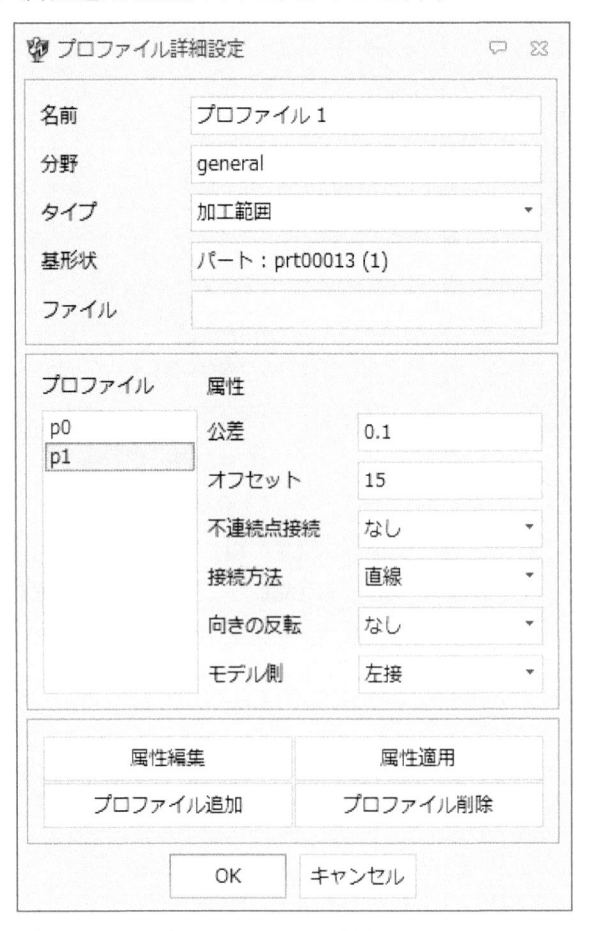

図 6.67　プロファイル 1 外側のオフセット

- セットアップタブを押し，リボンのフィーチャにある「プロファイルツールアイコン」 を押す．プロファイル入力モードへ移行するので自由曲面の外枠を Ctrl キーを押しながら 4 個所クリックしていく．図 6.68 のように選択したら，右上のダイアログボックスのチェックマークを押し，プロファイル詳細設定が立ち上がるので OK を選択する．

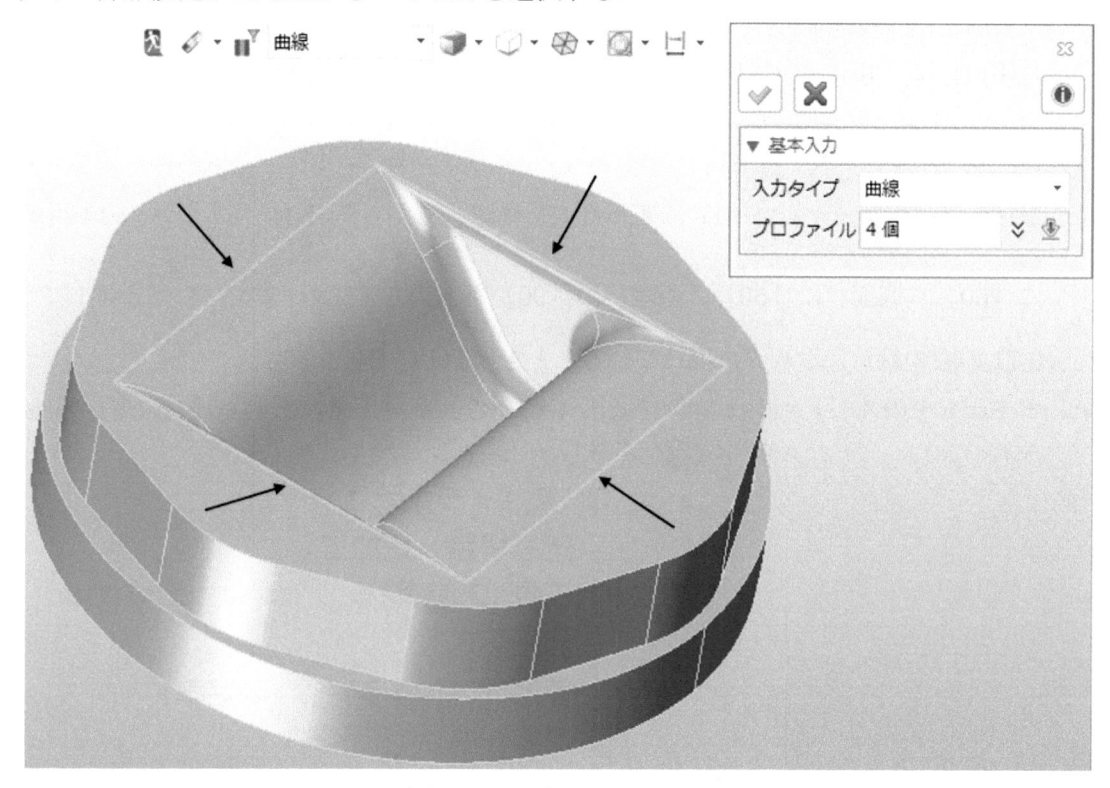

図 6.68　プロファイル 2

- マネージャが図 6.69 のようになっていることを確認し，ファイルタブから保存を選択し，現在の状態を保存する（パートの番号は読み込み時のものが表示されており図と異なる場合もある）．

図 6.69　プロファイルの設定完了

19. 荒削り

- QM タブを押し，リボンの荒加工にある「スパイラル荒ツールアイコン」 スパイラル荒 を押す．マネージャのオペレーションの項目が図 6.70 のように変化するので，「送り切替」が「荒加工」になっていることを確認し，「工具（未定義）」をダブルクリックすると図 6.71 のような工具設定ウィンドウが立ち上がる．

- 「名前」に「ﾌﾗｯﾄ φ14」，「種類」が「ミル」，「詳細形状」が「エンド」，「工具長(L)」に「50」，「刃長(FL)」に「45」，「角度(A)」が「0」，「刃数」に「2」，「半径(R)」に「0」，「刃直径(D)」に「14」を入力し適用を選択，さらにホルダタブ を押すと図 6.72 のような画面に切り替わるので「追加」を押し「現行レイヤ」が「1」に変わるのを確認してから，「名前」に「ﾌﾗｯﾄ φ14 用ホルダ」，「上面」に「50」，「底面」に「50」，「距離」に「90」を入力し，工具形状タブ を押して工具の表示（図 6.71 の右の絵）にホルダが現れていることを確認し，OK を押す．

- マネージャのオペレーションの「工具（未定義）」が「工具：ﾌﾗｯﾄ φ14」に変化する．

図 6.70　QM スパイラル荒 1

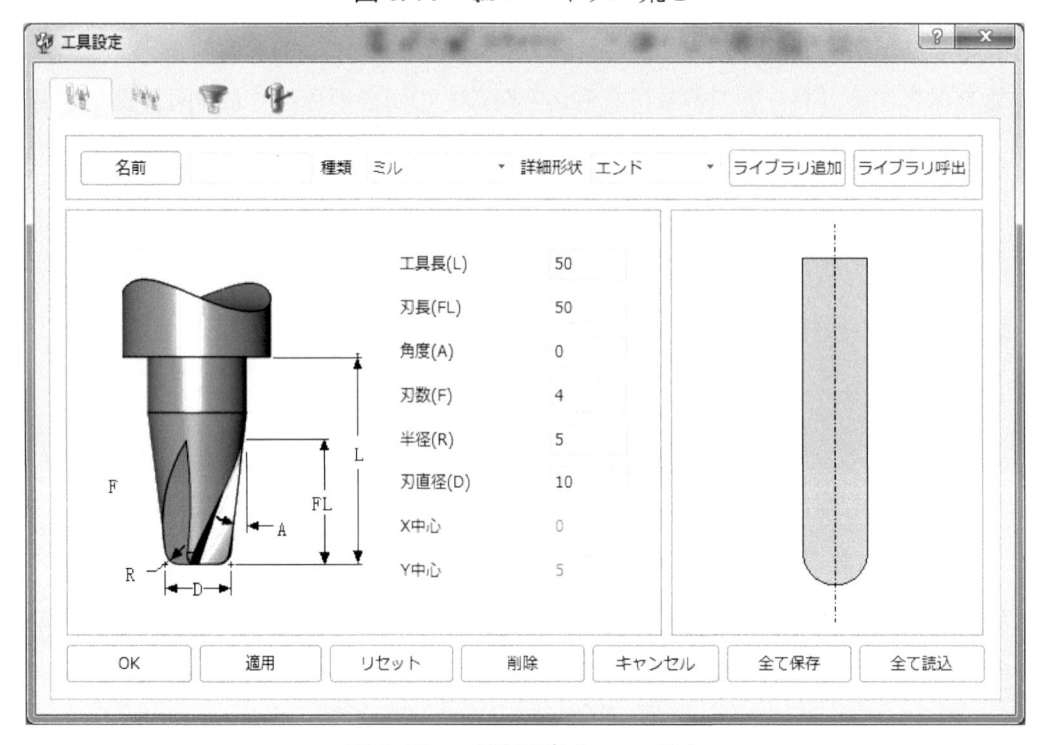

図 6.71　工具設定ウィンドウ

218

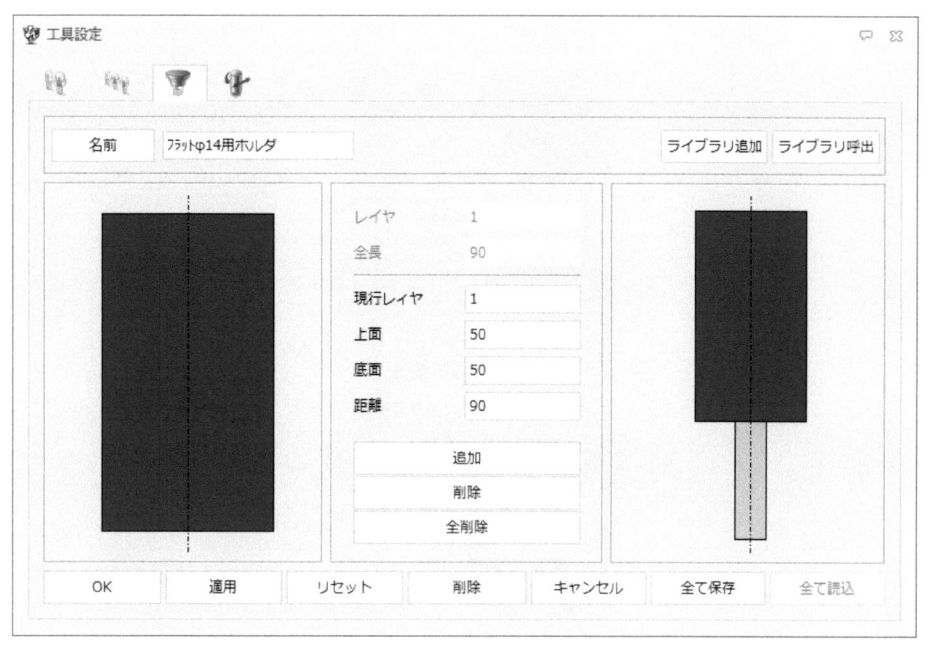

図 6.72　工具ホルダの設定

- 図 6.70（マネージャのオペレーション）から「フィーチャ（未定義）」をダブルクリックすると，図 6.73 のようなオペレーションのフィーチャを選択ウィンドウが立ち上がるので，Ctrl キーを押しながら「パート：prt******」，「ストック：prt******_ストック.***」を順に選択し OK を押す．
- マネージャのオペレーションの「フィーチャ（未定義）」が「フィーチャ」に変化し，その下に今選んだ 2 つが表示されることを確認する．

図 6.73　オペレーションのフィーチャを選択ウィンドウ

- 図 6.70（マネージャのオペレーション）から「詳細設定」をダブルクリックすると，図 6.74 のような QM スパイラル荒 1 の詳細設定ウィンドウが立ち上がるので，動作設定タブの「残し代」を「1」に変更，「Z 切り込み値」を「3」に変更し，さらに範囲タブの XY 平面タブの「最小削残し高さ」を「0.1」にする．
- 図 6.74（QM スパイラル荒 1 の詳細設定）の下部にある「加工パスの計算実行」を選択すると図 6.75 のような荒加工パスが生成される．

図 6.74　QM スパイラル荒 1 の詳細設定

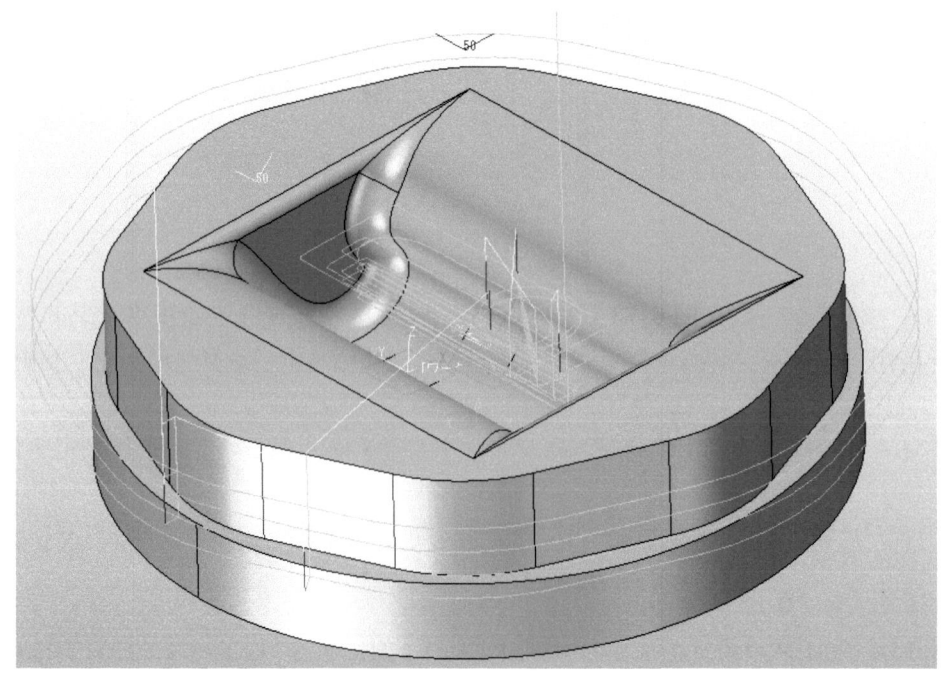

図 6.75　荒加工パス

- 加工パスの生成を確認したら OK を選択する．
- マネージャの QM スパイラル荒 1 の左側の◢を押し，QM スパイラル荒 1 を最小化する．
- ファイルタブから保存を選択し，現在の状態を保存する．

20. 側面加工

- QM タブを押し，リボンの仕上げ B にある「等高線ツールアイコン」等高線を押す．マネージャのオペレーションに **QM 等高線 1** が現れるので，それの「送り切替」が「仕上げ加工」になっていることを確認し，「工具（未定義）」をダブルクリックすると図 6.71 のような工具設定ウィンドウが立ち上がる．図 6.76 のような工具一覧ウィンドウが立ち上がるので「ﾌﾗｯﾄ φ14」を選択すると，マネージャのオペレーションの「工具（未定義）」が「工具：ﾌﾗｯﾄ φ14」に変化する．
- マネージャのオペレーションの **QM 等高線 1** から「フィーチャ（未定義）」をダブルクリックすると，オペレーションのフィーチャを選択ウィンドウが立ち上がるので，Ctrl キーを押しながら「パート：prt＊＊＊＊＊＊」，「**プロファイル 1**」，「ストック：prt＊＊＊＊＊＊_ストック.＊＊＊」を順に選択し OK を押す．

図 6.76 工具一覧ウィンドウ

- マネージャのオペレーションの「フィーチャ（未定義）」が「フィーチャ」に変化し，その下に今選んだ 3 つが表示されることを確認する．
- マネージャのオペレーションの **QM 等高線 1** から「参照オペレーション（未定義）」をダブルクリックすると，図 6.77 のような参照オペレーションを選択ウィンドウが立ち上がるので，「QM スパイラル荒 1」を選択し，OK を押す．
- マネージャのオペレーションの **QM 等高線 1** の「参照オペレーション（未定義）」が「参照オペレーション：QM スパイラル荒 1」に変化する．

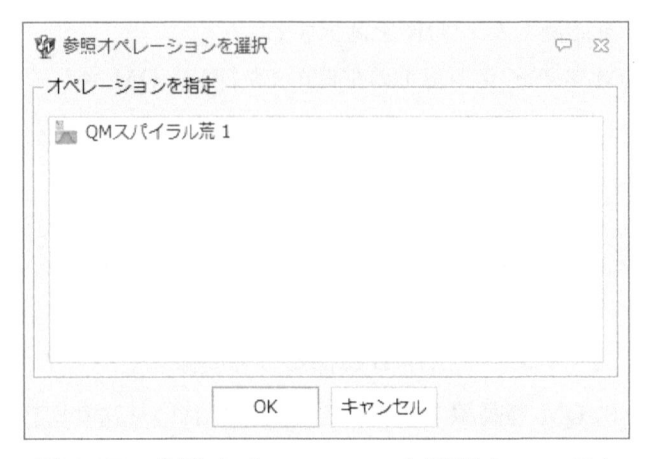

図 6.77　参照オペレーションを選択ウィンドウ

- マネージャのオペレーションの **QM** 等高線 1 から「詳細設定」をダブルクリックすると，QM 等高線 1 の詳細設定ウィンドウが立ち上がるので，動作設定タブの「残し代」を「0」に，「切削方法」を「ダウンカット優先（推奨）」に変更，「Z 進行方向」が「上から下」であることを確認し，詳細設定タブの Z 切り込み設定タブの「Z 切り込みタイプ」を「切削ピッチ」に，「Z 切り込みピッチ」を「1.0」に変更，さらに範囲タブの Z 軸方向タブの「上限点」をクリックし図 6.78 のようにモデル上面のどこかをクリック，「下限点」をクリックし，円柱上面のどこかをクリックする．

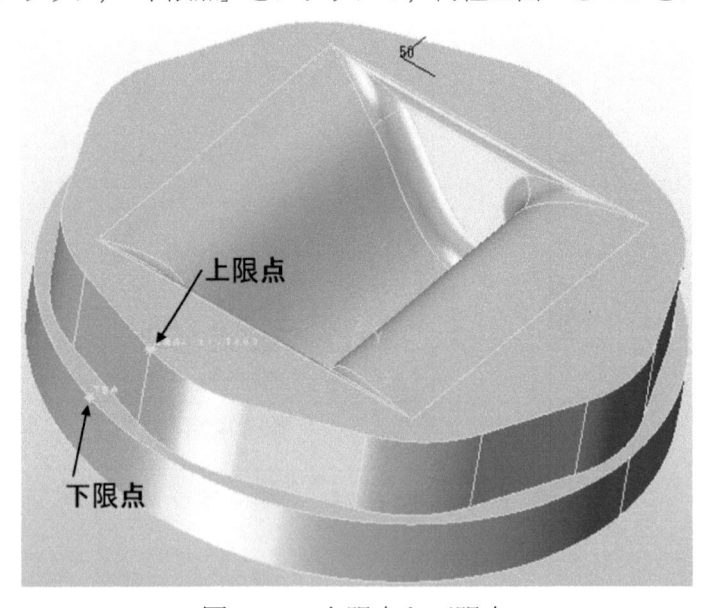

図 6.78　上限点と下限点

- QM 等高線 1 の詳細設定の下部にある「加工パスの計算実行」を選択すると図 6.79 のような側面加工パスが生成される．
- 加工パスの生成を確認したら OK を選択する．
- マネージャの QM 等高線 1 の左側の ◢ を押し，QM 等高線 1 を最小化する．
- ファイルタブから保存を選択し，現在の状態を保存する．
- マネージャのオペレーションの「QM スパイラル荒 1」を右クリックし，「表示切替」を選択することでパスの表示を非表示にできる．「QM 等高線 1」についても同様に非表示にする．

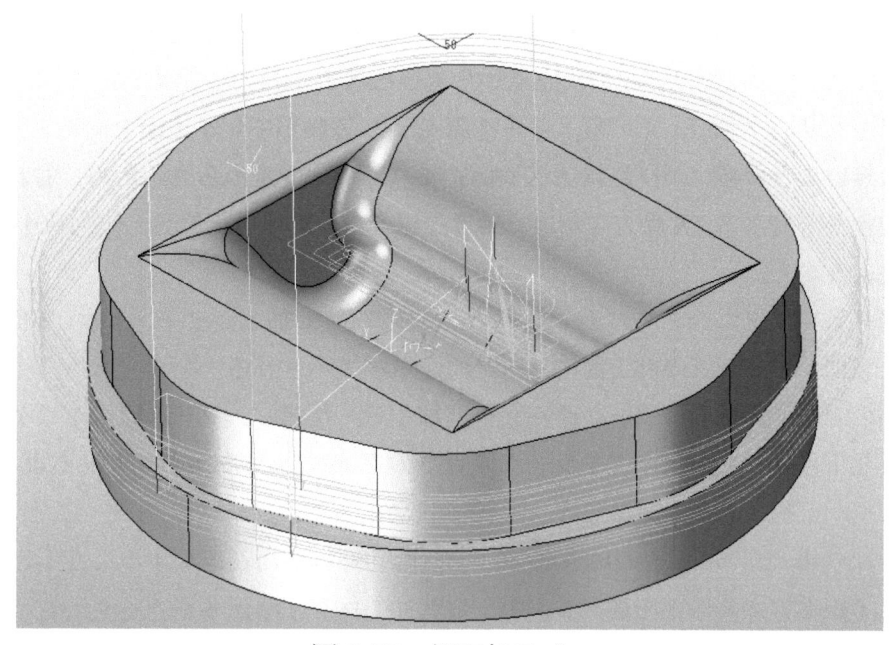

図 6.79　側面加工パス

21. 加工面の設定

- セットアップタブのセットアップにある「加工面ツールアイコン」 加工面 を選択すると，図 6.80 のような加工面ウィンドウが立ち上がるので，「CL に"ORIGIN"を出力」にチェックを入れ，「加工面の作成」をクリックし，加工面設定モードへ移行する．

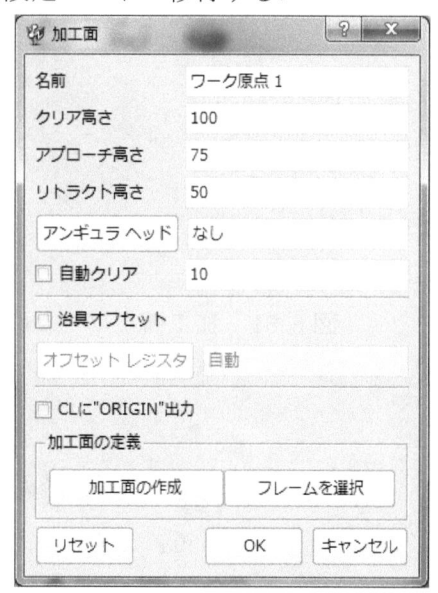

図 6.80　加工面ウィンドウ

- 図 6.81 右のようなダイアログが立ち上がることを確認する．図 6.81 に示すように 2 つの黄色の曲線の交点（ワーク原点）が自由曲面上を動くので，曲率の緩やかな箇所をワーク原点 1（原点と表示されるが実際は座標系である）の Z 軸方向から見渡せるような位置でクリックする（図 6.81 のような位置にするとよい）．右クリックしながらドラッグすることでモデルの回転，ホイールを押しながらドラッグでモデルの平行移動，ホイールで拡大縮小ができるので，適宜使用すること．

- 右のダイアログボックスの「X軸方向」の空欄をクリックすると，さらに曲面をクリックできるようになる．これは先ほど定めた原点から延びるX軸の終点を定めるモードである．図 6.82 のような位置をクリックする．この際，ワーク原点 1 の Z 軸がモデル上面を向くように注意する．Z軸の表示は無いことが多いが，Z軸は X軸×Y軸（外積）で定められるため，右ねじの法則を使えばどちら向きかが分かる．X軸方向だけで無理な場合は「X軸回転角度」を「180」にしてから「X軸方向」を定めること．
- 右のダイアログボックスのチェックマークを押して，加工面ウィンドウに戻り OK を押すと，図 6.83 のようにマネージャの加工面にワーク原点 1 が表示される．
- 同様の手順で加工面にワーク原点 2 を追加する．ただし，ワーク原点 1 の Z 軸の上方向から自由曲面を見下ろせない箇所全てをワーク原点 2 の Z 軸の上方向から見渡せるようにする．図 6.84 のようにワーク原点 2 を設定するとよい．形状によってはワーク原点 1，2 だけでは自由曲面全体を見渡せない場合もある．その場合は，ワーク原点 3，4，…と追加すること（できるだけ少なくする）．
- ファイルタブから保存を選択し，現在の状態を保存する．

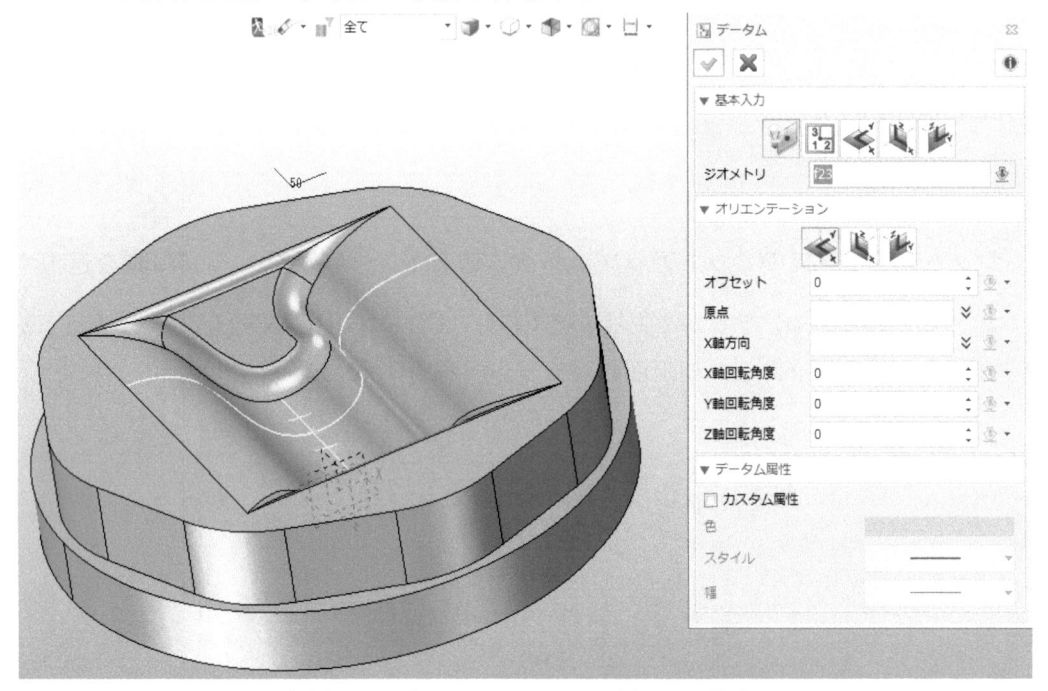

図 6.81　加工面：ワーク原点 1 の設定

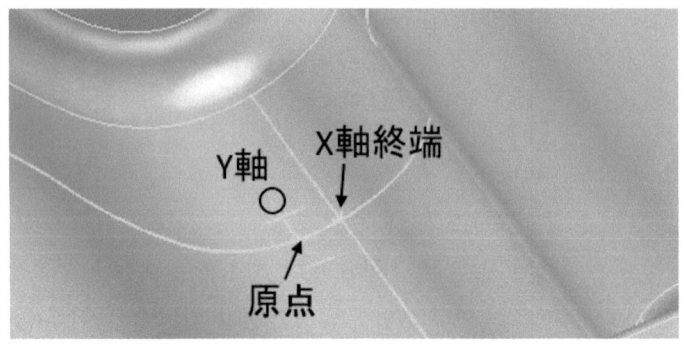

図 6.82　ワーク原点 1 の X 軸方向

図 6.83　ワーク原点 1 の追加

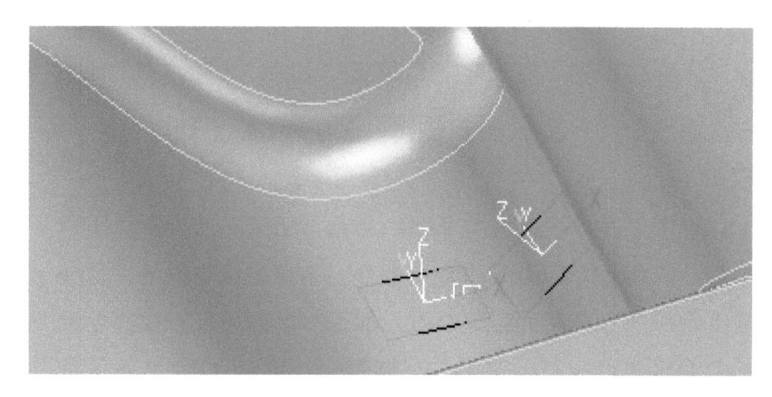

図 6.84　ワーク原点 1（左）とワーク原点 2（右）

22.　自由曲面の荒削り

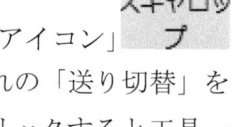

- 前々節と同様に QM タブを押し，リボンの仕上げ A にある「スキャロップツールアイコン」を押す．マネージャのオペレーションに **QM スキャロップ 1** が現れるので，それの「送り切替」をダブルクリックし「荒加工」に切り替え，さらに「工具（未定義）」をダブルクリックすると工具一覧ウィンドウが立ち上がるので「作成/編集」を選択し，工具設定ウィンドウを呼び出す．

- 「名前」に「ボール φ8」，「種類」が「ミル」，「詳細形状」が「エンド」，「工具長(L)」に「51」，「刃長(FL)」に「25」，「角度(A)」が「0」，「刃数」に「2」，「半径(R)」に「4」，「刃直径(D)」に「8」を入力する．さらにホルダタブ を押すと図 6.72 のような画面に切り替わるので「追加」を押し「現行レイヤ」が「1」に変わるのを確認してから，「名前」に「ボール φ8 用ホルダ」，「上面」に「75」，「底面」に「75」，「距離」に「65」を入力し，工具形状タブ を押して工具の表示（図 6.71 の右の絵）にホルダが現れていることを確認し，OK を押す．

- マネージャのオペレーションの「工具（未定義）」が「工具：ボール φ8」に変化する．

- マネージャのオペレーションの **QM スキャロップ 1** から「フィーチャ（未定義）」をダブルクリックすると，オペレーションのフィーチャを選択ウィンドウが立ち上がるので，Ctrl キーを押しながら「パート：prt******」，「**プロファイル 2**」，「ストック：prt******_ストック.***」を順に選択し OK を押す．

- マネージャのオペレーションの「フィーチャ（未定義）」が「フィーチャ」に変化し，その下に今選んだ 3 つが表示されることを確認する．

- マネージャのオペレーションの **QM スキャロップ 1** から「参照オペレーション（未定義）」をダブルクリックすると，参照オペレーションを選択ウィンドウが立ち上がるので，「QM 等高線 1」を選択し，OK を押す．

- マネージャのオペレーションの **QM スキャロップ 1** の「参照オペレーション（未定義）」が「参照オペレーション：QM 等高線 1」に変化する．

- マネージャのオペレーションの **QM スキャロップ 1** から「詳細設定」をダブルクリックすると，QM

スキャロップ1の詳細設定ウィンドウが立ち上がるので，動作設定タブ の「加工面」をクリックし「ワーク原点1」を選択，「残し代」を「1」に，「切削方法」を「ダウンカット優先（推奨）」に変更する．

- QMスキャロップ1の詳細設定の下部にある「加工パスの計算実行」を選択すると，図6.85のように側面加工パスに加えて自由曲面の荒削りパスが生成される．図6.85では，QMスパイラル荒1，QM等高線1のパスも再表示している．加工パスの生成を確認したらOKを選択する．
- マネージャのQMスキャロップ1の左側の◂を押し，QMスキャロップ1を最小化する．
- 同様の手順でワーク原点2を利用して荒削りパスを作成する．その場合QMスキャロップ2となる．ただし，参照オペレーションはQMスキャロップ1を選択する．ワーク原点3，4，…がある場合は，それらに対しても荒削りパスを作成する．参照オペレーションは直前のオペレーションとなる．
- ファイルタブから保存を選択し，現在の状態を保存する．この段階の画面は図6.86のようになる．

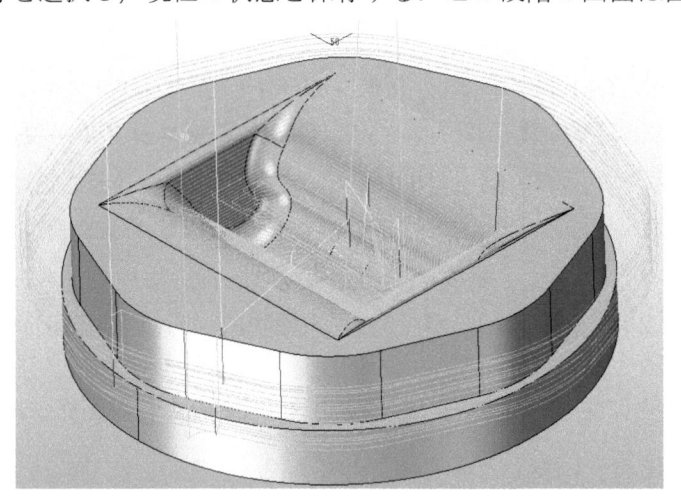

図 6.85　自由曲面の荒削りパス1

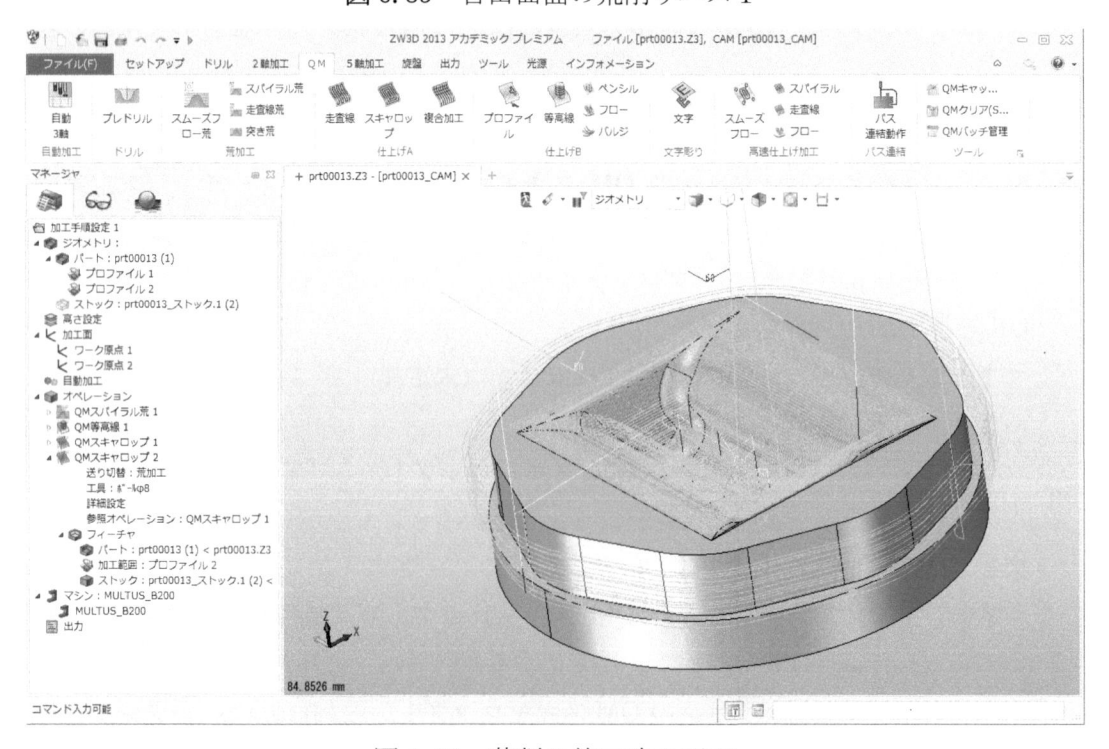

図 6.86　荒削り終了時の画面

23. 自由曲面に対する仕上げ加工

- QM スキャロップ 3，4 を追加し加工パスを作成する．それぞれ QM スキャロップ 1，2 の「送り切替」を「仕上げ加工」に，「参照オペレーション」を直前のオペレーションに，詳細設定の動作設定タブ の「残し代」を「0」に，「切削方法」を「アップカット優先（推奨）」に変えただけのものとする（図 6.86 の状態からやると QM スキャロップ 3，4 がマネージャに追加される）．その際，「工具」は「名前」に「ボール φ6」，「種類」が「ミル」，「詳細形状」が「エンド」，「工具長(L)」に「64」，「刃長(FL)」に「50」，「角度(A)」が「0」，「刃数」に「2」，「半径(R)」に「3」，「刃直径(D)」に「6」を入力，さらにホルダタブ で「追加」を押し「現行レイヤ」が「1」に変わるのを確認してから，「名前」に「ボール φ6 用ホルダ」，「上面」に「65」，「底面」に「65」，「距離」に「75」を入力し使用する．
- ファイルタブから保存を選択し，現在の状態を保存する．

24. ソリッド検証

- マネージャの オペレーションを右クリックし， ソリッド検証 を選択する．図 6.87 のようなソリッド検証ウィンドウが立ち上がるので，高精度検証実行 をクリックすると，図 6.88 のように加工のシミュレーションが実行される．

図 6.87 ソリッド検証ウィンドウ

- シミュレーションが終了するまで待つ.
- ソリッド検証ウィンドウ下部の「オプション」をクリックすると,シミュレーションオプションウィンドウが立ち上がるので,分析のタブを選択すると図 6.89 のように変化する.ここで,「差分比較表示」をクリックすると,図 6.90 のような Creo Parametric 2.0 で作成したモデルと加工シミュレーション結果との差分が表示される.

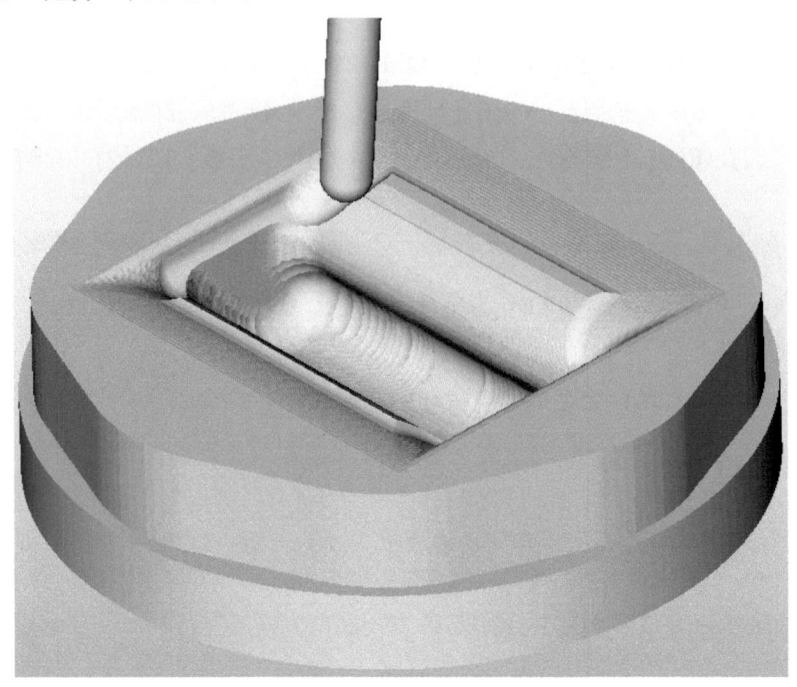

図 6.88 自由曲面の加工シミュレーション

図 6.89 シミュレーションオプションウィンドウ

- 差分比較表示を眺めて削り残しが大きい箇所があれば,シミュレーションオプションウィンドウを閉じ,ソリッド検証ウィンドウを閉じてから,新しい加工面を設定し,新しいオペレーション(荒削りと仕上げ加工)を追加する.既存の加工面の変更だけでも削り残しをとれる場合があるので,

試してみてもよい．オペレーションを追加する際は，マネージャのオペレーションの QMスキャロップを右クリックして現れるプルダウンメニューから「前に挿入」を選択すると立ち上がるオペレーションタイプ選択ウィンドウ（図 6.91）から QM タブをクリックしスキャロップを選択する．全ての荒削りは仕上げ加工より前に行うよう注意する．オペレーションを追加後，マネージャの オペレーションを右クリックして現れるプルダウンメニューから， 全て計算 を選択し，**全てのオペレーションの加工パスを再計算**しないとソリッド検証が更新されないので注意する．

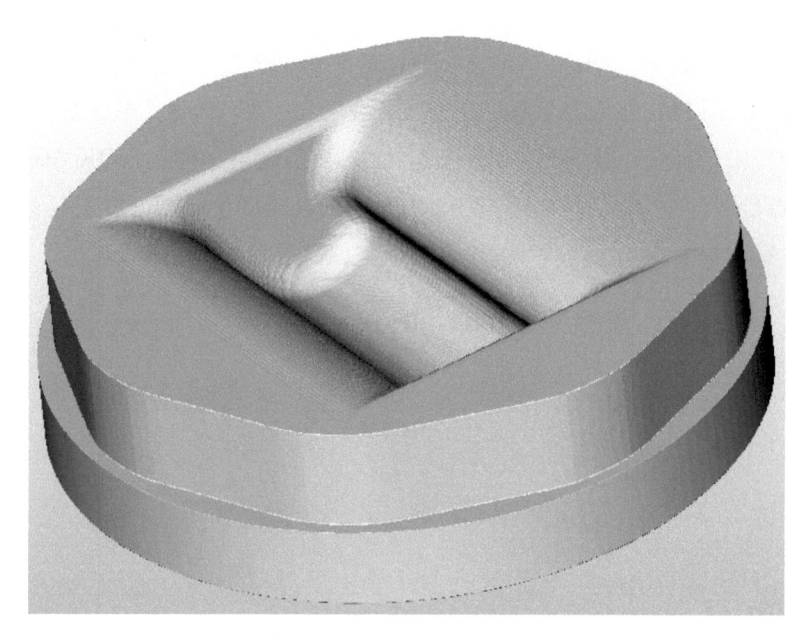

図 6.90　差分比較表示

- 差分比較表示を眺め，削り残しが無いことを確認し，シミュレーションオプションウィンドウを閉じ，ソリッド検証ウィンドウを閉じる．
- ファイルタブから保存を選択し，現在の状態を保存する．

図 6.91　オペレーションタイプ選択ウィンドウ

25. NC プログラムの出力

- マネージャの「マシン：MULTUS_B200」の左の矢印◢をクリックすると，MULTUS_B200が現れるのでダブルクリックして，マシン設定ウィンドウを開く．そのウィンドウの「ATC 設定...」をクリックすると，マシン ATC 設定ウィンドウ（図 6.92）が立ち上がるので，「手動追加」を選択する．すると ATC 工具追加設定ウィンドウが立ち上がるので，「ﾌﾗｯﾄ φ14」をクリックし，「工具番号」に「2」，「D 番号」に「2」，「H 番号」に「2」を入力し適用を押すとマシン ATC 設定ウィンドウにﾌﾗｯﾄ φ14 が追加される．同様に「ﾎﾞｰﾙ φ6」をクリックし，「工具番号」に「11」，「D 番号」に「11」，「H 番号」に「11」と入力し適用を押す．さらに「ﾎﾞｰﾙ φ8」をクリックし，「工具番号」に「12」，「D 番号」に「12」，「H 番号」に「12」と入力し適用を押し，OK を選択する．
- マシン ATC 設定ウィンドウが図 6.92 の状態であるのを確認して OK を押すと確認画面が出るので「はい」を選択する．

図 6.92　マシン ATC 設定ウィンドウ

- マシン設定ウィンドウを OK を押して閉じる．
- マネージャの◢ オペレーションを右クリックして現れるプルダウンメニューから，全て計算を選択し，全てのオペレーションの加工パスを再計算する．
- マネージャの◢ オペレーションの QMスパイラル荒1を右クリックして現れるプルダウンメニューから，「出力を作成」を選択すると，図 6.93 のようにマネージャの出力の欄に「QM スパイラル荒1」（P*****や NC*の場合もある）が追加される．

図 6.93　出力：QM スパイラル荒1

- その QMスパイラル荒1をダブルクリックすると，図 6.94 のような出力設定ウィンドウが立ち上がるので，「パート ID」に（半角で）「1」，「座標原点」をクリックし「ローカル」を選択，「関連フレ

ーム」は「グローバル原点」のまま,「工具交換番号」は「加工機設定」を選択,出力ファイルの欄で出力を保存するフォルダとファイル名(QM スパイラル荒 1 を推奨)を入力し,「NC コード」を選択する.
- 「創生加工を行いますか?」というダイアログが現れるので「はい」を選択する.
- NC プログラムの出力に成功すると図 6.95 のように NC プログラムのウィンドウが立ち上がるので,確認し問題なければ「閉じる」をクリックする.
- 同様の手順をマネージャの◢ 📦 オペレーションの「QM 等高線 1」,「QM スキャロップ 1」,「QM スキャロップ 2」,...に対して行う.その際,「パート ID」は(半角で)「2」,「3」,「4」,...と 1 つずつずらし,ファイル名はオペレーション名(QM 等高線 1 など)と同じとすること.また保存先のフォルダは全て同じにする.「創生加工を行いますか?」というダイアログが現れたら,加工面を使用していない「QM 等高線 1」に関しては「はい」,加工面を使用しているその他のオペレーションに対しては「いいえ」を選択する.

図 6.94　出力設定ウィンドウ

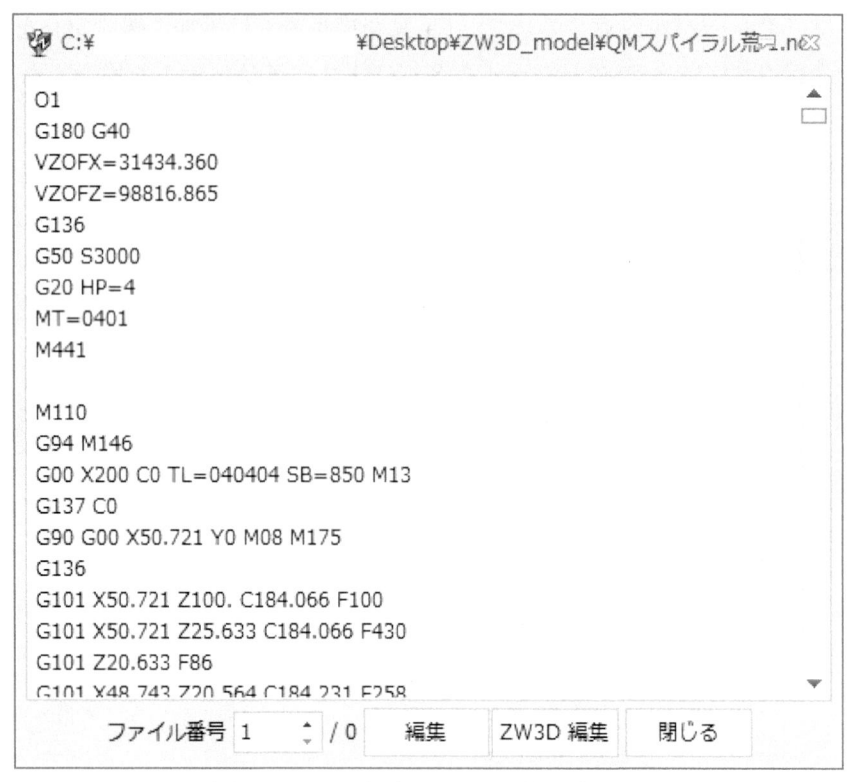

```
C:¥                           ¥Desktop¥ZW3D_model¥QMスパイラル荒.n
O1
G180 G40
VZOFX=31434.360
VZOFZ=98816.865
G136
G50 S3000
G20 HP=4
MT=0401
M441

M110
G94 M146
G00 X200 C0 TL=040404 SB=850 M13
G137 C0
G90 G00 X50.721 Y0 M08 M175
G136
G101 X50.721 Z100. C184.066 F100
G101 X50.721 Z25.633 C184.066 F430
G101 Z20.633 F86
G101 X48.743 Z20.564 C184.231 F258
```

図 6.95　出力された NC プログラム

- ファイルタブから保存を選択し，現在の状態を保存する．最終の画面は図 6.96 のようになる．
- 作成した NC プログラムファイルを USB メモリにフォルダを作らず保存する．
- ファイルタブの終了を押して，ZW3D を閉じる．

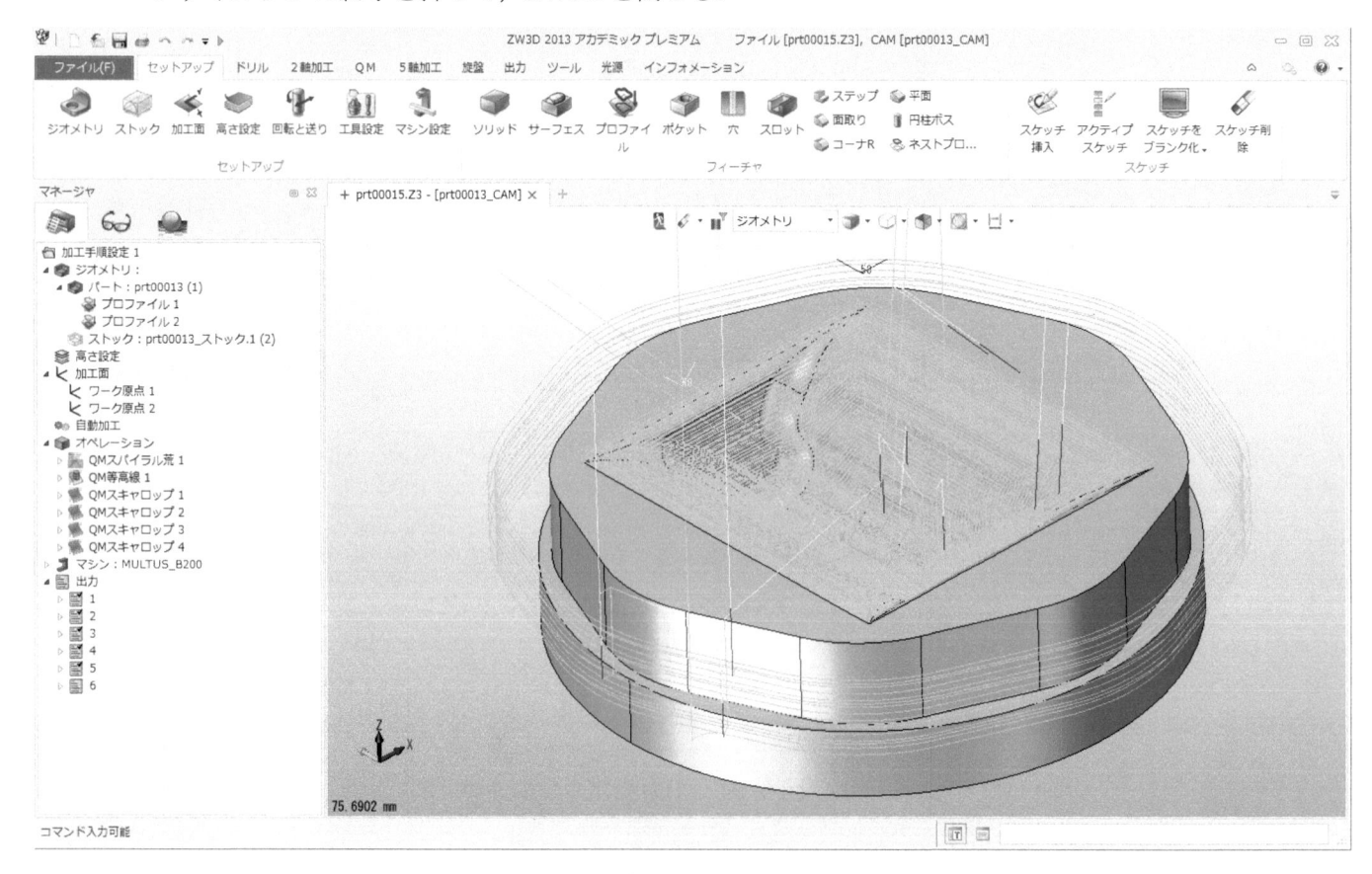

図 6.96　最終画面

26. 実際の加工

作成した NC プログラムを加工機（MULTUS B200　図 6.97）に読み込ませて，加工を行う．

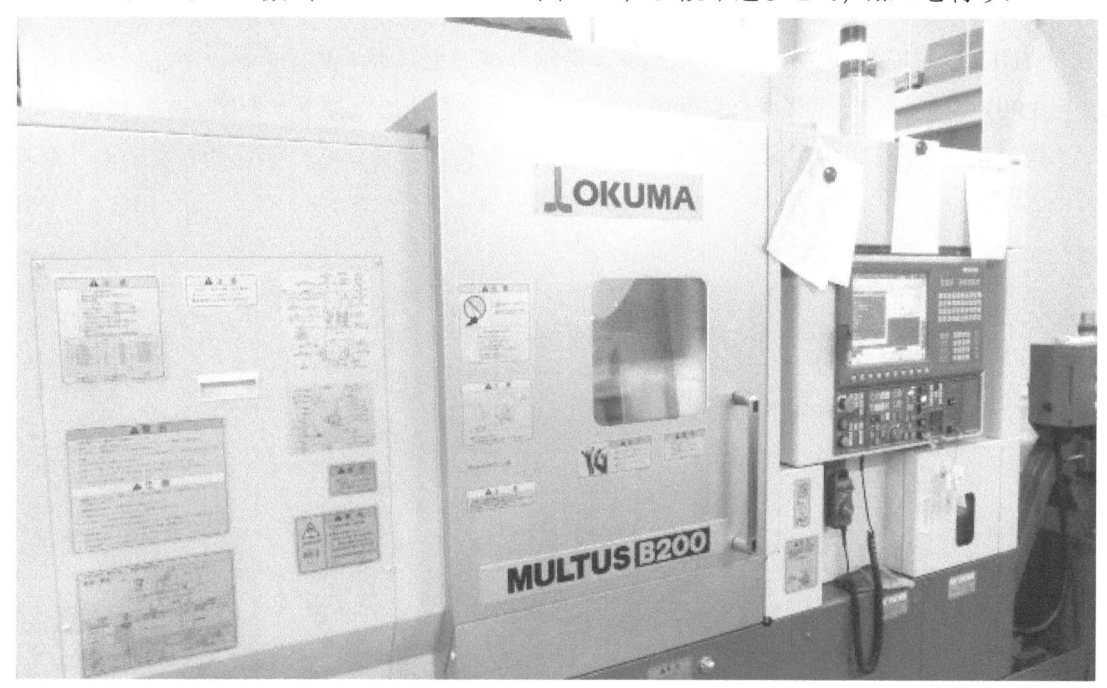

図 6.97　工作機械　MULTUS B200

- MULTUS の主電源を入れ，操作盤（図 6.98）中央部の電源ボタン（白）を押し，MULTUS を起動する．

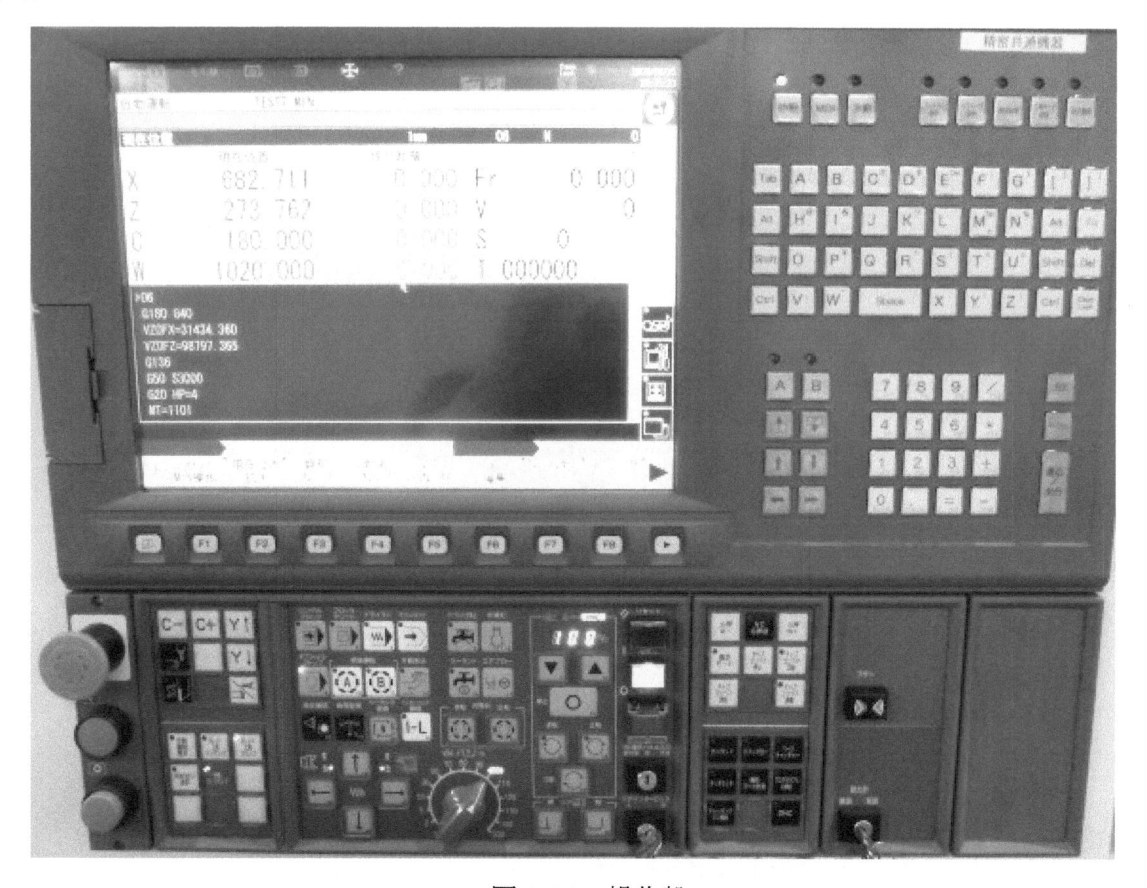

図 6.98　操作盤

- 電源ボタン（カバーのついた電源切りボタンのひとつ上のボタン）が図 6.98 のように点灯する．
- 操作盤左上の画面（操作画面，タッチパネル式）にエラーメッセージが表示されるので，MULTUS 裏のマガジンドアを開け工具マガジンを確認し，マガジンドアを閉める．
- MULTUS 正面のドアを開け，ペダルを踏み被加工材ホルダ（チャック部）を開き，被加工材（図 6.99）を装着し，ペダルをもう一度踏みチャックを閉めた後ドアを閉める．被加工材は ZW3D で設定したものと違い中心に穴が開いているものを使用している．手を切らないよう軍手などを着用すること．

図 6.99　装着された被加工材

- 作成した NC プログラムファイルが入った USB メモリを操作盤左の USB スロットに挿入する．
- 操作盤右上に 8 個並んだボタンのうち，「プログラム操作」ボタンを押す．さらに操作画面の下に並ぶ 10 個のボタンのうち▶ボタンを押し，操作画面下部に出る「ファイル操作」に対応するボタンを F1〜F8 の中から選んで押す．以降の操作でも操作画面下部の表示を選ぶ際，操作画面直下のボタンを押していく．
- さらに「コピー」に対応するボタン（F1）を押すと，図 6.100 のようなコピー画面が立ち上がるので，タッチパネルを用い上部の「デバイス」を「USO」に変更し，ファイル名を作成した NC プロ

グラムのうち QM スパイラル荒 1 に対応するものの名称にする．続いて，下部の「デバイス」を「MD 1」にし，ファイル名を「TEST1.MIN」とし，「OK」を押す．上書き確認にも「OK」を押す．

- 同様の手順を「QM 等高線 1」，「QM スキャロップ 1」，「QM スキャロップ 2」，…に対しても行う．コピー先のファイル名は「TEST2.MIN」，「TEST3.MIN」，「TEST4.MIN」，…と順次変更する．

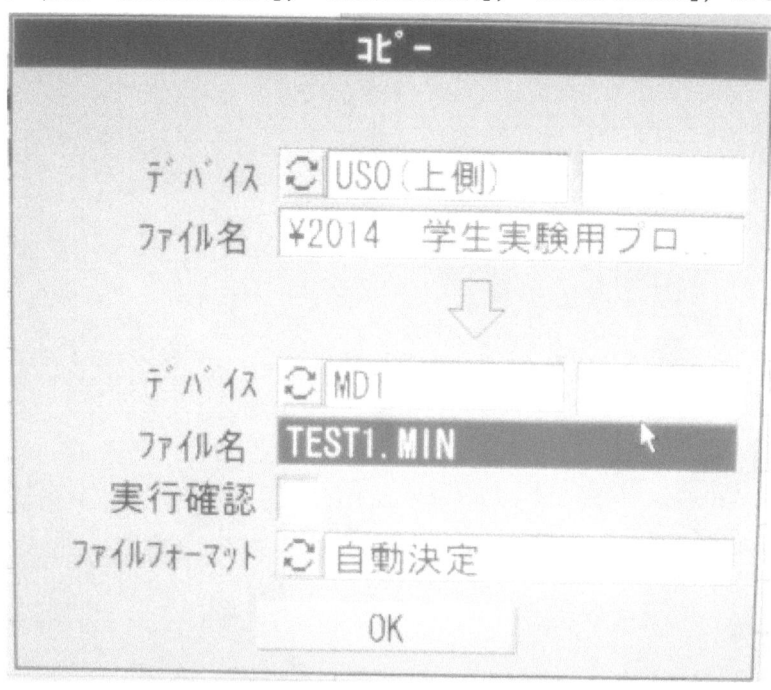

図 6.100 コピー画面

- ① 操作盤右上に 8 個並んだボタンのうち，「自動」ボタンを押す．さらに「メイン MIN 操作」（F1）を押し，「プログラム選択」（F1）を押し，タッチパネルを使用し「TEST1.MIN」を選択し「OK」を押すと「TEST1.MIN」が読み込まれ，図 6.101 のように操作画面上に表示される．

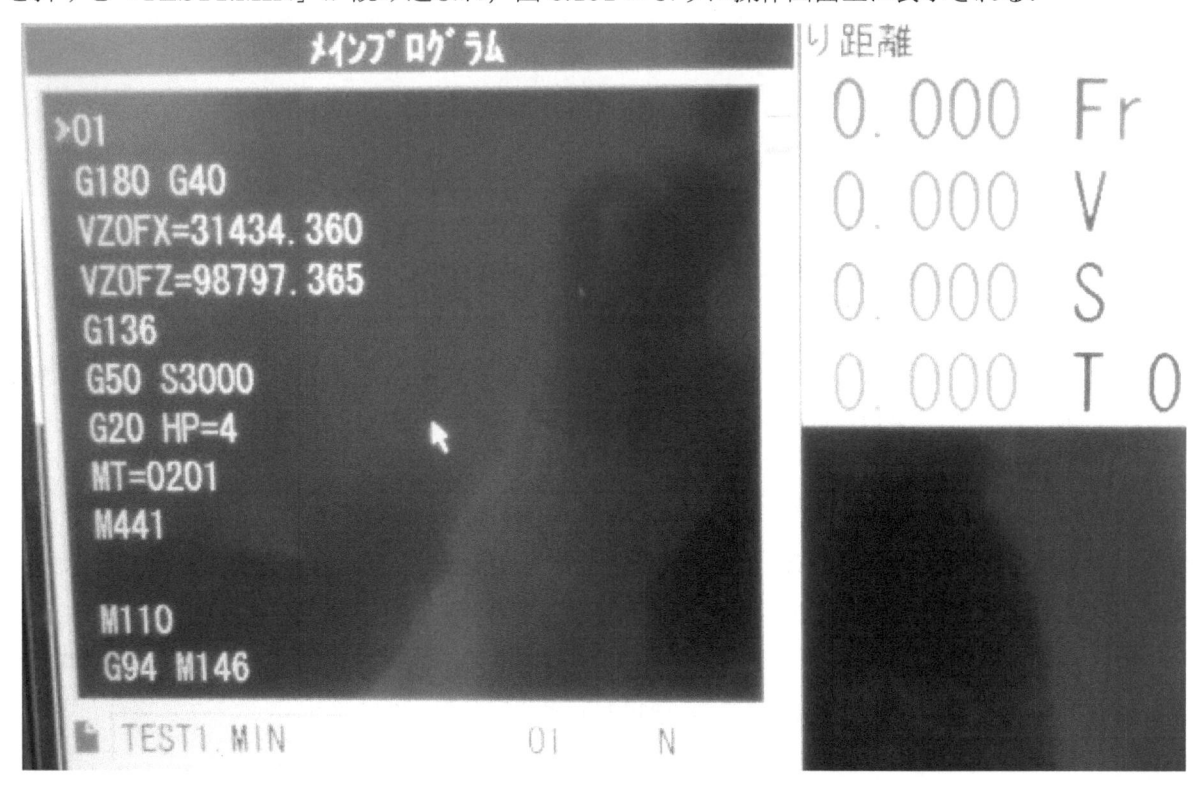

図 6.101 読み込まれた NC プログラム

- MULTUS 正面のドアを閉め，操作盤の実行ボタン（左下の緑ボタン）を押すと，NC プログラムが実行され図 6.102 のように加工が開始される．

図 6.102　MULTUS による加工

- 加工を観察する．不自然な挙動や，工具が被加工材以外に接触しようとした場合は実行ボタンの上の「非常停止ボタン」（オレンジ色の他のボタンより伸びたボタン）を押す．非常停止した後，非常停止ボタンをひねり，非常停止ボタンが伸びたことを確認してから，操作盤の右上に 8 個並んだボタンのうち，「手動」ボタンを押し，操作盤下部の↑↓→←の 4 つのボタンを使用して，工具を安全な距離まで遠ざける．
- NC ファイルを修正した上で，そのファイルを最初から実行する（緑色の実行ボタンを押す）．
- 操作を止めるか，別の NC プログラムを実行する場合は，操作盤の右上に 8 個並んだボタンのうち，「MDI」ボタンを押し，NC プログラムの直接入力（手入力）モードへ移行する．ここで，「MT=0001」と入力し操作盤右の「書き込み／実行」ボタンを押すと「MT=0001」が操作画面下部に表れるので，実行ボタン（緑）を押す．さらに「M441」と入力し操作盤右の「書き込み／実行」ボタンを押すと「M441」が操作画面下部に表れるので，実行ボタン（緑）を押す．

「MT＝0001」はこの MULTUS では空である 00 番工具を指定する命令，「M441」は工具交換命令である．これにより，アームに工具をセットしていない状態に戻すことができる．

続いて，加工を止める場合は，操作盤でカバーが付いている「電源切り」ボタン（赤ボタン）を押し，さらに主電源を落とす．別の NC プログラムを実行する場合は，①からやり直す．

- 「TEST1.MIN」の加工が終了したら，続いて「TEST2.MIN」，「TEST3.MIN」，「TEST4.MIN」，…と加工を続ける．
- 全ての加工が終了すると図 6.103 のような加工結果が得られる．
- 全加工を一工程で行う場合は，NC プログラム出力時に ZW3D 上でマネージャの◢ 📦 オペレーションを右クリックして現れるプルダウンメニューから，「出力」→「全オペレーションの NC 出力」を選択した後，個別のオペレーションの場合と同様の手順で NC プログラムを出力して使用する．

図 6.103　加工結果

- 操作盤でカバーが付いている「電源切り」ボタン（赤ボタン）を押し，MULTUS 正面ドアを開けペダルを踏み，チャック部を開き加工物を取り出す．手を切らないよう軍手などを着用すること．
- ペダルを離し正面ドアを閉め，主電源を落とし加工を終了する．

参考文献

1) 鳥谷浩志，千代倉弘明：「3次元 CAD の基礎と応用」，共立出版，1991.
2) 日本図学会シンセティック CAD 編集委員会編：「シンセティック CAD」，培風館，1997.
3) 大田幹朗：「Pro/ENGINEER の基礎から応用へ」，山海堂，1999.
4) 大田幹朗：「入門 Pro/ENGINEER」，日経 BP 社，2000.
5) 新産業支援型国際標準開発事業「生産プロセスシステムの標準化（STEP 基盤規格の開発）」，平成 11 年度新エネルギー・産業技術総合開発機構研究受託成果報告書，日本規格協会・日本情報処理開発協会，2000.
6) PTC 広告用 PowerPoint(Plastic Advisor,Pro/NC)
7) 日本機械学会編：「CAE と CAM」，技報堂出版，1988.
8) 竹内芳美：「パーソナル 3 次元 CAD/CAM」，工業調査会、1996.
9) 「Fast Track / Introduction to Pro/ENGINEER WILDFIRE 2.0 トレーニングガイド」，PTC 社，2005.
10) 畔上秀幸：PowerPoint「自由曲面の表現」
11) 嘉数侑昇，古川正志：「CAD/CAM/CG のための形状処理工学入門」，森北出版，1995.
12) James D. Foley, Steven K. Feiner, Andries van Dam, John F. Hughes, 佐藤義雄（訳）：「コンピュータグラフィックス理論と実践」，オーム社，2001.
13) 今野晃市：「3次元形状処理入門－3次元 CG と CAD への基礎―」，サイエンス社，2003.
14) Gerald Farin：「Curves and Surfaces for CAGD, 4th edition：A Practical Guide」，Academic Press, 1996.
15) Joe Warren, Henrik Weimer：「Subdivision Methods for Geometric Design：A Constructive Approach」，Morgan Kaufmann Publishers, 2001.

レポート課題

レポートの形式

- 表紙
  用紙は実験終了時に配布する．必要事項を記入する．
- 実験の目的
  実験の背景，関係する技術を述べ，その認識に基づいてどのようなことを目的にこの実験を行うのかを記述する．
- 実験内容
  実験の目的をうけて，どのような考え方のもとにどのような手順で何を明らかにするのかを具体的に述べる．あわせて用いる技術やもととなる理論について説明する．
- 実験結果
  得られた実験の結果を，実験の条件や状況とともに記述する．結果は，図や表を用いてわかりやすく整理する．
- 考察
  得られた実験の結果を理論や予測と比較して評価する．なぜそのような結果に至ったかその原因を考える．
- 課題解答
  与えられた課題について指示に従って解答する．
- アンケート
  各回の実験終了時に教科書に添付されているアンケート用紙を切り取り，記入して提出すること．

第1回の課題

コンピュータ・グラフィックス（Computer Graphics; CG）とソリッドモデル（Solid Model）とは混同されやすい概念である．CG とは人間にとってわかりやすい図表示を行う方法あるいはその結果表示された図を指す．ソリッドモデルは，コンピュータ内に表された3次元形状情報を指す．3次元形状がコンピュータ内に適切に表現されていれば，さまざまなプログラムを作って形状に関わるいろいろな工学情報を引き出したり，形状の変更を行ったりすることができる．そのような形状処理プログラムをまとめたシステムをソリッドモデラ（Solid Modeler）と呼ぶ．当然であるがソリッドモデラの形状処理プログラムには形状を人間にわかりやすく見せるための CG プログラムも含まれる．

図1は立方体を示す．

この図上での各線分の情報は表1のとおりである．これは CG の結果の情報と言える．人間にはこの図はたしかに立方体を表しているように見えるが，コンピュータ内の情報すなわち表1には2次元の図上の9本の線分の情報だけで，どこにも立方体を示す情報は含まれていない．立方体の各辺の長ささえ得ることができない．

立方体の情報はたとえば表2のようになる．立方体は6枚の面からなり，各面は4本の線分からなり，その線分は2つの頂点をもつ．完全なソリッドモデルとは言えないが，1辺の長さが1の立方体の3次元の形状情報を表している．

表2の情報から表1の情報を生成するにはCGの手法を利用できる．立体を見る場所と方向を指定すれば，そこから見た場合の2次元図形を得ることができる．3次元の点の座標(x, y, z)から2次元の図上の点(X, Y)へ変換する式は，製図で言う等測図の場合，式1となる．

$$\begin{pmatrix} X \\ Y \end{pmatrix} = \frac{1}{\sqrt{2}} \begin{pmatrix} -1 & 1 & 0 \\ -\frac{1}{\sqrt{3}} & -\frac{1}{\sqrt{3}} & \frac{2}{\sqrt{3}} \end{pmatrix} \begin{pmatrix} x \\ y \\ z \end{pmatrix} \quad \text{式1}$$

(1) 表2から表1の情報が式1により得られることを確認せよ．
(2) 立方体の高さだけを1.5に変更して直方体とする場合，表2の情報はどうなるか．
(3) その場合の表1の情報を式1により求めて，グラフ用紙に直方体の等測図を描いてみよ．
　※ 表2の線分の番号は，図1及び表1の線分とは対応していないので注意すること．

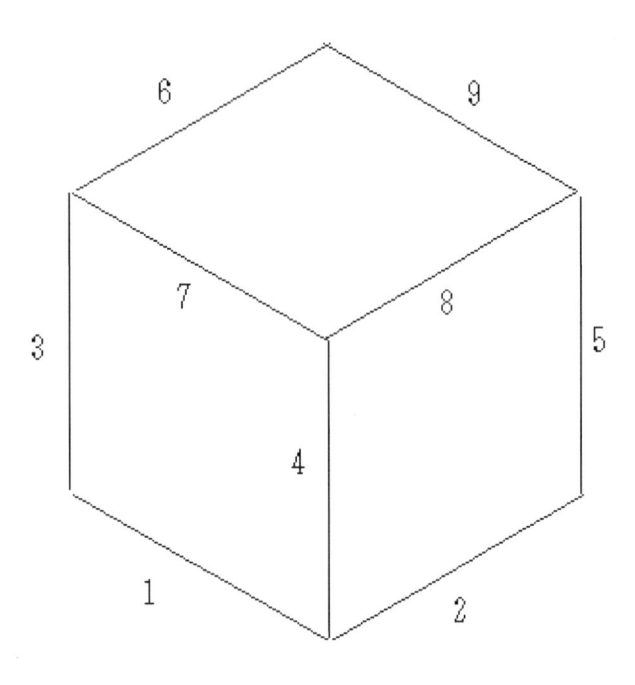

図1　立方体の図

表1　2次元の図のデータ

線分	始点座標	終点座標
1	(−0.707, −0.408)	(0.0, −0.816)
2	(0.0, −0.816)	(0.707, −0.408)
3	(−0.707, −0.408)	(−0.707, 0.408)
4	(0.0, −0.816)	(0.0, 0.0)
5	(0.707, −0.408)	(0.707, 0.408)
6	(0.0, 0.816)	(−0.707, 0.408)
7	(−0.707, 0.408)	(0.0, 0.0)
8	(0.0, 0.0)	(0.707, 0.408)
9	(0.707, 0.408)	(0.0, 0.816)

表2　3次元形状データ

立体	面
1	1, 2, 3, 4, 5, 6

面	線分
1	4, 3, 2, 1
2	8, 1, 5, 9
3	5, 2, 6, 10
4	6, 3, 7, 11
5	7, 4, 8, 12
6	9, 10, 11, 12

線分	頂点
1	1, 2
2	2, 3
3	3, 4
4	4, 1
5	2, 6
6	3, 7
7	4, 8
8	1, 5
9	5, 6
10	6, 7
11	7, 8
12	8, 5

頂点	座標
1	(0, 0, 0)
2	(1, 0, 0)
3	(1, 1, 0)
4	(0, 1, 0)
5	(0, 0, 1)
6	(1, 0, 1)
7	(1, 1, 1)
8	(0, 1, 1)

第2回の課題

課題1：コンピュータで求めた解析結果と材料力学で求めた理論計算の結果とを比較する.

(1) H字梁の解析結果から何がわかるか.
(2) 材料力学を用いて手計算で，以下の数値を求めよ.
　　(2-1) 梁先端の撓みと撓み角
　　(2-2) 断面係数
　　(2-3) SFD と BMD
(3) 応用編のH字梁についても材料力学を用いて梁先端の撓みと撓み角を求める．その上で，コンピュータで求めた結果と材料力学の計算で求めた結果の違う点と同じ点は何か？また，その理由を考察せよ.

なお，STEEL の材料特性は，密度　　　　　：$7.82 \times 10^3 [kg/m^3]$

　　　　　　　　　　　　　ポアソン比　　　：0.27

　　　　　　　　　　　　　ヤング率　　　　：$2.00 \times 10^{11} [N/m^2]$　　　とする.

第3回の課題

課題1：ゲートの位置，ゲートの数，樹脂の温度，型の温度，などの射出の条件を変化させて，ウェルドラインや気泡の生じ方がどう変化するかを調べよ．これらの欠陥を少なくするにはどうすればよいと考えるか．

課題2：家庭にあるプラスチック製品を調べて，ゲートの位置やウェルドラインなど，その製品を射出成形した際の痕跡が観察できたら，それについて報告せよ．その痕跡をもとに，その製品はどのような型を使ってどのように射出成形されたかを予想し，図示せよ．

第4回の課題

課題1

(1) 実験では学籍番号によって異なる工具パスのタイプを指定したので，パスタイプの異なる者同士でシミュレーション結果を持ちより，削り残し部などを比較して，仕上げ精度を考察せよ.
(2) 実験で想定した金型をさらに高精度に作製するためには，工具パスや作業条件，加工工程などに，どのような工夫をしたら良いのか，アイデアを出せ.

課題2

CAD/CAM を用いると簡単に部品図や NC プログラムが作成される．しかしながら，実際にその部品を作製する段になると，加工困難となる場合がある．つぎの加工例ではどのような不具合が発生して加工困難となるのかを記せ．また，対策はどうすれば良いか，提案せよ．

(1) 傾斜した面への穴あけ加工　　　　　　　　ヒント：刃先が滑る
(2) 加工抵抗が均一でない箇所の穴あけ加工　　ヒント：抜け際では左側のみから切削力を受ける
(3) 正確な面当たりを必要とする広面積平面加工　ヒント：大面積ほど精度誤差が出やすい
(4) 薄肉リブの加工　　　　　　　　　　　　　ヒント：薄リブが切削力・切削熱を受けて変化する

次の図を参照せよ．

(1)　　　　　　　　　　　　　　　(2)

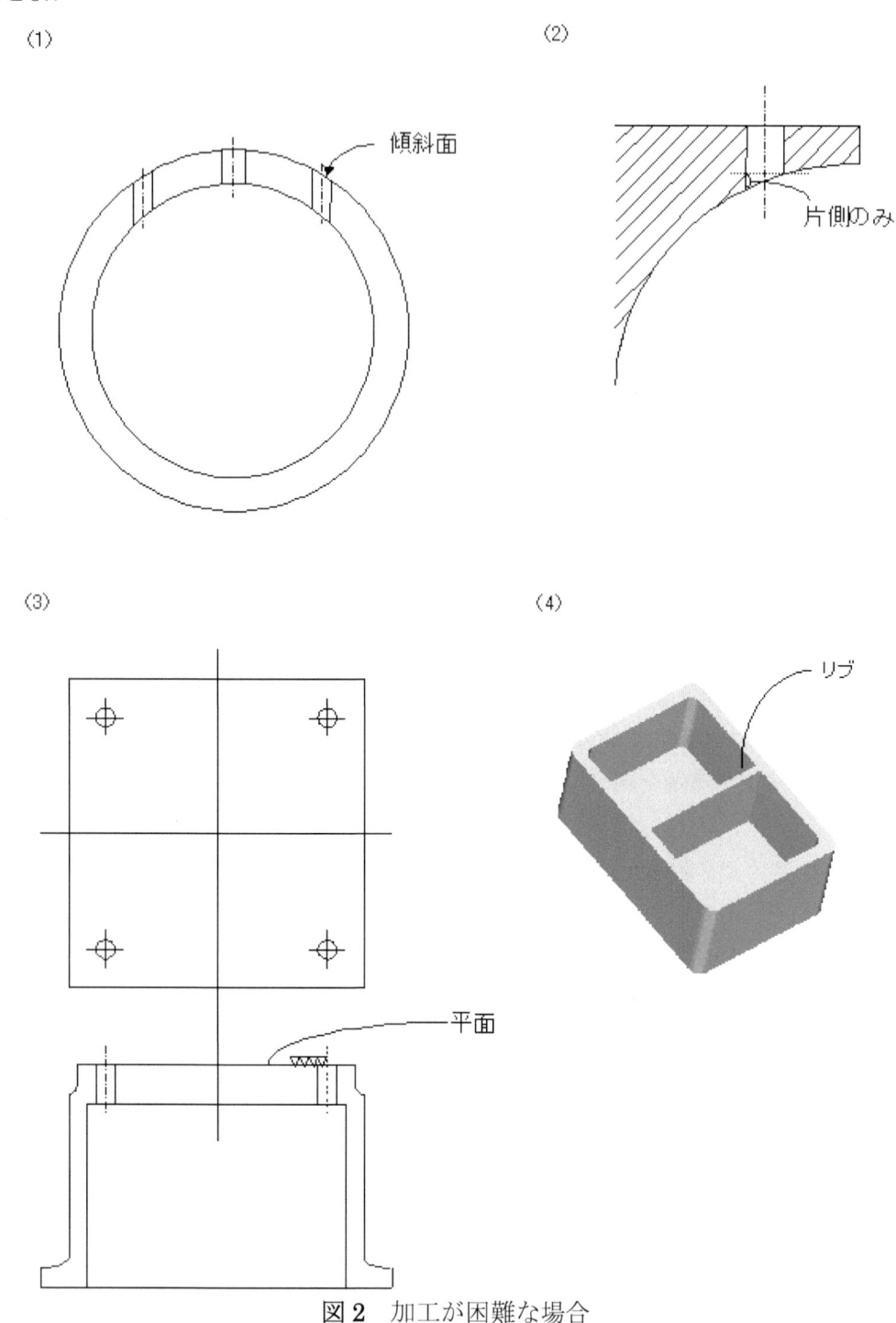

傾斜面

片側のみ

(3)　　　　　　　　　　　　　　　(4)

リブ

平面

図2　加工が困難な場合

第5回の課題

課題1：扱いやすい補間曲線であるCatmull-Rom曲線を使用し，補間とその誤差を考える．

　Catmull-Rom曲線はエルミートスプラインと呼ばれるスプライン曲線の一種で，点列 p_i, $i=0,1,2,\cdots,m$ 内の連続する4点 $p_i, p_{i+1}, p_{i+2}, p_{i+3}$ を使用して，ノット t_{i+1}, t_{i+2} 間の曲線を求める．その大きな特徴として，全ての点を滑らか（1階微分が連続）に通過できることが挙げられる．ここでは簡単にするためノット t_{i+1}, t_{i+2} 間の幅を一定値 T とする．ここで $\dfrac{t-t_{i+1}}{T}$ を $\bar{t}$ と置く．そのときノット t_{i+1}, t_{i+2} 間の Catmull-Rom 曲線 $f(t)$ は

$$f(t) = \frac{1}{2}\begin{pmatrix}\bar{t}^3 & \bar{t}^2 & \bar{t} & 1\end{pmatrix}\begin{pmatrix}-1 & 3 & -3 & 1\\ 2 & -5 & 4 & -1\\ -1 & 0 & 1 & 0\\ 0 & 2 & 0 & 0\end{pmatrix}\begin{pmatrix}p_i\\ p_{i+1}\\ p_{i+2}\\ p_{i+3}\end{pmatrix} = \frac{1}{2}\left\{\begin{array}{l}\left(-\bar{t}^3 + 2\bar{t}^2 - \bar{t}\right)p_i + \left(3\bar{t}^3 - 5\bar{t}^2 + 2\right)p_{i+1}\\ + \left(-3\bar{t}^3 + 4\bar{t}^2 + \bar{t}\right)p_{i+2} + \left(\bar{t}^3 - \bar{t}^2\right)p_{i+3}\end{array}\right\} \quad \text{式2}$$

と書ける．4点を使い中央の2点間を結ぶ手法であるため，p_0, p_1 間と p_{m-1}, p_m 間はこのままでは結べない．

$i = -1$ とし，$f(t) = \dfrac{1}{2}\begin{pmatrix}\bar{t}^3 & \bar{t}^2 & \bar{t} & 1\end{pmatrix}\begin{pmatrix}0 & 0 & 0 & 0\\ 0 & 1 & -2 & 1\\ 0 & -3 & 4 & -1\\ 0 & 2 & 0 & 0\end{pmatrix}\begin{pmatrix}p_{-1}\\ p_0\\ p_1\\ p_2\end{pmatrix}$ で p_0, p_1 間を

$i = m-2$ とし，$f(t) = \dfrac{1}{2}\begin{pmatrix}\bar{t}^3 & \bar{t}^2 & \bar{t} & 1\end{pmatrix}\begin{pmatrix}0 & 0 & 0 & 0\\ 1 & -2 & 1 & 0\\ -1 & 0 & 1 & 0\\ 0 & 2 & 0 & 0\end{pmatrix}\begin{pmatrix}p_{m-2}\\ p_{m-1}\\ p_m\\ p_{m+1}\end{pmatrix}$ で p_{m-1}, p_m 間を結ぶと隣の曲線セグメントと

滑らかに繋がる．この式は1例であるが，p_{-1}, p_{m+1} は計算に必要がないことがわかるだろう．

(1) m が偶数となるような2次元の点列を作成し方眼紙にプロットせよ．機械から得られたデータが望ましいが，自作しても良い．ただし，隣り合う点の x 座標値の幅は（符号を含めて）一定であるようにすること．また，あまり大きな m にしないこと．

(2) 点列の偶数番目の点だけを抽出し新たな点列を作る．その点列中の点の，x 座標値をその点のノットとし，y 座標値を式2の p とすることで Catmull-Rom 曲線 $f(t)$ を求め，同じ方眼紙に記入せよ．厳密な曲線は手では描けないため，セグメントの中央での位置を式から求め，その他の場所は滑らかであればよいとする．

(3) 元々の点列の奇数番目の頂点 p_{odd} に対し，それを範囲に含むような(2)の Catmull-Rom 曲線のセグメントを考え，セグメント中央での位置と p_{odd} の距離を大まかに計測せよ（全セグメントに対して行うこと）．

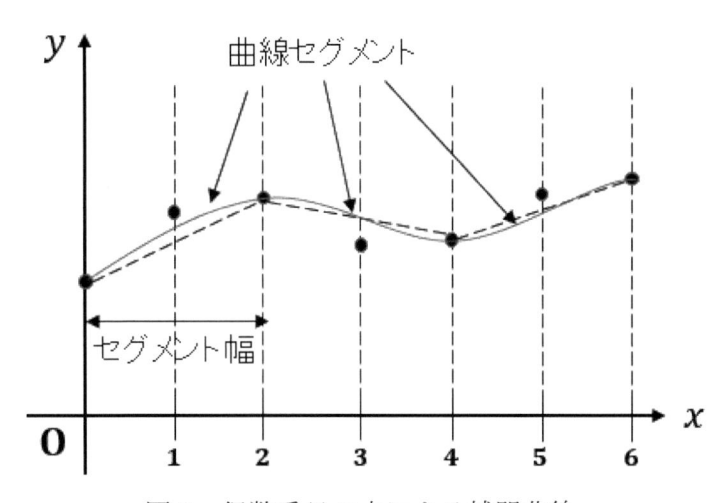

図3 偶数番目の点による補間曲線

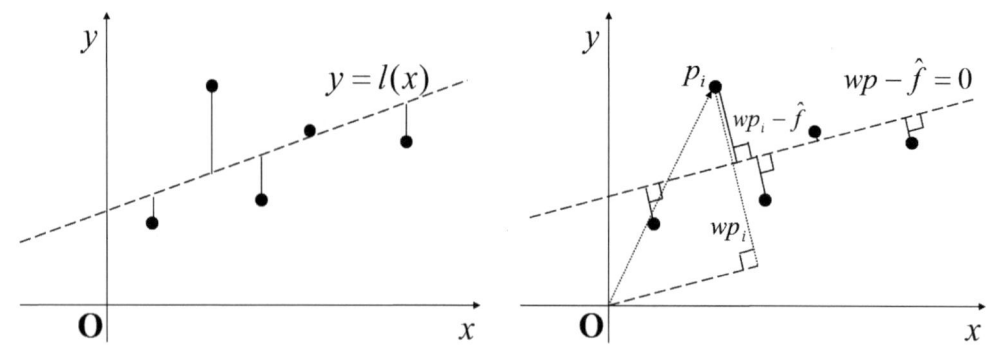

図4　点群に対する直線の当て嵌め（左：回帰直線，右：主成分分析）

第5回の課題の参考1：回帰直線

図4のように $\mathbf{R}^2$ において，2点以上の点群 $\{p_i\}_{i=0,1,2,\cdots,N-1}$ に対する直線 $y \equiv l(x) \equiv a(x - \bar{p}_x) + b$ の当て嵌めを考える．$p_i \equiv (p_{ix}\ p_{iy})^{\mathrm{T}}$ とし，$E \equiv \sum_{i=0}^{N-1}(p_{iy} - l(p_{ix}))^2$ を最小化するような直線を求めたい．定めるべき変数は a, b の2つであり，E は a, b に関して2次の関数しかも下に凸なので，$\frac{\partial E}{\partial a} = 0, \frac{\partial E}{\partial b} = 0$ を解けばよい．

$$\frac{\partial E}{\partial a} = \sum_{i=0}^{N-1}[-2(p_{ix} - \bar{p}_x)\{p_{iy} - a(p_{ix} - \bar{p}_x) - b\}] = 0,\quad \frac{\partial E}{\partial b} = \sum_{i=0}^{N-1}[-2\{p_{iy} - a(p_{ix} - \bar{p}_x) - b\}] = 0 \qquad \text{式3}$$

と書ける．これを解いて a, b を求め，$l(x)$ を整理すると

$$y = l(x) = \frac{\sum_{i=0}^{N-1}\{(p_{ix} - \bar{p}_x)(p_{iy} - \bar{p}_y)\}}{\sum_{i=0}^{N-1}(p_{ix} - \bar{p}_x)^2}(x - \bar{p}_x) + \bar{p}_y \qquad \text{式4}$$

となる．ただし，$\bar{p}_x \equiv \frac{1}{N}\sum_{i=0}^{N-1}p_{ix}, \bar{p}_y \equiv \frac{1}{N}\sum_{i=0}^{N-1}p_{iy}$ である．この手法は y 座標値の差の2乗和を最小化するため，y 座標値が他の座標値よりも極めて重要である場合に使用される．

第5回の課題の参考2：主成分分析

2点以上の点群 $\{p_i\}_{i=0,1,2,\cdots,N-1}$ に対し，3つのスカラーパラメータ $w_x, w_y, \hat{f}$ を使用して合成変量 $f_i \equiv w_x p_{ix} + w_y p_{iy} - \hat{f}$ を定める．2次元の点を1次元の量 f_i で考えることで物事を単純化するのが狙いである．n 次元の場合も同様に $f_i \equiv \sum_{k=0}^{n-1} w_k p_{ik} - \hat{f}$ とすることで合成変量を定められる（$w_0 = w_x, w_1 = w_y, w_2 = w_z, \cdots$ と考えればよい．ただし，$N \geq n$ とする）．$w \equiv (w_0\ w_1\ \cdots\ w_{n-1})$，$p_i \equiv (p_{i0}\ p_{i1}\ \cdots\ p_{i\,n-1})^{\mathrm{T}}$ とすると $f_i = w p_i - \hat{f}$ と書くことができる．また $\|w\| = w \cdot w = w w^{\mathrm{T}} = 1$ とする．

ここで $wp - \hat{f} = 0$ は n 次元空間 $\mathbf{R}^n$ の平面（T とおく）であり，$f_i = wp_i - \hat{f}$ は p_i から T へおろした足の長さ（符号付）である．合成変量を定めるために $w, \hat{f}$ を定めることは，平面 T を定めることと同じである．ここで，$E \equiv \sum_{i=0}^{N-1}(f_i)^2 = \sum_{i=0}^{N-1}(wp_i - \hat{f})^2$ を最小化するように $w, \hat{f}$ を定めよう（これは合成変量の不偏分散の最大化と同値である）．まず $\frac{\partial E}{\partial \hat{f}} = 0$ を解くと，$\frac{\partial E}{\partial \hat{f}} = \sum_{i=0}^{N-1}\{-2(wp_i - \hat{f})\} = 0$ より，$\hat{f} = w\left(\frac{1}{N}\sum_{i=0}^{N-1} p_i\right) \equiv w\bar{p}$ となる（$\bar{p}$ は $\{p_i\}_{i=0,1,2,\cdots,N-1}$ の重心）．よって平面 $T : w(p - \bar{p}) = 0$，合成変量 $f_i = w(p_i - \bar{p})$ と書き直せる．次に，w で偏微分しようとする（w はベクトルなのでその各成分で偏微分し，それを並べる）しようとするが，$\|w\| = 1$ があるため，ラグランジュの未定乗数 λ を用い，$\hat{E}(w, \lambda) \equiv \sum_{i=0}^{N-1}(w(p_i - \bar{p}))^2 - \lambda(ww^\mathbf{T} - 1)$ を最小化する問題に置き換える（ラグランジュの未定乗数法）．ここで，

$$\frac{\partial \hat{E}(w, \lambda)}{\partial w} = 2(w(p_0 - \bar{p})\, w(p_1 - \bar{p}) \cdots w(p_{N-1} - \bar{p}))((p_0 - \bar{p})(p_1 - \bar{p})\cdots(p_{N-1} - \bar{p}))^\mathbf{T} - 2\lambda w^\mathbf{T} = 0 \quad \text{式5}$$
$$\Leftrightarrow Qw^\mathbf{T} = \lambda w^\mathbf{T}$$

となる（ただし，$Q \equiv \sum_{i=0}^{N-1}\{(p_i - \bar{p})(p_i - \bar{p})^\mathbf{T}\}$ である．Q は分散共分散行列と呼ばれ，スカラーである分散を多次元への拡張したものである）．ゆえに λ が Q の固有値，w が Q の固有ベクトルとなることが分かる．さらに Q を使用すると $E = wQw^\mathbf{T} = w\lambda w^\mathbf{T} = \lambda$ となる．よって，E を最小化する λ は Q の最小固有値であり，w はその固有ベクトル（ただし，$\|w\| = 1$）になることが分かる．

Q の固有値 λ を，$\lambda_{N-1} \geq \lambda_{N-2} \geq \cdots \geq \lambda_1 \geq \lambda_0 \geq 0$ と順番付けし（なぜなら Q は半正定値対称行列），対応する w を $w_{N-1}, w_{N-2}, \cdots, w_1, w_0$ とする．求めたかった合成変量は $f_i = w_0(p_i - \bar{p})$ であり，これを点 p_i の第 1 主成分値，合成変量 $f = w_0(p - \bar{p})$ を第 1 主成分と呼ぶ．同様に，合成変量 $f_j = w_j(p - \bar{p})$ を第 $j+1$ 主成分，$f_{ij} = w_j(p_i - \bar{p})$ を点 p_i の第 $j+1$ 主成分値と呼ぶ．

w_0 を求め合成変量 $f = w_0(p - \bar{p})$ を定めることは平面 T（n 次元の場合は超平面）を定めることでもあった．同様に第 $j+1$ 主成分 $f_j = w_j(p - \bar{p})$ でも平面が定まる．固有ベクトルが互いに直交することから，これらの平面は互いに直交している．よって，第 j 主成分と第 $k (\neq j)$ 主成分は無相関である．

平面への射影や主成分値は最良の近似やその誤差に対応するため，統計や画像処理，形状処理の分野で非常に多くの問題に適用されている．それぞれ主成分分析，KL 変換，楕円フィット（楕円フィッティングとも，$(x - \bar{p})^\mathbf{T} Q^{-1} (x - \bar{p}) = r^2$ が点群をよく表す楕円となる）と呼ばれており，その分野の基礎となっている．

主成分分析は回帰直線とは違い，y 座標値と他の座標値の重要性に差を付けないところがメリットとなる．

付録　課題に使用した形状の図面

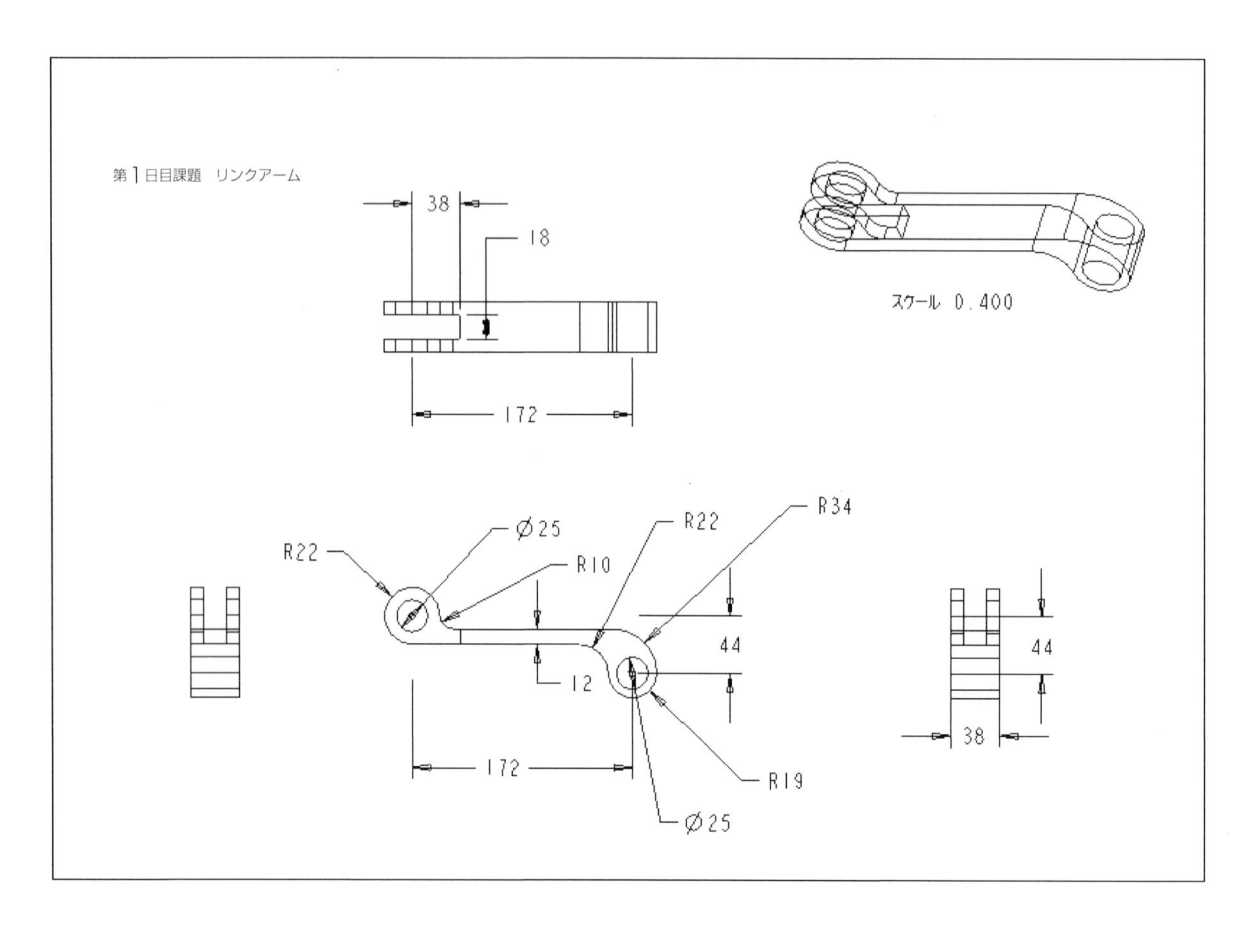

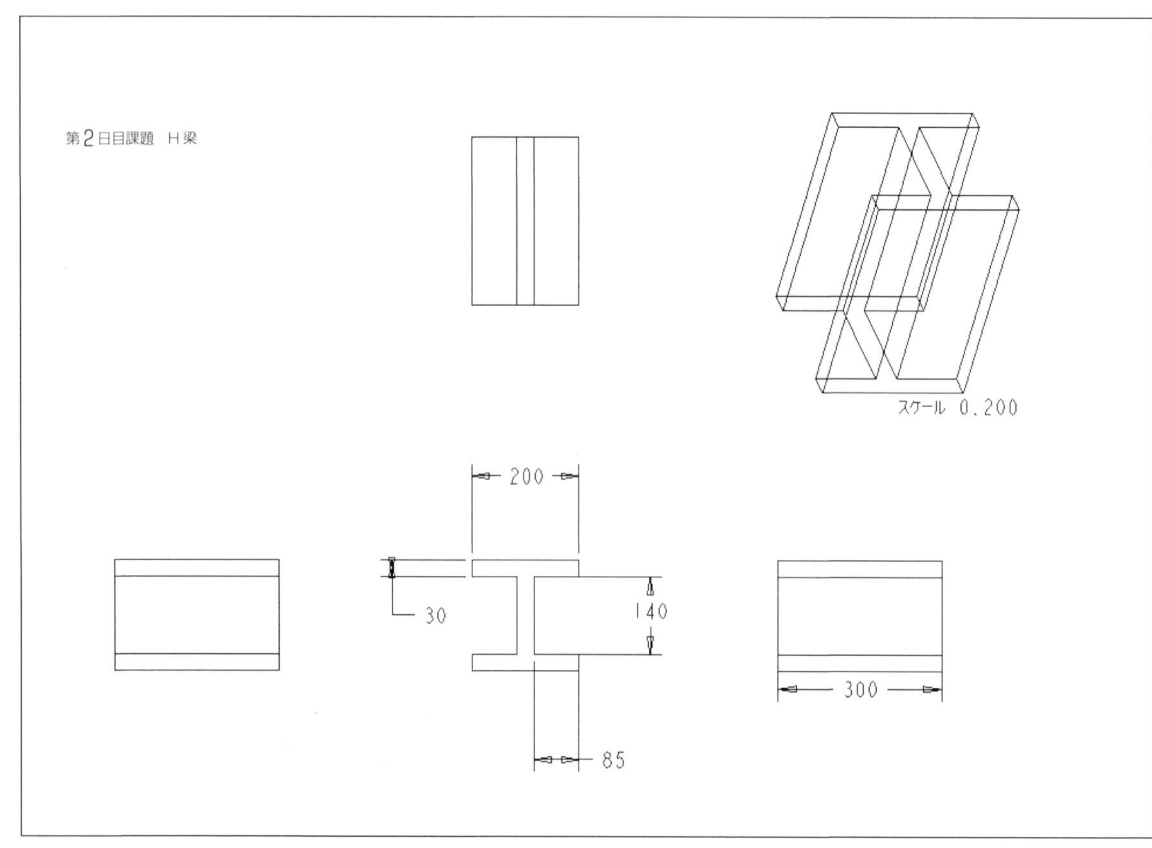

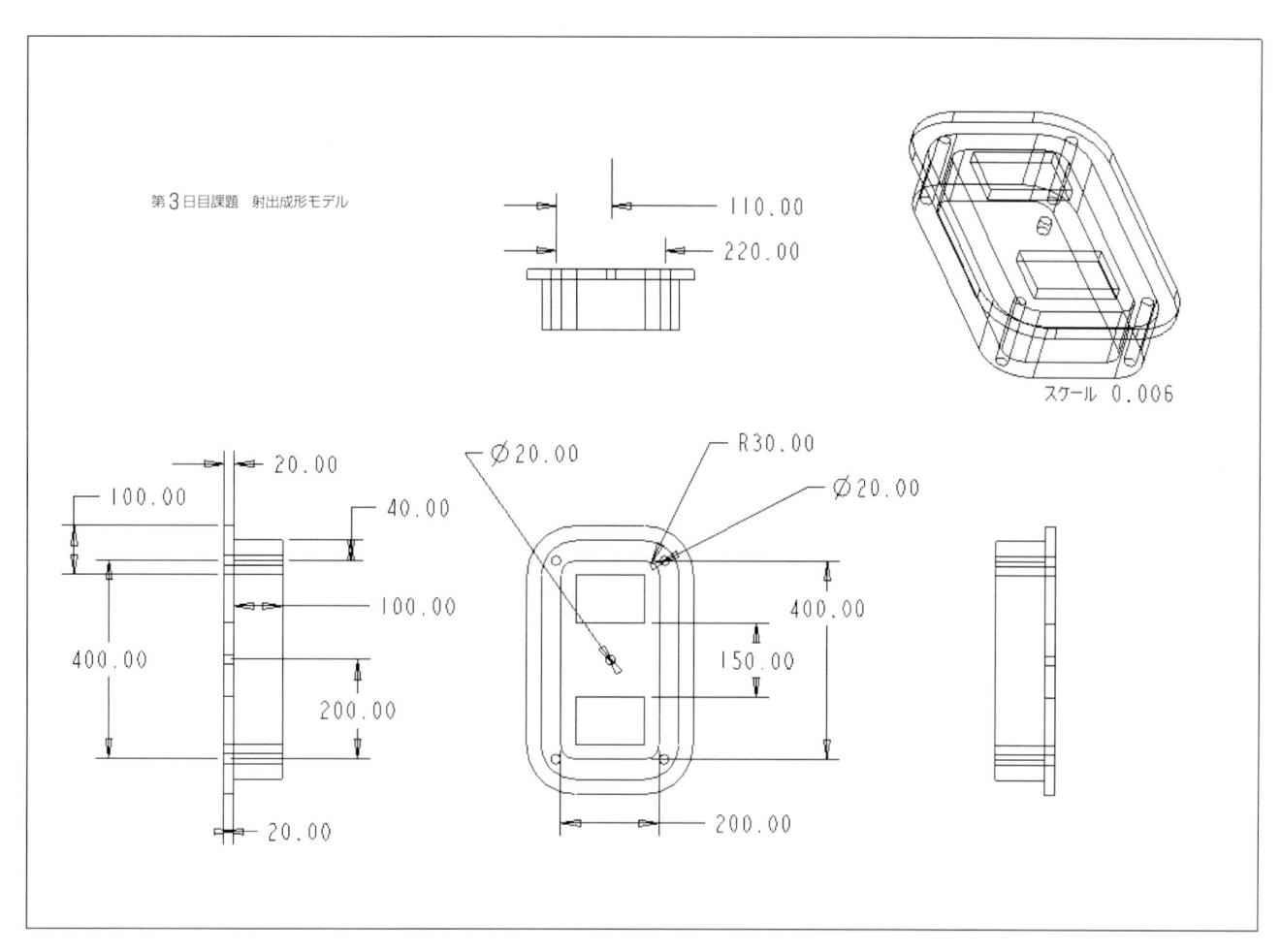

第3日目課題 射出成形モデル

スケール 0.006

110.00
220.00

⌀20.00
R30.00
⌀20.00

20.00
100.00
40.00
100.00
400.00
200.00
400.00
150.00
20.00
200.00

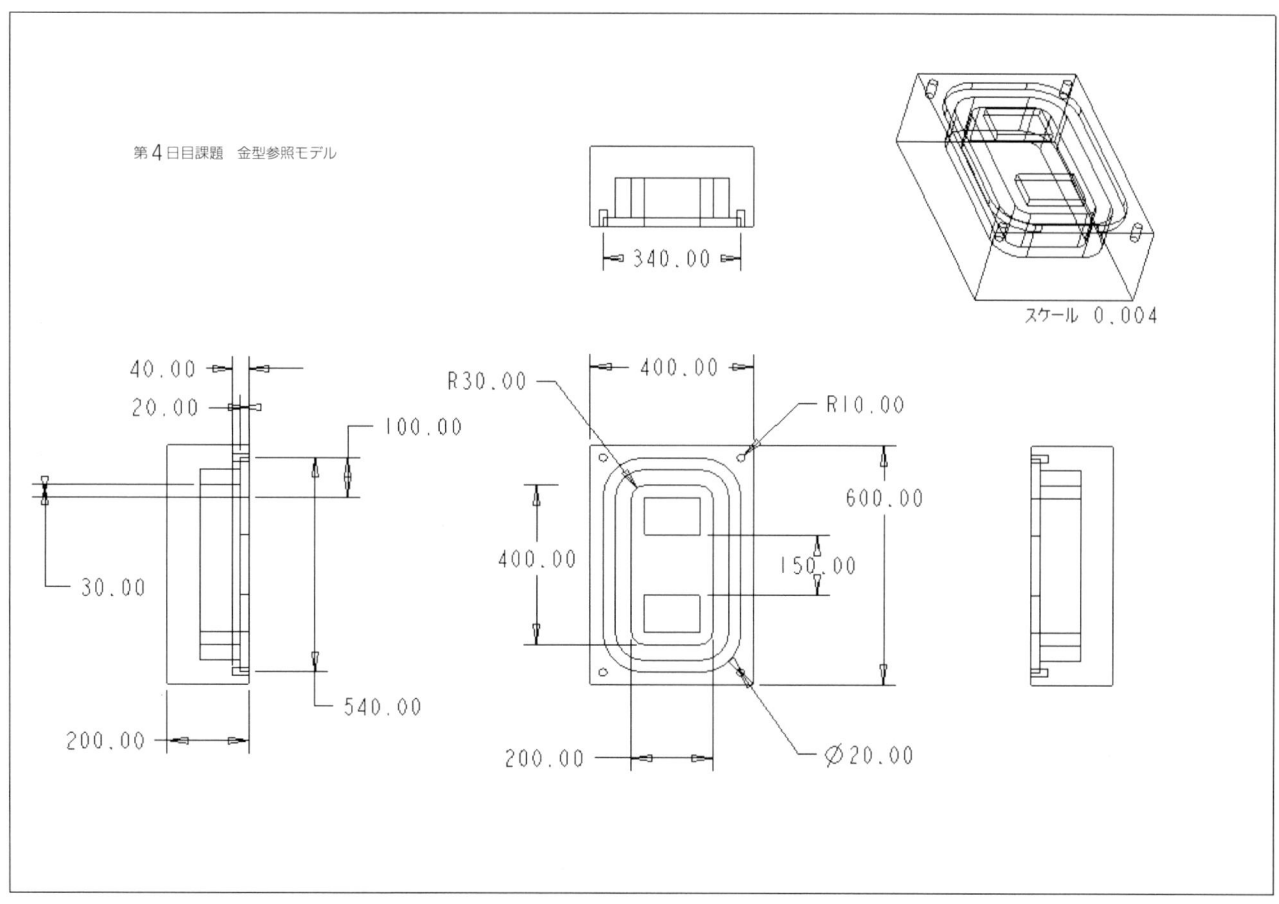

第4日目課題 金型参照モデル

スケール 0.004

340.00

R30.00
R10.00
⌀20.00

40.00
20.00
100.00
30.00
540.00
200.00
400.00
400.00
600.00
150.00
200.00

執筆者

川原田寛	中央大学理工学部助教	（全体監修および6章担当）
平岡弘之	中央大学理工学部教授	（1, 2, 4章担当）
井原　透	中央大学理工学部教授	（5章担当）
辻　知章	中央大学理工学部教授	（3章担当）
大川宏史	中央大学大学院理工学研究科博士課程前期課程修了	
加藤　慧	中央大学大学院理工学研究科博士課程前期課程修了	
鎌田涼也	中央大学大学院理工学研究科博士課程前期課程修了	
守屋翔悟	中央大学大学院理工学研究科博士課程前期課程修了	
田村亮佑	中央大学大学院理工学研究科博士課程前期課程	
南條佳祐	中央大学大学院理工学研究科博士課程前期課程	
新津　哲	中央大学大学院理工学研究科博士課程前期課程	
松田貴仁	中央大学大学院理工学研究科博士課程前期課程	

（身分・所属は，2014年1月時点のものです。）

CreoによるCAD/CAE/CAM入門
―生産統合演習5日間―

2014年 5 月 15 日　初版第1刷発行
2018年 3 月 10 日　初版第2刷発行
2021年 12 月 20 日　初版第3刷発行
2023年 3 月 20 日　初版第4刷発行
2024年 4 月 10 日　初版第5刷発行
2025年 3 月 10 日　初版第6刷発行

著　者　中央大学生産統合研究グループ

発行者　松本　雄一郎

発行所　中央大学出版部　〒192-0393　東京都八王子市東中野742-1
電話 042 (674) 2351　FAX 042 (674) 2354
https://sites.google.com/g.chuo-u.ac.jp/chuoup/

© 中央大学生産統合研究グループ　　　　　惠友印刷株式会社

ISBN978-4-8057-9209-4

精密工学実験A（第1回目）

実験課題：3次元CADによる形状作成

学年　　　　　　　　　　　　　　　年

組・番号　　　　　　　　　　　組　　　　番

氏名

実験日　　　　　　　月　　　　日

<アンケート欄>

・実験終了時間　　　　　　時　　　分

・つまずいた箇所　　工程 No.

・説明がわかりづらかったページ　　　p.

　理由

・難易度　（易）1　2　3　4　5（難）

・要望

・感想

精密工学実験A（第2回目）

実験課題：有限要素法による静応力解析

学年　　　　　　　　　　　　　　　年

組・番号　　　　　　　　　　組　　　番

氏名

実験日　　　　　　　月　　　　日

<アンケート欄>

・実験終了時間　　　　　　時　　　分

・つまずいた箇所　　工程 No.

・説明がわかりづらかったページ　　　p.

　理由

・難易度　（易）1　2　3　4　5（難）

・要望

・感想

精密工学実験Ａ（第３回目）

実験課題：射出成形のシミュレーション

学年　　　　　　　　　　　　　　　年

組・番号　　　　　　　　　　組　　　　番

氏名

実験日　　　　　　　月　　　　　日

<アンケート欄>

・実験終了時間　　　　　　時　　　　分

・つまずいた箇所　　工程 No.

・説明がわかりづらかったページ　　　　p.

　理由

・難易度　（易）1　2　3　4　5（難）

・要望

・感想

4

精密工学実験A（第4回目）

実験課題：NC加工プログラムの生成

学年　　　　　　　　　　　　　　　年

組・番号　　　　　　　　　　　組　　　番

氏名

実験日　　　　　　　　　月　　　　日

<アンケート欄>

・実験終了時間　　　　　　時　　　分

・つまずいた箇所　　工程 No.

・説明がわかりづらかったページ　　　p.

　理由

・難易度　（易）1　2　3　4　5（難）

・要望

・感想

精密工学実験Ａ（第5回目）

実験課題：自由曲面に対する NC 加工

学年　　　　　　　　　　　　　　年

組・番号　　　　　　　　　組　　　番

氏名

実験日　　　　　　　月　　　　日

<アンケート欄>

・実験終了時間　　　　　　時　　　分

・つまずいた箇所　　工程 No.

・説明がわかりづらかったページ　　　p.

　理由

・難易度　（易）1　2　3　4　5（難）

・要望

・感想